직무별 현직자가 말하는

디스플레이 직무 바이블

디스플레이 취업을 위해 꼭 알아야 하는 직무의 모든 것!

직무 선택부터 취업과 이직을 위해 현직자가 알려주는 취업의 지름길

나와 맞는 직무를 찾는 것이 막막할 때

원하는 직무에 맞는 취업 방법을 알고 싶을 때

주위에 조언을 구할 현직자가 없을 때

박프로, 이지혜, 용책임, 렛유인연구소 지음

직무별 현직자가 말하는
디스플레이 직무 바이블

1판 2쇄 발행 2023년 6월 12일
지은이 박프로, 이지혜, 용책임, 렛유인연구소
펴낸곳 렛유인북스

총괄 송나령
편집 권예린, 김근동
표지디자인 감다정

홈페이지 https://letuin.com
카페 https://cafe.naver.com/letuin
유튜브 취업사이다
대표전화 02-539-1779
대표이메일 letuin@naver.com

ISBN 979-11-92388-09-0 13560

꿈을 현실로 만드는 디스플레이 산업, 그 꿈의 길을 함께 걸으시겠습니까?

박프로

반도체의 그늘에 가려 많은 빛을 발하지 못하고 있지만, 디스플레이는 현재 한국에서 반도체 산업과 함께 전 세계 시장의 기술을 선도하고, 전체 시장의 매출의 대부분을 차지하고 있는 메머드급 산업으로 2004년 이후 한국은 디스플레이 업계에서 시장 점유율 세계 1위를 놓치지 않고 있습니다. 현재 한국은 중국의 국가적인 지원에 힘입은 대규모 LCD 양산의 위협으로부터 대응을 하기 위해 LCD에서 OLED로 주력 디스플레이 산업 옮기기에 힘쓰고 있으며, 이를 통해 한국의 OLED 수출은 2020년 역대 최고 수치를 기록하게 되었습니다.

과거 독일의 물리학자 브라운의 이름을 딴 '브라운 관' 디스플레이가 1829년 등장하여 약 100여 년이 넘게 디스플레이의 왕좌에 앉아 있다가, 2000년대 이후 두께와 기능의 혁신을 이룩한 LCD가 다시금 디스플레이의 왕좌 자리를 빼앗았습니다. 하지만 제가 입사한 이후에 OLED는 끊임없이 발전하여 현재의 디스플레이 왕좌를 넘보고 있으며, 여기서 멈추지 않고 Flexible OLED, Micro-OLED, 퀀텀닷 OLED 등 다양한 형태의 차세대 디스플레이들이 끊임없이 나오고 있습니다.

[그림 1] 디스플레이의 기술변화 (자료: LG디스플레이, 삼성전자)

하지만 이러한 끊임없는 기술개발에도 불구하고 디스플레이 산업은 각국의 무역분쟁, Covid-19 전염병에 따른 공급체인의 불안정성, 폼팩터(Form Factor)[1]의 혁신에 따른 새로운 위협 등 여러 위기와 기회가 공존하며 급속한 대내외적 환경 변화를 맞이하고 있습니다. 가장 위협적인 존재는 중국입니다. 현재 한국은 중국에게 LCD 세계 시장 1위라는 타이틀을 빼앗긴 상태입니다.

그럼에도 불구하고 필자가 생각하는 디스플레이 산업의 미래는 밝습니다. 4차 산업혁명의 도래로 디스플레이 수요는 끝을 모르고 증가하고 있으며, 반도체와 더불어 국가적인 전략사업으로 여러 지원책도 잇따를 예정입니다. 취준생 입장에서도 삼성디스플레이와 LG디스플레이는 최첨단 IT 제조 선도 기업으로 좋은 근무환경과 만족할만한 복지로 여러분들에게 좋은 일자리를 제공할 것입니다. 본 디스플레이 관련 취업 자료를 통해 여러분의 지식 상태를 점검하고, 기존의 경험했던 것들과 앞으로 준비해야 할 부분에 대한 힌트를 얻어 여러분들의 완벽한 취업 성공에 보탬이 되길 진심으로 바랍니다.

1 제품 외형이나 크기, 물리적 배열 등의 형태적 특징을 지칭하는 것으로, 주로 컴퓨터 하드웨어를 지칭하는 용어였지만 모바일 기기의 발전과 더불어서 현재는 휴대폰의 외형을 가리키는 용어로 사용되고 있음

사회를 향해 첫발을 내딛는 여러분에게

이지혜

수능을 보고 대학을 입학하던 때가 기억나시나요? 그때 지금의 전공을 선택한 이유가 무엇이었나요? 학문적으로 관심이 있어서 지원한 사람도 있을 것이고, 단순히 성적에 맞춰 지원한 사람도 있을 것이고… 자신만의 여러 이유로 지금의 전공과 대학을 선택했을 것입니다. 돌이켜 보면 그때의 선택이 '나의 인생에 큰 결정이었구나'를 느낄 것입니다. 자의로 선택했든 타의로 선택했든, 그날 결정한 전공으로 인해 지금 『디스플레이 직무 바이블』을 읽고 있을 테니까요.

자, 다시 한번 여러분에게 선택의 순간이 왔습니다. 개인적으로는 대학의 전공을 택할 때보다 조금 더 인생에 큰 영향을 주는 선택이라고 생각합니다. 첫 사회생활을 어떤 회사, 어떤 직무를 하느냐는 그 뒤 자신의 커리어에도 계속해서 영향을 미치게 됩니다. 물론 자신의 길을 바꾸는 경우도 많지만, 다수의 사람은 첫 사회생활의 분야에서 크게 벗어나지 않고 자신의 직업을 이어갑니다.

취업이 어려워서 모두 힘든 시기입니다. '취업이 어려우니, 여기저기 지원해서 나를 뽑아 주는 곳을 다녀야지'라는 생각도 충분히 이해됩니다. 하지만 시각을 조금 바꿔볼까요? 취업이 어려운 시기이기 때문에 우리는 '나에게 잘 맞는 회사, 내가 더 잘 할 수 있는 직무, 내가 작게라도 흥미를 가질 수 있는 분야' 등을 조금 더 깊이 고민해야 합니다.

이 책을 통해 디스플레이 직무를 이해하는 동시에 끊임없이 자신을 대입하여 자신과 어울리는지를 생각해 보았으면 좋겠습니다.

힘든 시기에 어렵게 합격한 회사에서 자신의 성장도 함께 이루는 여러분이 되길 응원합니다.

중요해지고 있는 안전 분야에서 안전관리자를 꿈꾸고 있는 여러분에게

용책임

제가 10년 전 안전관리자로 처음 입사를 했을 때 안전이라는 분야는 품질과 생산보다 우선시되는 분위기는 아니었습니다. 그러나 사람들은 대형 백화점 붕괴사고, 지하철 화재사고, 여객선 침몰사고, 대교 붕괴사고 등 너무나 안타까운 사고들을 겪으면서 안전에 대한 중요성을 지속적으로 생각했습니다. 이렇게 안전의식 수준이 높아짐에 따라 안전이 곧 생명과 연결되어 있으며 꼭 지켜야 하는 필수적인 요소로 인식되었다고 생각합니다.

최근 정부에서는 중대재해처벌, 항만안전특별법 등 안전 관련 법을 제정함으로써 사회적으로 안전의 중요성을 강조하고 있습니다. 여러 기업들도 정부 및 사회적 분위기를 인지하고 안전관리 계획, 실행 등 체계를 구축 · 운영하고 있습니다.

다수의 기업들이 작업환경, 기업문화 등을 고려하여 무재해 및 무사고라는 목표 달성을 위해 여러 방안들을 마련하여 적용하고 있으며, 체계화된 안전을 기업 내부적으로 정착시킨 후 안전 고도화를 통해 지속적으로 강화하고 있습니다. 한 예로 안전시스템, 안전문화 등 사람의 부주의로 발생하는 사고 예방을 위해 설비 혹은 작업장 환경에 안전 비용을 투자하여 사고 위험요소를 제거하고 있으며, 물질적 조치 외 사람들의 안전 의식 수준 향상을 위해 안전문화 활동 등을 하고 있습니다.

다만 기업마다 안전운영 체계가 비슷하면서도 조금씩은 다른 부분들이 있습니다. 따라서 앞에서도 말씀드렸듯 저의 회사별 안전 직무 경험은 참고만 하시되, 원하는 기업 취업 시 본인의 직무에 안전을 녹여 활용한다면 차별화된 본인만의 취업 스토리가 될 것이라고 생각합니다.

안전관리자로 취업을 생각하시거나 본인의 직무에 안전을 접목하고 싶은 분이 계시다면 저의 경험을 참고하셔서 본인만의 스토리를 만들면 좋겠습니다. 이 책을 보시는 모든 분들이 원하는 기업에 꼭 취업하시기 바랍니다.

CONTENTS

디스플레이 산업 알아보기

현직자가 말하는 디스플레이 직무

'현직자가 말하는 디스플레이 직무'에 포함된 현직자들의 리얼 Story

*직무별로 내용순서가 다소 상이할 수 있습니다.

현직자 인터뷰

PART 01
디스플레이 산업 알아보기

- Chapter 01 직무의 중요성
- Chapter 02 현직자가 말하는 디스플레이 산업과 직무

Chapter

01

직무의 중요성

취업의 핵심, '직무'

1 신입 채용 시 가장 중요한 것은 '직무관련성'

지난 2021년 고용노동부와 한국고용정보원이 매출액 상위 500대 기업을 대상으로 취업준비생이 궁금해 하는 사항을 조사했습니다. 이미 제목에서도 알 수 있지만, 조사 결과에 따르면 **신입 채용 시 입사지원서와 면접에서 가장 중요한 요소로 '직무 관련성'**이 뽑혔습니다. 입사지원서에서는 '전공의 직무관련성'이 주요 고려 요소라는 응답이 무려 47.3%, 면접에서도 '직무관련 경험'이 37.9%로 조사되었습니다.

신입직 입사지원서 평가 시 중요하다고 판단하는 요소

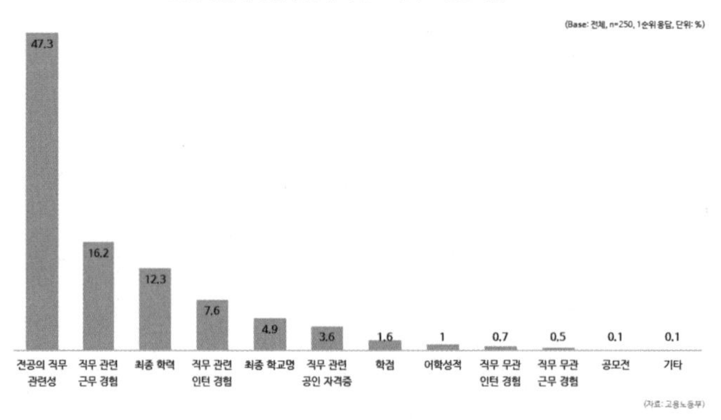

신입직 면접시 중요하다고 판단하는 요소

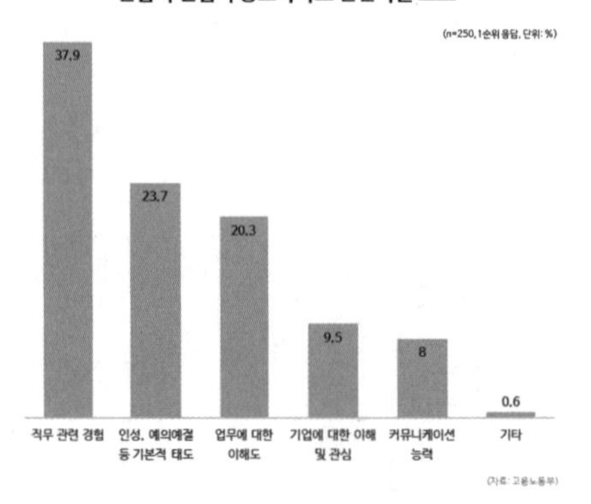

경력직 또한 입사지원서에서 '직무 관련 프로젝트 · 업무경험 여부'가 48.9%, 면접에서는 '직무 관련 전문성'이 76.5%로 신입직보다 더 직무 능력을 채용 시 가장 중요하게 보는 요소로 조사되었습니다.

이 수치를 보았을 때, 여러분은 어떤 생각이 들었나요? 수시 채용이 점점 확대되면서 직무가 점점 중요해지고 있다는 등의 이야기를 많이 들었을 텐데, 이렇게 수치로 보니 더 명확하게 체감할 수 있는 것 같습니다. 1위로 선정된 내용 외에 '직무 관련 근무 경험', '직무 관련 인턴 경험', '직무 관련 자격증', '업무에 대한 이해도' 또한 결국은 직무에 대한 내용으로, 신입과 경력 상관없이 '직무'는 채용 시 기업이 보는 가장 중요한 요소가 되었습니다.

참고 고용노동부 보도자료 원문

(500대) 기업의 청년 채용 인식조사 결과 발표

보도일 2021-11-12

– 신입, 경력직을 불문하고 직무 적합성과 직무능력을 최우선 고려
– 채용 결정요인으로 봉사활동, 공모전, 어학연수 등 단순 스펙은 우선순위가 낮은 요인으로 나타남

고용노동부(장관 안경덕)와 한국고용정보원(원장 나영돈)은 매출액 상위 500대 기업을 대상으로 8월 4부터 9월 17일까지 채용 결정요인 등 취업준비생이 궁금해하는 사항을 조사해 결과를 발표했다.

이번 조사는 지난 10월 28일 발표된 "취업준비생 애로 경감 방안"의 후속 조치로, 기업의 채용정보를 제공하여 취준생이 효율적으로 취업 준비 방향을 설정하도록 돕기 위한 목적으로 실시됐다. 조사 결과는 취업준비생이 성공적인 취업 준비 방향을 설정할 수 있도록 고용센터, 대학일자리센터 등에서 취업.진로 상담 시 적극적으로 활용되도록 할 예정이다.

신입 채용시 입사지원서와 면접에서 가장 중요한 요소는 직무 관련성
(입사지원서: 전공 직무관련성 47.3%, 면접: 직무관련 경험 37.9%)

조사 결과에 따르면, 신입 채용 시 가장 중요하게 고려하는 요소는 입사지원서에서는 전공의 직무관련성(47.3%)이었고, 면접에서도 직무관련 경험(37.9%)으로 나타나 직무와의 관련성이 채용의 가장 중요한 기준으로 나타났다.

입사지원서에서 중요하다고 판단하는 요소는 '전공의 직무 관련성' 47.3%, '직무 관련 근무 경험' 16.2%, '최종 학력' 12.3% 순으로 나타났다. 한편, 면접에서 중요한 요소는 '직무 관련 경험' 37.9%, '인성, 예의 등 기본적 태도' 23.7%, '업무에 대한 이해도' 20.3% 순으로 나타났다. 반면, 채용 결정 시 우선순위가 낮은 평가 요소로는 '봉사활동'이 30.3%로 가장 높았고, 다음으로는 '아르바이트' 14.1%, '공모전' 12.9%, '어학연수' 11.3% 순으로 나타났다.

경력직 채용시 입사지원서와 면접에서 가장 중요한 요소는 직무능력
(입사지원서: 직무관련 프로젝트 등 경험 48.9%, 면접: 직무 전문성 38.4%)

경력직 선발 시 가장 중요하게 고려하는 요소는 입사지원서에서는 직무 관련 프로젝트/업무 경험 여부(48.9%)였고, 면접에서도 직무 관련 전문성(76.5%)으로 나타나 직무능력이 채용의 가장 중요한 기준으로 나타났다.

구체적으로 살펴보면, 입사지원서 평가에서 중요하다고 판단하는 요소는 '직무 관련 프로젝트 · 업무경험 여부' 48.9%, '직무 관련 경력 기간' 25.3%, '전공의 직무 관련성' 14.1% 순으로 나타났다. 한편, 면접에서 중요한 요소로 '직무 관련 전문성'을 꼽은 기업이 76.5%로 압도적으로 높은 것으로 나타났다. 반면, 채용 결정 시 우선순위가 낮은 요소로는 '봉사활동'이 38.4%로 가장 높았고, 다음으로 '공모전' 18.2%, '어학연수' 10.4%, '직무 무관 공인 자격증' 8.4% 순으로 나타났다.

탈락했던 기업에 재지원할 경우, 스스로의 피드백과 달라진 점에 대한 노력, 탈락 이후 개선을 위한 노력이 중요한 것으로 나타남

이전에 필기 또는 면접에서 탈락 경험이 있는 지원자가 다시 해당 기업에 지원하는 경우, 이를 파악한다는 기업은 전체 250개 기업 중 63.6%에 해당하는 159개 기업으로 나타났다. 탈락 이력을 파악하는 159개 기업 중 대다수에 해당하는 119개 기업은 탈락 후 재지원하는 것 자체가 채용에 미치는 영향은 '무관'하다고 응답했다.

다만, 해당 기업에 탈락한 이력 자체가 향후 재지원 시 부정적인 영향을 미칠 수 있다고 생각해 불안한 취준생들은 '탈락사유에 대한 스스로의 피드백 및 달라진 점 노력'(52.2%), '탈락 이후 개선을 위한 노력'(51.6%), '소신있는 재지원 사유'(46.5%) 등을 준비하면 도움이 될 것이라고 조언했다.

고용노동부는 이번 조사를 통해 기업이 단순 스펙인 어학성적, 공모전 등보다 직무능력을 중시하는 경향을 실증적으로 확인하였고, 이를 반영해 취업준비생을 위한 다양한 직무체험 기회를 확충할 예정이다. 또한, 인성.예의 등 기본 태도는 여전히 중요하므로 모의 면접을 통한 맞춤형 피드백을 받을 수 있는 기회를 확대할 계획이다.

고용노동부는 이번 조사에 대해 채용의 양 당사자인 기업과 취업준비생의 의견을 수렴한 결과, 조사의 취지와 필요성을 적극 공감했음을 고려하여, 앞으로도 청년들이 궁금한 업종, 내용을 반영해 조사대상과 항목을 다변화하여 계속 조사해나갈 예정이다.

권창준 청년고용정책관은 "채용경향 변화 속에서 어떻게 취업준비를 해야 할지 막막했을 취업준비생에게 이번 조사가 앞으로의 취업 준비 방향을 잡는 데에 도움을 주는 내비게이션으로 기능하기를 기대한다."라고 하면서, 아울러, "탈락 이후에도 피드백과 노력을 통해 충분히 합격할 수 있는 만큼 청년들이 취업 성공까지 힘낼 수 있도록 다양한 취업지원 프로그램을 통해 끝까지 응원하겠다."라고 말했다.

연구를 수행한 이요행 한국고용정보원 연구위원은 "조사 결과에서 보듯이 기업들의 1순위 채용 기준은 지원자의 직무적합성인 것으로 나타났다."라면서, "취업준비생들은 희망하는 직무를 조기에 결정하고 해당 직무와 관련되는 경험과 자격을 갖추기 위한 노력을 꾸준히 해나가는 것이 필요하다."라고 조언했다.

2 취업준비생의 영원한 적, '직무'

그렇다면 기업들이 직무에 대해 이렇게 중요하게 생각하고 있는데, 취업준비생인 여러분은 직무에 대해 얼마큼 알고 준비하고 있나요? 대부분은 어떤 직무를 선택할지 막막해 아직 정하지 못하거나 정했더라도 정말 이 직무가 나에게 맞는 직무인지 고민이 있을 것이라고 생각합니다.

렛유인 자체 조사에 따르면 "취업을 준비하면서 가장 어려운 점은 무엇인가요?"라는 질문에 약 33%가 '직무에 대한 구체적인 이해'라고 답했습니다. 그 외 대답으로 '직무에 대한 정보 부족', '직무 경험', '무엇을 해야 될지 모르겠다', '무엇이 부족한지 모르겠다', '현직자들의 생각과 자소서 연결 방법' 등이 있었습니다. 이를 합치면 취업준비생의 과반수가 '직무'로 인해 취업 준비에 어려움을 겪고 있음을 알 수 있습니다.

취업준비생들이 직무로 인해 취업 준비에 어려움을 느끼는 이유를 짐작하자면, 취업을 원하는 산업에 어떤 직무들이 있고, 각각 어떤 일들을 하는지 제대로 알지 못하기 때문이라고 생각합니다. 또한 인터넷 상에 많은 현직자들이 있다지만, 직접 만날 수 있는 기회는 적은데 인터넷에 있는 내용은 너무 광범위하고 신뢰성을 파악하기 어려운 내용들이 많다는 이유도 있을 것입니다.

이렇게 직무로 인해 어려움을 겪고 있는 취업준비생들을 위해 단 1권으로 여러 직무를 비교하며 나에게 맞는 직무를 찾을 수 있고, 여러 현직자들의 이야기를 들으며 만날 수 있으며, 직접 경험해보지 않아도 책으로 간접 경험을 할 수 있도록 하기 위해 이 도서를 만들게 되었습니다. 『디스플레이 직무 바이블』은 재료개발, 공정개발(공정설계), 공정기술, 설비기술, 안전관리까지 3명의 현직자들이 직접 본인의 직무에 대해 A부터 Z까지 상세하게 기술해놓았으며, 그 외 공정장비(검사) 직무는 짧지만 깊이 있는 내용의 인터뷰로 총 4명의 전현직자들이 집필하였습니다.

다만, 이 책은 단순히 여러분들이 취업하는 그 순간만을 위해 직무를 설명해놓은 책은 아닙니다. 정말 현실적이고 사실적인 현직자들의 이야기를 통해 해당 직무에 대한 정확한 이해와 더불어 내가 이 직무를 선택했을 때 나의 5년 뒤, 10년 뒤 커리어는 어떻게 쌓을 수 있을지 도움을 주고자 하는 것이 이 책의 목적입니다.

현직자들 또한 이러한 마음으로 진심을 담아 여러분에게 많은 이야기를 해주고자 노력하였습니다. 다만 현직자이다 보니 본명이나 얼굴, 근무 중인 회사명에 대해 공개하지 않고 집필한 점은 여러분께 양해를 구하고 싶습니다. 그만큼 솔직하고 과감하게 이야기를 풀어놓았으니 이 책이 취업준비생 여러분들에게 많은 도움이 되었으면 하는 바입니다.

이 책을 읽으면서 추가되었으면 하는 직무나 내용이 있다면 아래 링크를 통해 설문지 제출해주시면 감사드리겠습니다. 더 좋은 도서를 위해 다음 개정판에서 담을 수 있도록 하겠습니다.

설문지 제출하러 가기 ☞

Chapter

02

현직자가 말하는 디스플레이 산업과 직무

들어가기 앞서서

디스플레이 산업에 관심을 가지고 계신 여러분, 혹은 앞으로의 진로를 디스플레이 산업으로 정하신 여러분 모두 환영합니다. 본 챕터를 통해, LCD와 OLED 등 현재 대세인 디스플레이 제품군에 대해 완벽하게 이해하고, Micro-LED와 퀀텀닷 디스플레이 등 앞으로 다가올 차세대 디스플레이에 대해 공부하게 될 것입니다.
이후 전 세계 시장에서의 한국 디스플레이 상황과 앞으로 나아가야 할 방향을 통해 디스플레이 산업 전반에 대한 인사이트를 길러줄 것입니다. 마지막으로 한국의 대표 디스플레이 기업인 삼성디스플레이와 LG디스플레이에 대한 이해를 통해 여러분이 미래에 입사하게 될, 그리고 몸담게 될 디스플레이 산업의 전반적인 밑그림을 그리는 데 도움이 되길 진심으로 바랍니다.

01 현직자가 말하는 디스플레이 산업

1 LCD와 OLED에 대한 이해

일반적으로 디스플레이라고 하면 우리가 TV나 모니터를 떠올리듯이 우리가 볼 수 있는 화면에 그림을 송신해 주는 전자장치를 총칭해서 이야기합니다. 대표적으로 삼성디스플레이와 LG디스플레이 등 국내 메인 업계가 되어 생산하는 여러형태의 LCD와 OLED가 이에 해당됩니다.

[그림 2-1] 화면을 접고 늘리는 최신 디스플레이 기술 (출처: 삼성디스플레이)

디스플레이는 수많은 공정과 빈틈없이 짜여진 설계에 최첨단 반도체와 최신의 소재들이 모여 만들어 내는 가히 **종합예술과도 견줄 수 있는, Cutting Edge 기술의 복합체**라고 할 수 있습니다. 또한 같은 LCD와 OLED라 할지라도 제품의 크기에 따라 성격이 완전히 달라집니다. 일반적으로 스마트폰에 들어가는 OLED와 TV에 들어가는 OLED가 서로 동일한 종류의 OLED고, 사이즈만 커진 것이 아닌가라고 생각하는 분들이 많겠지만, 이 둘은 이름만 같은 OLED일 뿐 구동 기술이나 제조 공정적으로도 전혀 다른 디스플레이라고 말할 수 있습니다. 물론 구동 방식은 기본적으로 OLED의 구동 방식을 따르지만, TV용 OLED를 잘 만든다고 해서 스마트폰 OLED를 잘 만드는 것도 아니고, 이와 반대의 경우도 마찬가지입니다. 실제로도 세계적으로 대형 OLED를 가장 잘 생산해 낸다는 LG디스플레이는 현재 중소형 OLED를 수년째 제대로 만들어 내지 못하고 있어서 고전을 면치 못하고 있는게 사실입니다.

사실 디스플레이의 종류는 LCD와 OLED 외에도 많습니다. 하지만 용도적으로 보나 전 세계적인 수요로 보나 **LCD와 OLED라는 거대한 디스플레이 제품군 외에는 현재 논하는 게 무의미한 상태**입니다.

이 글을 읽고 있는 취준생 여러분들에게는 아마 초등학생이나 유치원생 시절쯤 뚱뚱한 모니터를 봤었을 것입니다. 지금의 디스플레이와 가장 큰 차이는 뒤태가 엄청나게 튀어나와 있고 그 크기 또한 매우 크며 또 무겁다는 것입니다. 지금의 날씬한 디스플레이에 익숙한 젊은 사람들이 보면 정말이지 매력적으로 보이지는 않을 것입니다. 당시의 모니터를 CRT라고 하며 지금의 구동 방식과는 전혀 다른 전자총 구동 방식의 형태로 모니터를 켜면 '이이잉' 하는 잡음과 함께 몇 초가 지나야 화면이 보이곤 하였습니다. 이러한 CRT모니터 이후 백라이트 하나로만 동작하는 **LCD 디스플레이**가 출현하였습니다. 처음에는 그 얇은 모니터의 크기와 선명함에 다들 극찬하였지만 얼마 지나지 않아 극도로 얇은 두께를 자랑하고 마치 종잇장과 같은 두께를 가진 **OLED**가 다시금 그 자리를 대체하게 되었습니다. LCD나 OLED는 모두 반도체 구동 원리를 근본으로 하여 비슷한 공정을 공유하고 있습니다. 하지만 LCD는 백라이트가 가장 중요하고, OLED는 OLED 소재(유기물)의 수명을 극대화하고, 자유자재로 플렉서블화 하는 데 큰 관심을 갖고 있습니다. 이제 이런 배경지식을 갖고 LCD와 OLED에 대해 각각 알아보도록 하겠습니다.

[그림 2-2] 과거의 CRT 모니터

1. LCD(Liquid Crystal Display)

LCD(Liquid Crystal Display) 디스플레이는 인가되는 전압에 따라서 내부에 존재하는 액정의 투과도가 변화하는 특성을 이용한 디스플레이로, 현재에도 전 세계적으로 가장 널리 사용되는 디스플레이입니다. 디스플레이 백면에 위치한 Backlight로부터 발생하는 빛이 액정층을 통과하여 화면을 나타내는 비발광형의 화면 표시 장치이므로 보는 각도에 따라서 화면이 왜곡된다는 단점을 가지고 있습니다. LCD는 **백라이트와 편광판, TFT레이어, 액정과 컬러필터** 등으로 구성되어 있습니다.

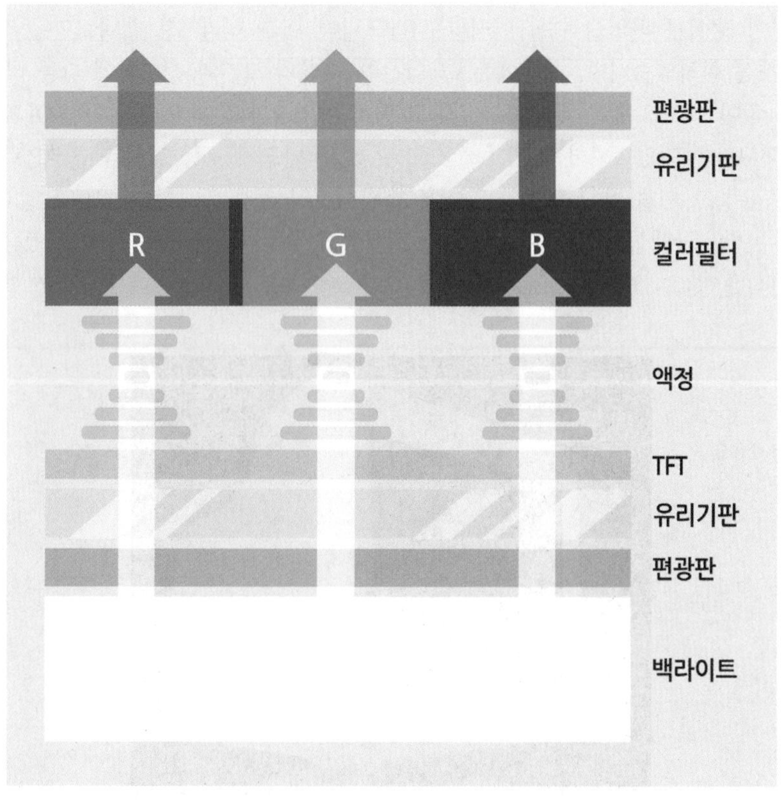

[그림 2-3] LCD의 구조

LCD는 **액정 배열의 방향에 따라 화면을 표시한다는 데에 가장 큰 특징**이 있습니다. 따라서 너무 추운 온도에서는 작동이 되지 않는 경우도 있습니다. 과거에 러시아에서는 아이폰이 아주 추운 겨울에 작동하지 않는 경우가 있었는데, 너무 추운 온도에서는 액정 배열의 방향이 잘 바뀌지 않아서 그랬던 것입니다. 이러한 액정을 지나 빛을 발하게 할 수 있는 이유는 디스플레이 백면에서 항상 흰색 빛이 나오기 때문입니다. 백라이트는 과거에 CCFL[1]을 이용했으나 CRT와 마찬가

1 필라멘트를 가열하지 않아도 저온에서 점등되는 형광등

지로 부피를 많이 차지했습니다. 그래서 요새는 LED를 이용한 백라이트가 대부분을 차지하고 있습니다. 실제 백라이트에서 나오는 빛은 우리가 보는 밝기보다 10배 이상 강력한 편입니다. 다만 액정과 컬러필터 등을 지나면서 밝기가 많이 줄어든 상태로 우리 눈에 도착하는 것뿐입니다. 백라이트를 지나온 빛은 컬러필터를 투과하며 우리가 인지하는 '색'으로 바뀌게 됩니다. 우리 눈으로 인지할 수 있는 다양한 색을 만들기 위해 R, G, B로의 색 변환이 필요한데, 마치 셀로판지처럼 비슷한 역할을 담당하는 부품을 '컬러필터'라고 합니다.

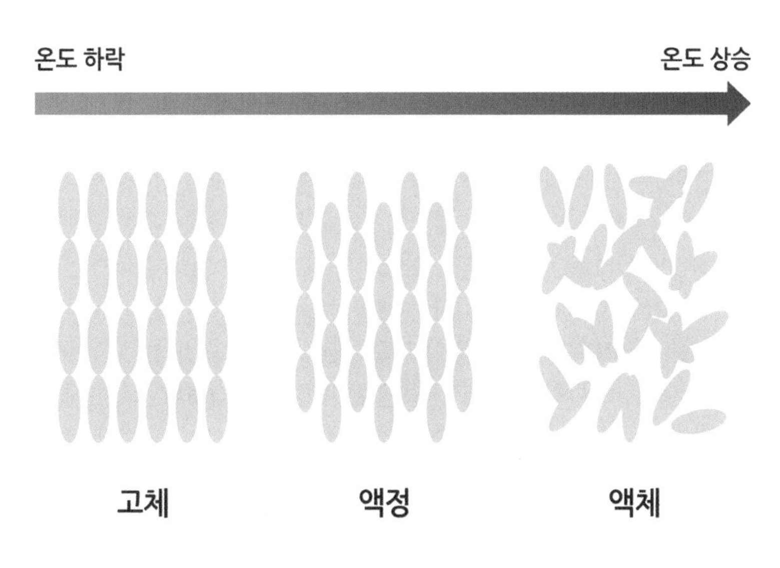

[그림 2-4] 온도에 따른 '액정'의 변화

구동 방식을 살펴보면, **LCD는 전압 구동으로 작동**됩니다. LCD는 각각의 R, G, B 컬러필터 영역에 특정 값의 전압을 걸어주면, 액정의 유동성에 의해 빛의 투과량이 달라지며 각 색상의 세기를 정하게 됩니다. 이에 반해 뒤에 설명할 OLED는 각 소자에 정확한 전류가 흘러 빛을 발하게 되는 차이가 있습니다.

2. OLED(Organic Light Emitting Diode)

OLED(Organic Light Emitting Diode)는 유기물 소자에 전기가 흐르면 발광한다는 특성을 이용하여 화면을 표시하는 디스플레이입니다. LCD와 다르게 Backlight가 아닌 내부 소자(유기물소자)가 전기가 통했을 때 스스로 빛을 발산하기 때문에 LCD처럼 각도에 따라 화면이 왜곡된다는 단점이 없고, 구조물 특성상 휘어지는(Flexible) 디스플레이 제조가 가능한 특성이 있습니다. LCD와 다르게 Backlight가 필요 없지만, 자체 발광을 위해 **TFT레이어, 유기발광층, 봉지층**[2]등으로 구성되어 있습니다.

OLED는 앞서 말한 LCD와는 전혀 다른 구동적 특성을 가지고 있습니다. 가장 두드러지는 특성은 Backlight가 없고, 사이에 액정도 없다는 것입니다. 또한 컬러필터도 가지고 있지 않습니다. OLED는 자발광하는 유기소자가 직접 빨간색, 초록색, 파란빛을 만들어냅니다. LCD는 '검은색'을 만들기 위해 액정이 빛을 '차단'하는 형태이지만, 완벽하게 막는 것은 불가능해 빛샘현상이 발생하게 됩니다. 하지만 OLED는 '검은색'을 만들기 위해 발광 소자에 들어가는 전류를 차단하기만 하면 완벽한 검은색을 구현할 수 있습니다. 따라서 어두운 배경이 많이 나오는 영화 같은 것을 볼 때 OLED는 완벽한 명암비로 더 큰 몰입감으로 시청할 수 있는 것입니다. 이렇듯 액정이 없으므로 OLED는 LCD 대비 매우 얇게 제조할 수 있는 특성이 있습니다. 또한 구부리거나 휘어도 변형이 발생하지 않으므로 매우 혁신적인 형태의 디스플레이를 만들 수 있습니다.

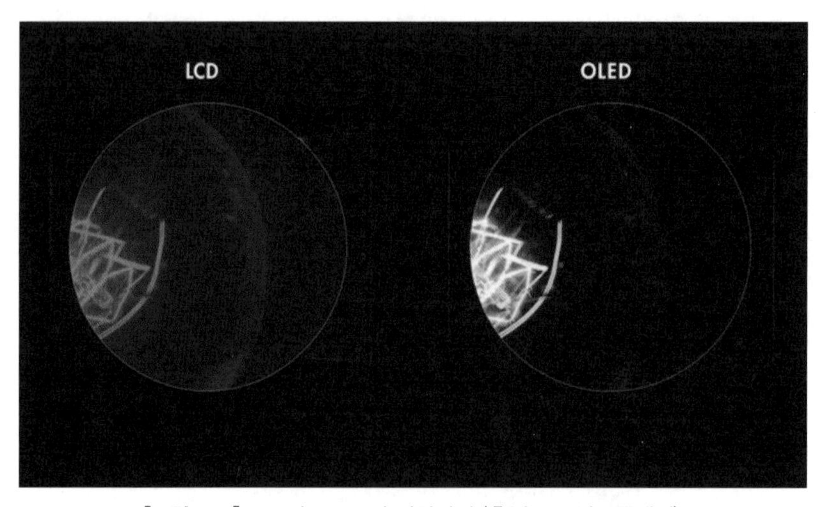

[그림 2-5] LCD와 OLED의 명암차이 (출처: LG 디스플레이)

전압구동을 하는 LCD와 달리 **OLED는 전류구동으로 작동**됩니다. 각 픽셀별로 스위치 기능을 하는 반도체소자(TFT)가 있어 전류의 흐름을 미세하게 조정할 수 있습니다. 따라서 LCD에 비해 제조 공정이 더욱 복잡해지고 전류를 미세하게 조절하기 위해 더 많은, 그리고 더 정교한 반도체 회로 구성이 필요합니다.

---

2 유기물은 습기와 산소에 취약하기 때문에 이를 막는 '봉지'층이 존재

2 차세대 디스플레이

1. Micro-LED

현재 OLED를 잇는 차세대 디스플레이 기술로 마이크로 LED[3]가 꼽히고 있습니다. 마이크로 LED는 기존 미니 LED의 1/10 크기의 초소형 LED를 활용한 디스플레이를 말합니다. 쉽게 말해 매우 작은 LED를 다닥다닥 기판에 박아서 디스플레이를 만들어 냈다고 생각하면 됩니다. 현재 마이크로 LED는 기존의 액정 없이 LED가 스스로 발광하기 때문에 명암비나 응답속도에서 뛰어난 장점을 가지고 있습니다. 다만 **현재의 기술로는 LED를 PCB 기판에 올리는 데 매우 많은 시간이 필요**합니다. 삼성의 경우에도 대형 TV 한 대를 만드는 데에 한 달이 걸리는 정도입니다.

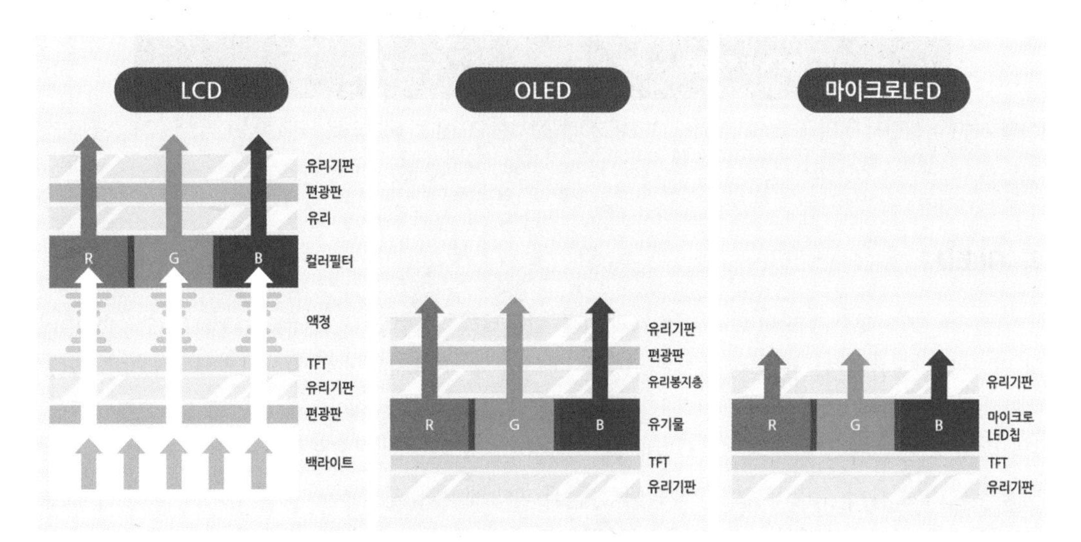

[그림 2-6] LCD와 OLED, 마이크로 LED의 구조도

세계 최초의 소비자용 마이크로 LED 제품을 상용화한 곳은 삼성입니다. 2021년 마이크로 LED TV를 최초로 선보이며 가격은 1억 7천만 원이었습니다. 현재 연구진들에 의하면 50㎛ 이하의 마이크로 LED 제작은 충분히 가능한 상태입니다. 노트북이나 컴퓨터 모니터라면 PPI가 150~300정도의 수준이므로, 마이크로 LED를 빠르게 전사할 수 있는 기술력만 확보된다면 **1~2년 내로 중소형제품의 마이크로 LED 제품의 상용화가 가능할 것으로 보입니다.**

3 Light Emitting Diode의 약자로, 우리말로는 발광다이오드라고 하며 전류를 가하면 빛을 발하는 반도체 소자를 말함

[그림 2-7] 삼성전자가 미국 라스베이거스 CES2020에 전시한 292인치 마이크로 LED TV '더월' (출처: 조선비즈)

2. QLED

QLED는 퀀텀닷으로 만들어진 디스플레이를 말합니다. 퀀텀닷(Quantum Dot)은 수 나노미터의 반도체 결정을 말합니다. 이러한 퀀텀닷은 동일한 물질이라도 입자의 사이즈에 따라 발현되는 빛의 색깔이 다릅니다. 이를 통해 색을 구현하여 디스플레이로 활용할 수 있게 되는 것입니다. 퀀텀닷이 디스플레이 업계에서 차세대 디스플레이로 각광 받는 이유는 백라이트가 필요 없고 OLED 대비 소자의 수명이 길고, 삼원색의 원래 파장에 가장 근접하기 때문입니다. 과거에 개발된 퀀텀닷은 백라이트에서 나온 빛을 간접적으로 수용해 다른 색으로 바꿔 주는 '컬러필터'의 역할을 했다면, 요 근래에는 파란색 빛을 내는 OLED를 사용하고 다시 그 앞에 OLED의 빛을 받아서 R, G, B의 빛을 낼 수 있는 퀀텀닷을 재배치하는 QD-OLED 기술에 집중하고 있습니다. 하지만 이것 모두 진정한 의미의 QLED라 할 수는 없습니다. **최근에 이르러서야 비로소 직접 전류를 받아서 원하는 색깔의 빛을 내게 하는 '자발광 퀀텀닷' 개발에 성공**했기 때문입니다.

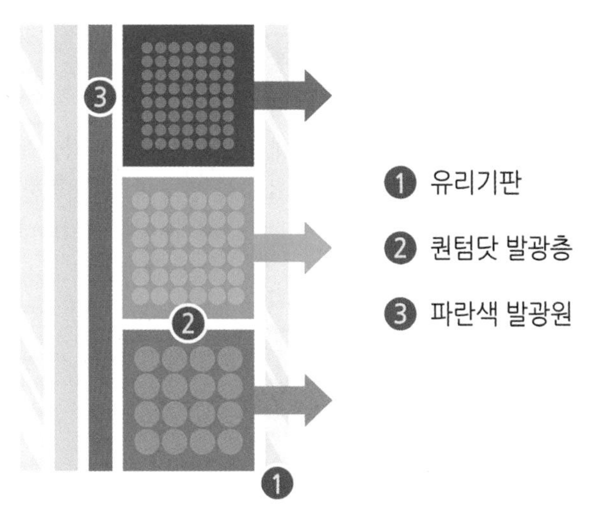

[그림 2-8] 퀀텀닷과 LED를 이용한 QLED의 작동 원리

그러므로 현재 상용화되었다고 말하는 QLED는 진짜 퀀텀닷을 이용한 디스플레이가 아니라, 퀀텀닷 필름을 이용해서 만든 디스플레이에 불과합니다. 현재 시점에서 **진정한 의미의 자발광 퀀텀닷 디스플레이의 상용화는 5년 이상**이 걸릴 것으로 생각됩니다. 하지만 진정한 의미의 자발광 퀀텀닷 디스플레이가 상용화된다면, 기존 LCD, OLED로 대표되는 디스플레이의 제품군을 대체할 새로운 게임체인저가 되어 디스플레이 산업의 대격변을 이끌것으로 생각합니다. 따라서 취준생 여러분에게는 면접에 가기 전, 진정한 차세대 디스플레이로 각광 받고 있는 QLED에 대하여 기본적인 구동 원리와 현재 개발 수준 정도는 숙지하고 가는 것을 추천합니다.

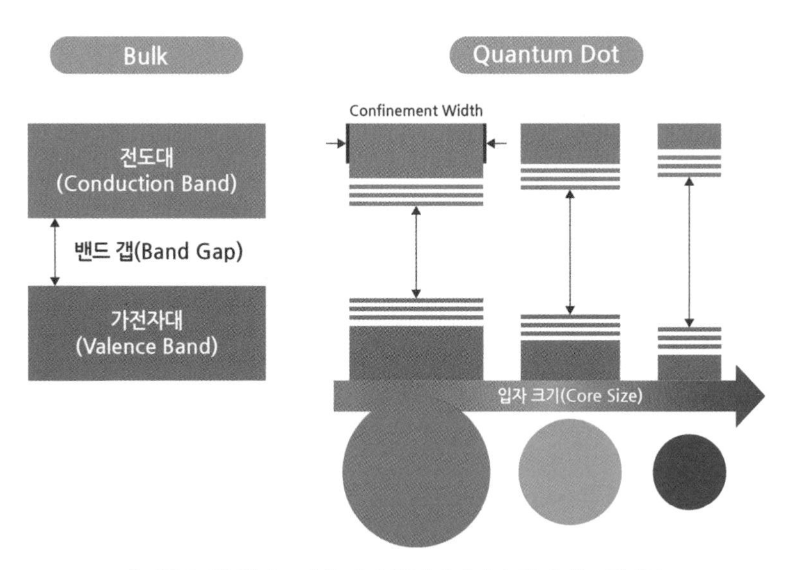

[그림 2-9] 입자크기에 따라 발광에너지가 달라지는 퀀텀닷

3 비슷한 듯 다른 반도체와 디스플레이

디스플레이는 반도체의 부분집합 관계라고 이해하는 것이 좋습니다. 반도체는 Si이라는 원소 물질을 이용하여 전류의 흐름을 제어할 수 있는 소자를 말합니다. 이러한 반도체는 디스플레이 구동을 위해 꼭 필요합니다. 디스플레이는 이러한 반도체 위에 컬러필터나(LCD의 경우) 자발광하는 유기물을 증착(OLED의 경우)한 뒤 박막봉지 공정을 통해 우리가 아는 디스플레이 반제품으로 탄생하게 됩니다.

디스플레이 내부의 반도체는 보통 TFT라고 부릅니다. TFT란 Thin Film Transistor의 약자이며, 얇은 박막으로 만들어진 반도체의 일종으로 전기적 신호를 제어하여 빛을 켜고 끄는 기능을 하게 됩니다.

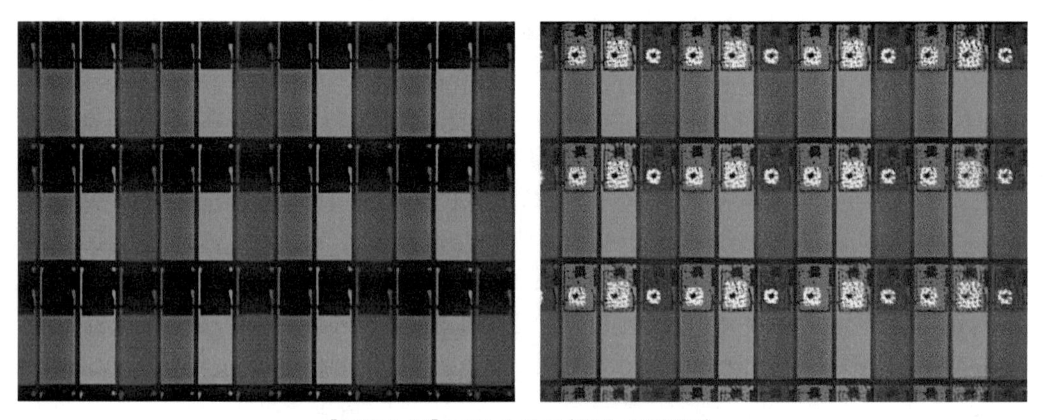

[그림 2-10] RGB 속 TFT (출처: 위키백과)

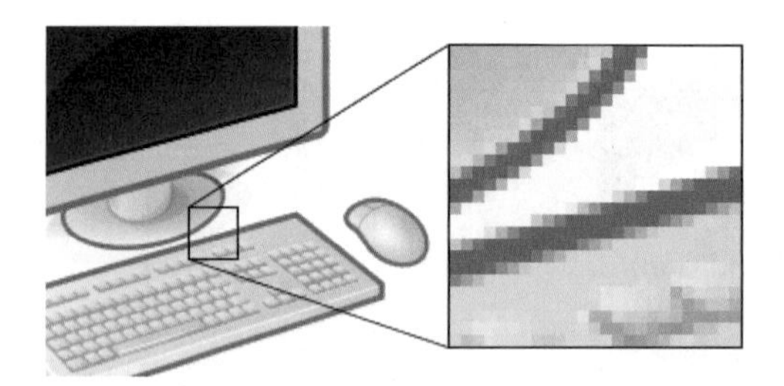

[그림 2-11] 디스플레이 화면 속 픽셀 (출처: 위키백과)

디스플레이는 위 그림과 같이 여러 개의 픽셀로 구성되어 있습니다. 하나의 픽셀은 R(레드), G(그린), B(블루)의 픽셀로 구성이 되어 있고 각각의 픽셀 안에 빛을 켜고 끄는 전기적 스위치 역할을 하는 반도체가 있습니다. 이러한 TFT는 트랜지스터의 한 종류인 MOSFET[4]의 구조와 동작 원리가 같습니다. MOSFET은 소스와 게이트, 드레인으로 구성되어 있습니다. 디스플레이에서 TFT 반도체를 쓰는 이유는 빛을 잘 투과시키기 위해 얇게 만든 반도체가 필요하기 때문입니다.

a-Si TFT

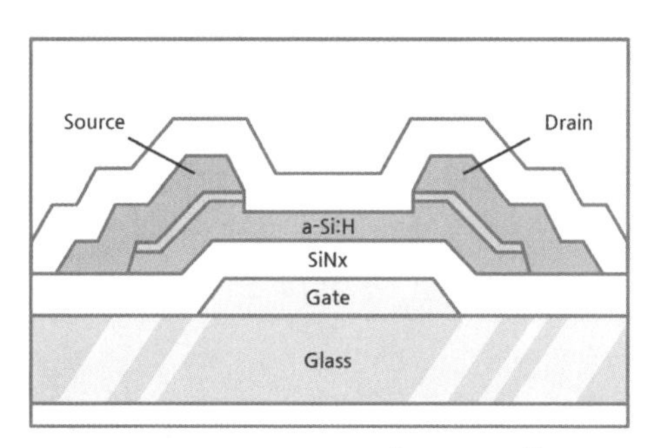

LTPS TFT

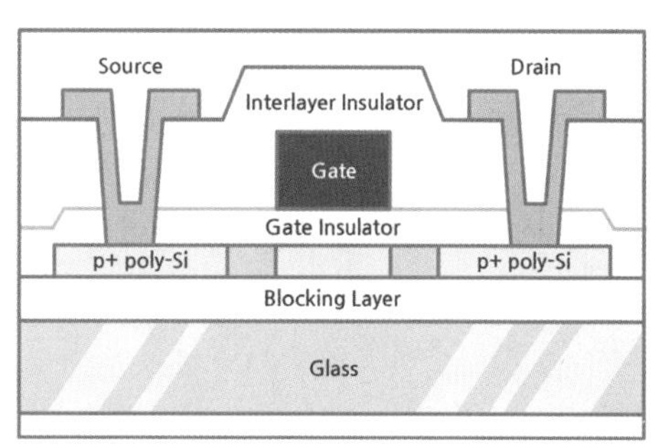

[그림 2-12] a-Si TFT와 LTPS TFT의 구조

최근 디스플레이는 고해상도와 대형화 추세로 가고 있습니다. 픽셀의 개수는 더 많아졌고, 면적 또한 커졌기 때문에 동시에 처리해야 할 정보의 양이 기존보다 수십 배로 많아졌습니다. 이러한 문제들은 TFT 반도체의 발전으로 해결될 수 있습니다. 산화물 층의 형성 물질에 따라 TFT의 종류를 나눌 수 있고, 이러한 산화물 층의 종류에 따라 소스에서 드레인으로 가는 전자의 속도가 달라지기 때문에 디스플레이의 성능을 향상시킬 수 있습니다.

[그림 2-13] a-Si TFT를 사용한 LCD (출처: LG전자)

4 걸어주는 전압에 따라 전자들이 이동하는 길이 생기거나 막히게 되면서 흐르는 전류를 조절하는 반도체 소자. Metal-Oxide-Semiconductor Field-Effect Transistor의 약자

TFT의 종류로는 먼저, **비정질 실리콘으로 만든 a-si TFT**가 있습니다. a-si TFT는 공정 자체가 단순하고 수율이 높아 초기 LCD에 많이 사용되었습니다. 하지만 그만큼 낮은 전자이동도[5]를 갖기 때문에 반응속도가 매우 낮은 특징이 있습니다. 물론 이 시기는 초기 LCD 상태이기 때문에 표시할 신호처리량이 그렇게 많지 않아 큰 단점으로 다가오지는 않았습니다. 이후 a-si TFT보다 전자 이동속도가 빠른 **LTPS(Low Temperature Polycrystalline Silicon) TFT**가 나오게 됩니다. 기존의 a-si TFT의 비정질 실리콘에 레이저를 가하여 실리콘 분자들이 더 잘 정렬된 형태로 배열되어 전자의 이동속도를 획기적으로 높일 수 있었습니다. 이러한 공정을 거치며 더 빠른 반응속도를 얻게 되었고 영상신호처리를 더욱 빠르게 할 수 있게 되었습니다. 하지만 이러한 LTPS TFT는 제조단가가 매우 비싸다는 단점을 가지고 있었고, 이러한 문제점을 보완하여 현재 **Oxide TFT**가 범용으로 사용되고 있습니다. a-si TFT와 마찬가지로 가격은 저렴하며 LTPS TFT처럼 전자이동도는 빠른 특징을 갖고 있습니다. 또한 기존의 a-Si과 비슷한 공정 단계를 가지고 있어서 기존에 가지고 있던 설비를 이용하여 제조하는 데에도 큰 문제가 없어, 신호처리량이 많고 속도도 빨라야 하는 최신의 중, 대형 디스플레이에 많이 사용되고 있습니다.

[그림 2-14] (왼쪽) LTPS TFT를 이용한 LCD, (오른쪽) Oxide TFT를 사용한 OLED (출처: 삼성전자, LG전자)

5 외부에서 가해진 전기장에 대한 전자 표류속도의 비율로 정의되며, 전자이동도가 빠를수록 전류에 대한 응답속도가 빠르다고 할 수 있음

MEMO

02 디스플레이 산업 이슈와 기술 동향

1 디스플레이 산업 현황

삼성과 LG의 디스플레이 기술은 현재 반도체와 함께 전 세계 시장과 기술을 이끌어가는 상태입니다. 현재 국내 디스플레이 기업들은 '04년 이후 세계 시장 점유율 1위를 계속 유지하며 10여 년간 시장을 선도해 나가고 있습니다. 과거 90년대 일본이 LCD를 최초로 상용화하였지만 한국과의 경쟁에서 밀려 도태되었고, 현재 중국은 한국의 기술을 흡수하여 점유율을 확대해 나가고 있습니다. 또한 중국은 한국에 이어 전 세계 디스플레이 시장에서 2위를 차지하고 있습니다.

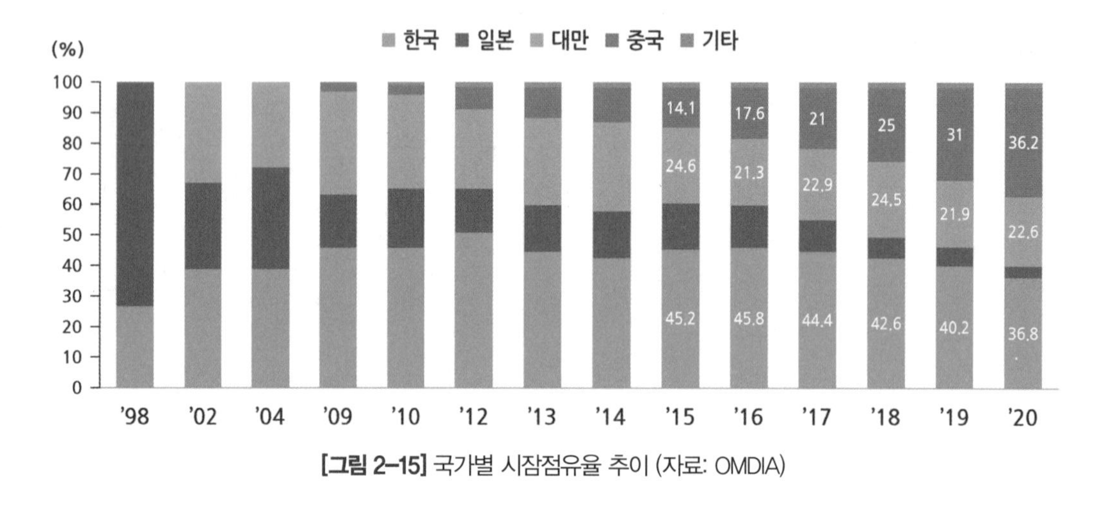

[그림 2-15] 국가별 시장점유율 추이 (자료: OMDIA)

한국의 OLED 수출액은 '19년도에 LCD 수출액 규모를 이미 능가하여 현재 약 109억 달러 정도의 최대 기록을 유지 중이며, 중국은 LCD 저가 물량 공세를 통해 세계 1위를 유지 중입니다. 이러한 중국에 대응하기 위해 **한국은 대형 OLED 생산에 집중**하고 있으며, 특히 삼성디스플레이는 '25년까지 퀀텀닷 OLED[6]에 **13조에 달하는 투자 계획**을 발표한 상태입니다.

---

6 청색 OLED 자체를 발광원으로 이용하고 다시 그 위에 LCD처럼 컬러필터를 입히는 신개념 디스플레이

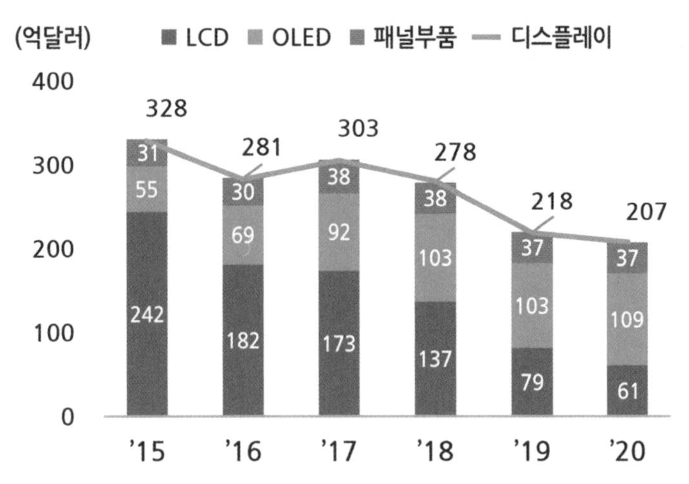

[그림 2-16] 디스플레이 산업군 별 시장점유율 추이 (자료: 산업통상자원부)

OLED의 디스플레이 내 시장 점유율은 과거 '14년도 7% 수준에서 최근 '21년 24% 수준으로 급증하였으며, 향후 대형 OLED TV의 확대 등으로 폭발적인 성장이 예측됩니다. 기존에는 디스플레이 보급시장이 포화 수준으로 평가되어 왔지만, 코로나19 이후 언택트 문화가 확산되며 LCD TV나 스마트폰, 모니터 등의 전반적인 디스플레이 수요가 급증하였습니다.

2 디스플레이 기술개발 동향

디스플레이는 더 화려하게, 더 작게, 더 적은 전력으로의 방향으로 끊임없이 기술개발이 이루어졌습니다. 최초 브라운관 디스플레이는 전자총이라 불리는 전자빔을 이용하여 형광물질을 빛나게 하는 방식으로, 매우 큰 크기와 정말 무거운 무게가 큰 단점이었습니다. 이후 LCD 디스플레이가 등장하였습니다. 얇디얇은 유리판 사이에 액정의 분자배열에 따라 빛의 세기를 조정하며 화면을 유지하는 방식인 LCD는 작고 매우 얇은 화면 구현이 가능했습니다. 하지만 유연성이 떨어져서 새로운 형태의 디스플레이를 구축하는 데에 한계가 존재하였습니다. 이를 극복하기 위해 유기물 화합물 자체가 발광하는(자발광) LED 반도체 소자를 기반으로 한 OLED가 세상에 나오게 되었습니다. 백라이트가 필요 없어 LCD보다 더욱 얇게 제조할 수 있으며 휘어지고 마는 등 여러 형태 구성이 가능했습니다. 하지만 유기물 수명이 짧고 가격이 비교적 비싸다는 단점이 있습니다. 비교적 최근에 개발된 Micro-LED는 가로세로 각각 100um 이하의 LED 단일 반도체를 이용한 디스플레이입니다. OLED와 마찬가지로 매우 얇게 제조가 가능하며, 다양한 형태로 가공이 가능합니다. 또한 OLED와 달리 무기물로 수명이 매우 길지만 아직까지는 생산 기술의 난이도가 높아 가격이 비싼 상황입니다.

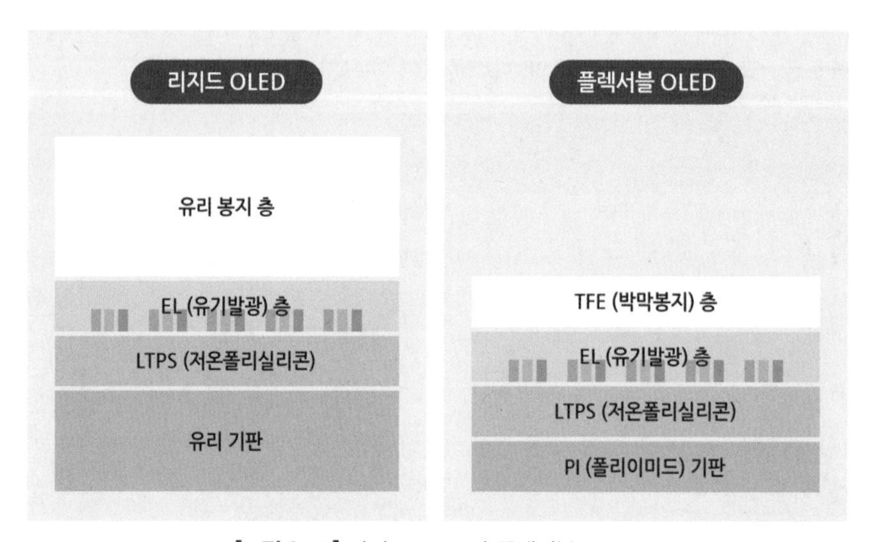

[그림 2-17] 리지드 OLED와 플렉서블 OLED

최신 디스플레이 관련 뜨거운 기술은 세 가지로 요약해볼 수 있습니다.

첫 번째, 플렉서블 OLED입니다. 기존의 유리 기판 대신 얇은 필름을 사용하여 유연성을 확보한 것이 가장 큰 특징입니다. 기존에는 유리를 사용한 리지드(Rigid) OLED가 일반적이었으나, 소비자의 요구와 기업들의 혁신 욕구로 인해 다양한 형태의 미래 디스플레이가 각광받게 되었고 **유리 기판을 대체하여 PI기판[7]을 투입, 플렉서블한 디스플레이를 구현**할 수 있게 되었습니다. 이를 위해서는 유기물층과 무기물층의 세밀한 박막기술이 매우 중요합니다.

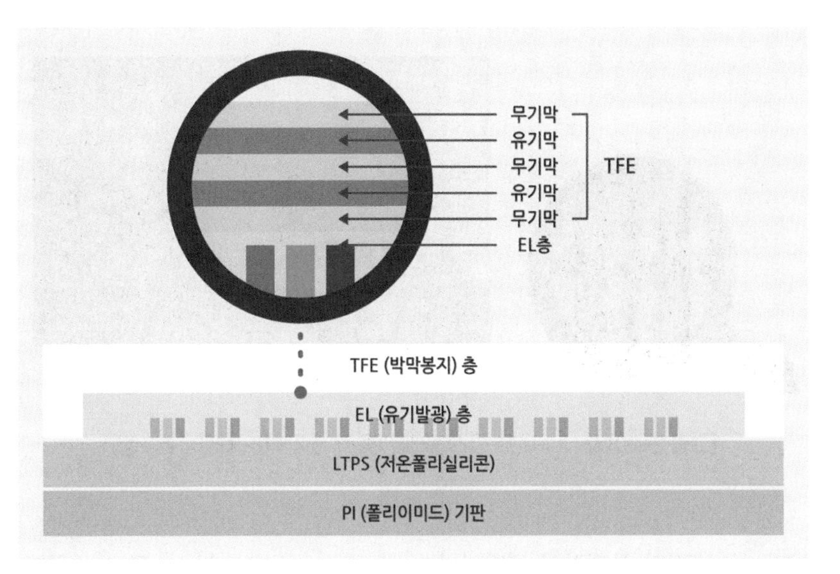

[그림 2-18] 박막봉지(Thin Film Encapsulation)

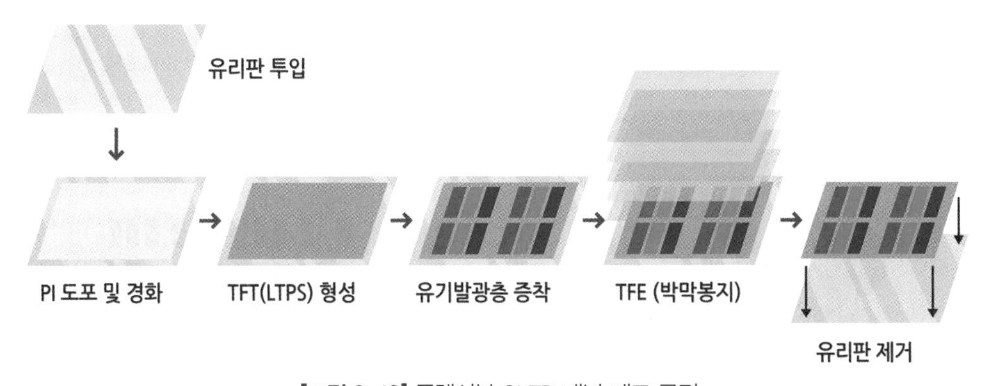

[그림 2-19] 플렉서블 OLED 패널 제조 공정

두 번째는 TV용 대형 퀀텀닷 OLED의 상용화입니다. 퀀텀닷은 초미세 실리콘 입자로, 동일한 입자이지만 입자의 크기에 따라 전류를 공급받았을 때 발광하는 빛의 영역이 달라집니다. 현재 삼성이 대규모 상용화를 위해 애쓰고 있는 퀀텀닷 OLED는 자발광 퀀텀닷까지는 아니고 광원으로 청색 OLED를 사용하고 RGB 필터를 덧대는 형태입니다. 최근 삼성디스플레이는 퀀텀닷 OLED에 13조의 투자계획을 발표한 상태입니다.

---

7 타 소재에 비해 높은 절연성능을 낼 수 있고 무엇보다 가요성이 있으므로 휠 수 있어서 플렉서블 OLED의 기판으로 사용됨

[그림 2-20] Micro-LED 디스플레이 (출처: 삼성디스플레이 뉴스룸)

세 번째, Micro-LED의 본격적인 개발입니다. Micro-LED는 자체 발광하는 무기물 LED 자체를 R, G, B화함으로써 수명이 매우 길고 OLED와 마찬가지로 여러 형태의 디스플레이로 제작이 가능합니다. 현재로서는 웨이퍼를 잘게 칩 단위로 나눈 다음에 회로 기판에 옮겨서 이식하는 방법으로 제조하고 있으나, 높은 정밀도를 필요로 하는 마이크로 크기의 칩을 기판에 이식하는 기술이 난이도가 대단히 높아 대형 TV 생산에는 아직 기술의 한계가 있는 상황입니다. 그래도 최근 삼성전자는 '21년 3월 Micro-LED 기술을 사용한 대형 TV를 출시하였고 가격은 1억 7천만 원이었습니다.

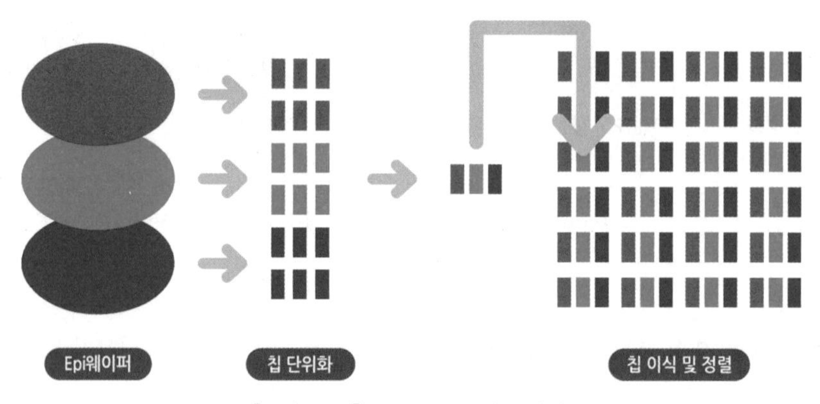

[그림 2-21] Micro-LED 제조 개념

3 디스플레이 산업의 대내외 환경변화

현재 디스플레이 업계와 관련된 대내외적 환경변화는 총 네 가지로 정리해 볼 수 있습니다.

첫 번째, 중국과 미국의 무역분쟁 등에 의한 공급망 불확실성이 확대되고 있습니다. 최근 미국의 화웨이 제재에 따라 스마트폰의 AP 등이 화웨이로 통관될 수 없어서 화웨이 스마트폰 생산에 차질을 빚은 일이 있었습니다. 디스플레이에서도 이와 유사한 일이 발생할 수 있으며, '19년 한일 무역 분쟁[8]에서는 일본의 소재, 부품, 장비의 한국 수출 규제를 통해 생산 공급사슬에 차질을 빚은 일도 있었습니다. 또한 코로나 19로 인해 임시적이나마 공급망 단절 리스크가 있었던 만큼, 이러한 복합적인 이유로 인해 디스플레이 제조, 생산, 유통과 관련된 공급망도 결코 안전하지만은 않다는 것이 밝혀졌습니다.

〈표 2-1〉 미국의 제재 이후 화웨이 스마트폰 부품 수급처의 변화[9]

품목	제재 전 수출 기업	2019 5. 15	제재 후 수출 기업	2020 5. 15	제재 후 수출 기업	2020 8. 17	제재 후 수출 기업
AP	Qualcomm	→	TSMC	→	MediaTek[10]	→	X
Memory	Micron	→	삼성전자, SK하이닉스	→	삼성전자, SK하이닉스	→	X
OS	Google Android	→	자체 OS (HMS)	→	자체 OS (HMS)	→	자체 OS (HMS)

두 번째, 폴더블, 롤러블 TV 등 다양하고 혁신적인 폼팩터 제품들이 시장에 출시되었습니다. 삼성전자는 '19년 처음으로 제대로 된 폴더블 디스플레이 적용된 '갤럭시 폴드'를 출시하였고 이후 갤럭시 Z플립3, Z플립4를 잇따라 출시하였습니다. 특히 Z플립3의 경우 출시 한 달여 만에 100만 대 판매를 기록하여 폴더블의 대중화 시대를 열었습니다. 이렇듯 새로운 폼팩터의 개발은 기존 제품에 싫증이 난 소비자를 효과적인 방법으로 영입하여 새로운 구매처를 열어주었습니다. 또한 새로운 폼팩터와 연계된 기술들은 다시 폭발적인 연구개발 결과물들을 안겨 주었고 침체되었던 스마트폰, TV 시장에 새바람을 불어 넣고 있습니다.

8 '19년 일본이 한국에 반도체 및 디스플레이 제조 핵심 소재의 수출을 제한하기로 발표한 데에서 촉발된 무역분쟁
9 「트럼프 행정부의 대 화웨이 반도체 수출규제 확대와 전망」, 연원호(2020), 대외경제정책연구원
10 "美 '화웨이 규제' 두 달…대만 반도체만 웃었다." 한경산업. 2022년 11월 8일 접속, https://www.hankyung.com/economy/article/2020071948541

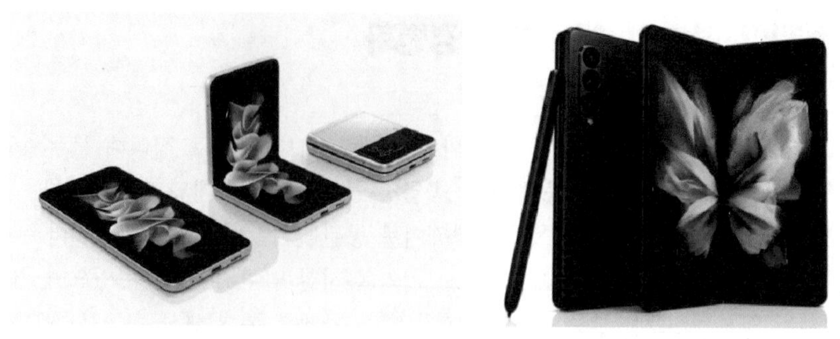

[그림 2-22] 삼성전자의 갤럭시 Z플립3, 폴더3 (출처: 삼성전자)

[그림 2-23] LG전자의 롤러블 OLED TV (출처: LG전자)

세 번째, 코로나19 전 정체되었던 디스플레이 시장과 코로나 19 이후에 달라진 시장의 상황입니다. 코로나 이전에는 PC나 모니터, 휴대폰 등 완제품 수요가 둔화되어 디스플레이 시장이 정체되어 있는 상황이었습니다. 스마트폰의 경우 이미 높은 보급률과 하드웨어 성능의 상향 평준화로 많은 사람들의 교체 주기가 장기화되었고 이 같은 점이 시장 정체를 이끌었습니다. TV 또한 마찬가지로 이미 보급률은 포화에 이르렀고, OTT[11] 서비스를 이용하거나 스마트폰 등을 이용한 영상매체 활용에 익숙해져 TV 시청이 매우 감소하였습니다. PC의 경우 스마트폰이 많은 기능들을 대체하여 시장 자체가 축소되었다가, 코로나 이후 언택트 상황이 익숙해지면서 재택근무, 비대면 교육 확산 등 디스플레이 관련 수요가 크게 증가하였습니다. 항목을 나눠 살펴보면, LCD TV와 휴대폰 등은 소폭 감소하였으나 모바일 PC와 OLED TV는 크게 증가하였습니다. 매출 규모는 LCD 가격 상승 등에 따라 모바일과 LCD TV, 스마트폰까지 주요 품목에 대해 모두 성장한 모습을 보였습니다.

---

11 Over-The-Top media service의 의미로 인터넷을 통해 방송 프로그램, 영화, 교육 등 각종 미디어 콘텐츠를 제공하는 서비스를 의미. 대표적으로 미국의 '넷플릭스'가 있음

〈표 2-2〉 디스플레이 관련 제품군 별 세계 출하량과 매출액 추이 (출처: OMDIA)

용도별	출하량(백만대)			매출액(억달러)		
	'19	'20	증감률	'19	'20	증감률
모바일PC	420	507	21%	146	204	40%
OLED TV	3	4	36%	25	34	36%
LCD TV	287	272	△5%	257	296	15%
휴대폰	1,884	1,774	△6%	402	422	5%
디스플레이 전체	3,619	3,630	0.3%	**1,091**	**1,249**	**15%**

네 번째로 중국 디스플레이 산업의 달라진 위상입니다. 2000년대에 이르러 중국은 국가의 보조금 정책에 힘입어 매우 공격적인 LCD 공장 증설을 이뤄냈습니다. 결국 20년간 이어진 한국과의 끝이 보이지 않는 LCD 치킨게임에서 '21년 상반기 기준으로 전 세계 LCD 시장의 50% 점유율을 가져가며 LCD만큼은 중국에게 1위 패권을 내주게 되었습니다.

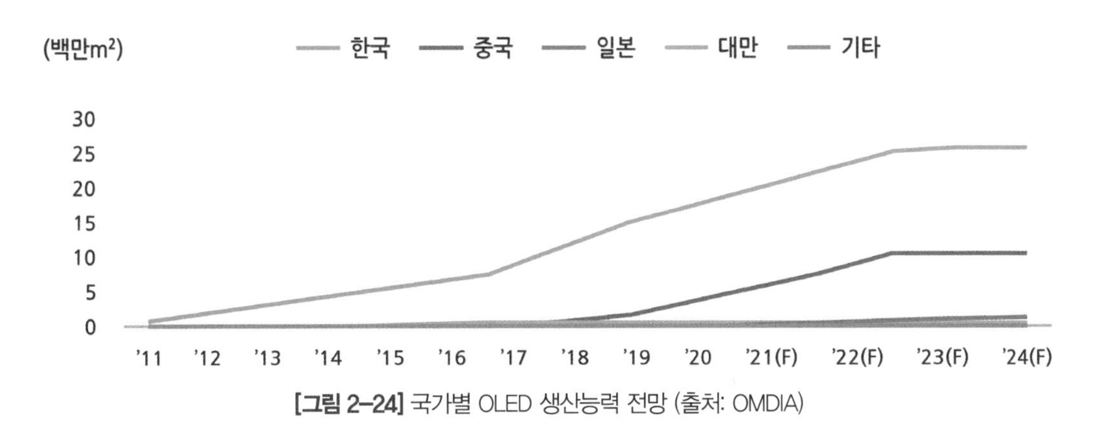

[그림 2-24] 국가별 OLED 생산능력 전망 (출처: OMDIA)

다행히 아직까지는 OLED 점유율은 크게 따라오지 못하고 있으나, 중국은 OLED 분야에서도 점차 점유율을 키워가며 한국을 맹렬하게 추격해 오고 있습니다. 중국 정부의 다시 한번 반복되는 지원정책과 중국의 거대한 내수시장을 바탕으로 OLED 분야도 경쟁적으로 증설 투자를 진행하고 있는 상황입니다. 세계 OLED 시장에서 '18년도에 3%의 점유율을 차지하고 있던 중국은 '20년 기준 12%까지 상승하며 맹렬하게 한국을 추격하고 있습니다.

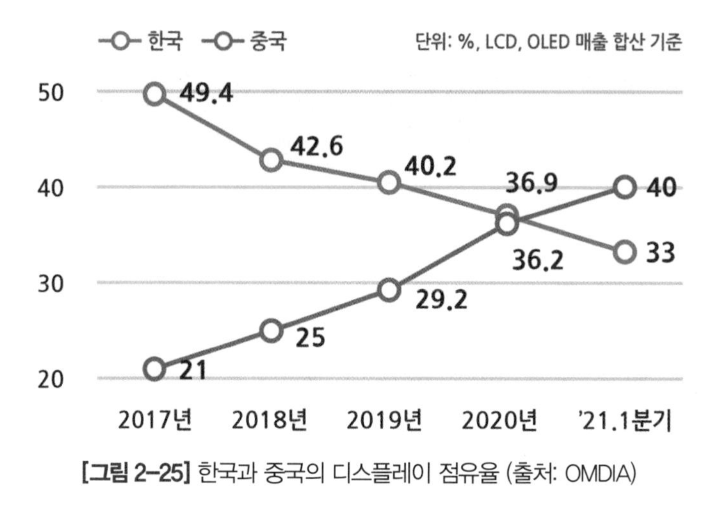

[그림 2-25] 한국과 중국의 디스플레이 점유율 (출처: OMDIA)

4 디스플레이 산업이 나아가야 할 방향

국내의 디스플레이 산업은 중국을 비롯한 글로벌 경쟁이 심화되며 앞으로의 안정적인 성장을 위한 혁신적인 돌파구가 필요한 상황입니다. 현재 LCD 시장은 중국에게 1위를 이미 내주었고, 과거 압도적인 세계 시장 점유율을 자랑하던 한국의 OLED도 중국이 매섭게 추격해 오고 있는 상황입니다. 코로나19 이후 전 세계적으로 아직 대세 디스플레이인 LCD의 수요가 급증하며 '21년도 전반기에는 디스플레이 전체 시장 점유율이 중국에게 밀리기도 하였습니다.

디스플레이 세계 1위국의 지위를 지금과 같이 유지하기 위해서는 OLED 다음 세대의 디스플레이 연구개발 및 제조분야에 선제적이고 집중적인 노력이 필요합니다. 과거 외환위기 등을 겪으며 어려운 환경 속에서도 삼성과 LG는 디스플레이 투자를 과감하고 지속적으로 유지하여 세계 1위국을 10년 이상 유지한 저력이 있습니다. 이러한 저력을 바탕으로 두고, 스마트폰과 TV의 새로운 폼팩터를 무기 삼아 디스플레이 시장의 선도를 위해 Micro-OLED나 퀀텀닷 OLED 분야의 공격적인 투자가 필요한 상황입니다. 또한 4차 산업혁명 시대를 맞이하여 타 산업과의 융·복합을 통한 디스플레이 시장의 새로운 활로 개척도 반드시 필요합니다. 사용범위가 무한정 확대되고 있는 차량용 디스플레이처럼 앞으로 지속적인 성장이 예측되는 곳을 정확히 타겟팅하여 새로운 시장을 창출하고 그 시장을 선점하는 노력도 필요할 것입니다. 이러한 디스플레이의 업계의 현재 문제점과 앞으로의 돌파 방향은 디스플레이 업계를 준비하는 분들에게는 면접이나 자기소개서의 단골 질문 및 답변으로 활용될 수 있으니, 필자의 생각을 참고하여 여러분들만의 돌파책을 준비하는 것도 디스플레이 업계 취업 준비에 큰 도움이 될 수 있을 것이라 생각합니다.

MEMO

03 산업의 구조와 대표 기업

1 디스플레이 대표기업 삼성과 LG의 영업 현황

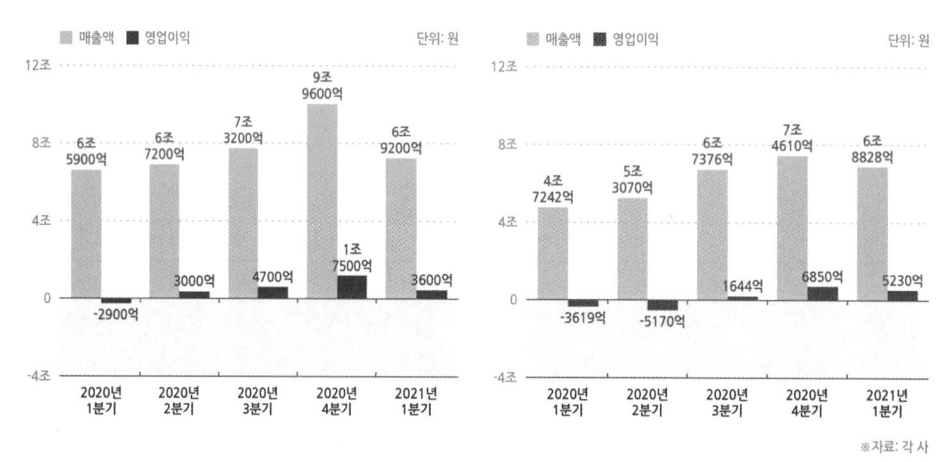

[그림 2-26] 디스플레이 산업 영업 이익의 현황

한국의 대표 디스플레이 기업은 여러분도 잘 아시는 것처럼, 삼성디스플레이와 LG디스플레이가 있습니다. 현재 삼성디스플레이는 전자공시시스템에서 확인할 수는 없지만, 업계 내부 정보와 매출 근황을 봤을 때 매출의 90%가 중소형 OLED에서 발생하고 있습니다. 보통 대형은 TV용을 말하고 중형은 노트북, 모니터 등에 쓰이는 디스플레이를 말하며 소형은 스마트폰용을 의미합니다. **삼성디스플레이는 이제 LCD 사업의 완전 철수를 발표하고 OLED에 주력하는 상황**입니다. 반면에 **LG디스플레이는 아직까지도 매출의 65% 이상이 LCD에서 나오고** 있습니다. 매출에서 대형과 중형, 소형의 비율은 비슷한 편이나, 전통적인 가정용 가전제품의 강자답게 대형 TV용 디스플레이에서 강세를 보이고 있습니다. 다만 최근 코로나 이후 여러 경기침체로 인해 스마트폰과 가전의 수요가 전체적으로 줄어들고 중국의 공격적인 물량 공세로 인해 LCD 가격이 폭락한 이유로 '22년 상반기에는 큰 적자를 본 상황입니다. 경제가 침체되면 보통 프리미엄 제품보다는 저가형 제품의 타격이 큰 편이므로 LG디스플레이도 이러한 약점을 잘 파악하여 앞으로는 LCD보다는 OLED의 비중을 높일 계획을 갖고 있습니다.

[그림 2-27] LG디스플레이가 SID2022에서 선보인 세계 최대 97인치 OLED TV (출처: LG 디스플레이)

하지만 **LG디스플레이는 TV용 OLED에서 압도적 강세**를 보이고 있습니다. 또한 의외로 삼성보다 디스플레이 관련 독보적인 기술들을 갖고 있습니다. 투명 디스플레이, 플라스틱 디스플레이 등의 기술은 LG디스플레이에서 가장 먼저 시장에 공개한 기술입니다. **삼성디스플레이는 소형 디스플레이에서 매우 강세**를 보이고 있습니다. 특히 애플 아이폰에 패널을 납품하는 주요 공급사라는 점에서 큰 메리트를 갖고 있습니다. 아이폰14 패널도 여러 공급사에서 나눠서 공급하긴 하지만 대부분의 물량을 삼성디스플레이에서 공급하고 있습니다. 또한 현재 전 세계적인 폴더블 폰 시장에서 삼성의 갤럭시 시리즈가 압도적인 점유율을 차지하고 있기 때문에 새로운 폼팩터 형태에서도 삼성디스플레이의 폴더블 디스플레이가 강세를 보이고 있습니다.

[그림 2-28] 삼성디스플레이 패널로 만든 아이폰 14

2 삼성디스플레이의 주력 기술

삼성디스플레이는 LG디스플레이의 W-OLED 기술에 대항하기 위해 현재 QD-OLED에 집중하고 있습니다. QD-OLED는 시중에서 판매되고 있는 QLED와는 완전히 다른 형태로 W-OLED가 광원으로 흰색 유기물 광원을 사용하는 것과 달리, QD-OLED는 파란색을 발하는 유기물 발광원을 이용하고 있습니다. 즉 기존의 Backlight가 항상 파란빛을 발하고 있는 형태인 것입니다. 그리고 이 빛이 다시 컬러필터를 통과해서 각각의 R, G, B의 형태로 빛을 발하게 됩니다. 이때 광원이 되는 파란색 유기물은 '퀀텀닷'이라고 불리는 나노미터 크기의 반도체 소재를 이용하고 있습니다. 빛을 필터링하여 우리가 인식하는 빛의 색으로 변환하는 컬러필터 또한 LCD처럼 단순한 컬러필터의 형태가 아닌 퀀텀닷 소재의 컬러필터를 사용하기 때문에 'QD-OLED'라는 이름을 붙일 수 있었습니다. 다만 현재 시점에서는 퀀텀닷을 이용한 컬러필터의 수명이 매우 짧기 때문에, 이후에 삼성디스플레이에서 이러한 단점을 어떻게 극복해낼 것인가가 해당 제품에 대한 중요한 관건으로 남아 있습니다.

[그림 2-29] 삼성디스플레이 CES 2022에서 공개한 '퀀텀닷 디스플레이' (출처: 삼성 디스플레이)

3 LG디스플레이의 주력 기술

삼성디스플레이나 LG디스플레이 모두 거대한 TV용 OLED를 만드는 데에는 어려움이 있었습니다. 여기서 LG디스플레이는 'W-OLED(White OLED)' 라는 성공적인 OLED 구현방법을 고안하게 됩니다. W-OLED는 LCD와 유사하게 항상 흰색 빛이 나옵니다. 다만 이 백라이트는 앞서 말한 CCFL이나 LED가 아닌 유기발광소재가 담당하게 됩니다. 또한 하나의 거대한 판에서 나오는 빛이 아니라 R, G, B 각 소자별로 켜고 끌 수 있습니다. 따라서 픽셀 단위로 빛을 아예 꺼버릴 수 있으므로 기존 OLED와 같이 완벽한 검은색 구현이 가능합니다. 다만 W-OLED는 R, G, B의 색을 순수한 자발광 광원이 만드는 것이 아니고 하나의 컬러필터가 OLED의 흰 빛을 투과하여 만들어내는 것이므로 순수한 '유기물 색'이라고 볼 수 없습니다. 사실상 LCD와 색 구현 수준은 비슷한 수준입니다. 하지만 W-OLED는 대형으로 OLED 제조가 가능하면서 완벽한 검은색 구현이 가능하고, LCD와 달리 시야각에 따른 왜곡이 없으므로 일반적으로 생각되는 OLED의 장점을 가지고 있습니다.

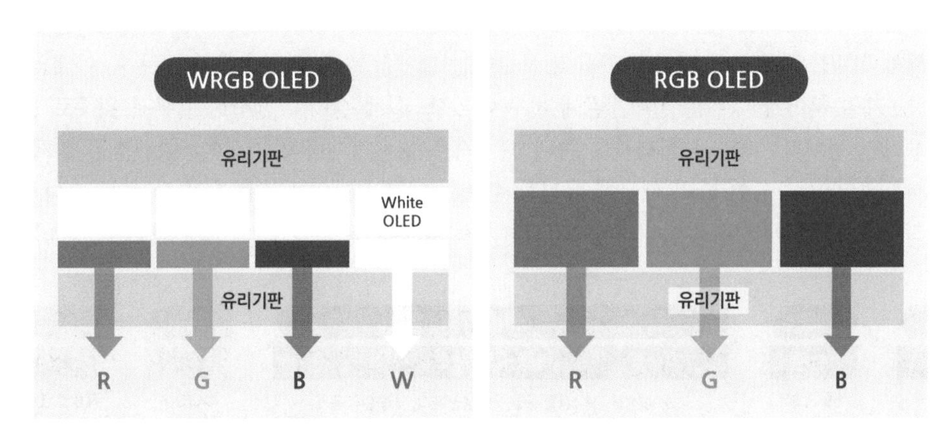

[그림 2-30] W-OLED와 일반 OLED의 구조 차이

04 디스플레이 직무와 취업

국내에서 디스플레이 관련 회사에 취업을 하고자 한다면, 크게 세 가지 분야로 직무를 나누어 볼 수 있습니다. **연구개발(R&D), 공정기술 및 인프라[12], 경영지원** 이렇게 나누어 볼 수 있으며, 일반적으로 공대 출신들이 연구개발이나 공정기술 및 인프라 쪽으로 가게 되고, 경영지원은 문과 출신들이 많이 진출합니다. 앞서 말한 세 가지 대분류는 사실 일반적인 제조업 기반의 대기업이라면 크게 달라지지 않는 대분류라고도 할 수 있습니다.

여러분이 꼭 **삼성디스플레이나 LG디스플레이가 아닌 협력사(보통 1차 벤더)**에 가는 경우에도 아래와 같은 직무분야는 크게 바뀌지 않는다고 보시면 됩니다. 차이점은, 보통 1차 벤더는 대기업에 자사의 설비를 개발하여 납품하고 유지 보수하는 데에서 수익을 창출하기 때문에, 아래의 분류에서 연구개발 분야가 대부분 설비개발에 치우쳐 있고, 실제 설비를 생산하는 부서 위주로 돌아간다고 보시면 됩니다. 따라서 협력사를 준비하는 경우에는 기계공학 지식이 있는 경우 실제 설비 제작/개선에 많은 도움이 되기 때문에 유리할 수 있습니다. 그 외에 일반적인 삼성과 LG디스플레이의 직무 체계는 아래와 같습니다. 그럼 세 개의 대분류를 따라 상세하게 살펴보겠습니다.

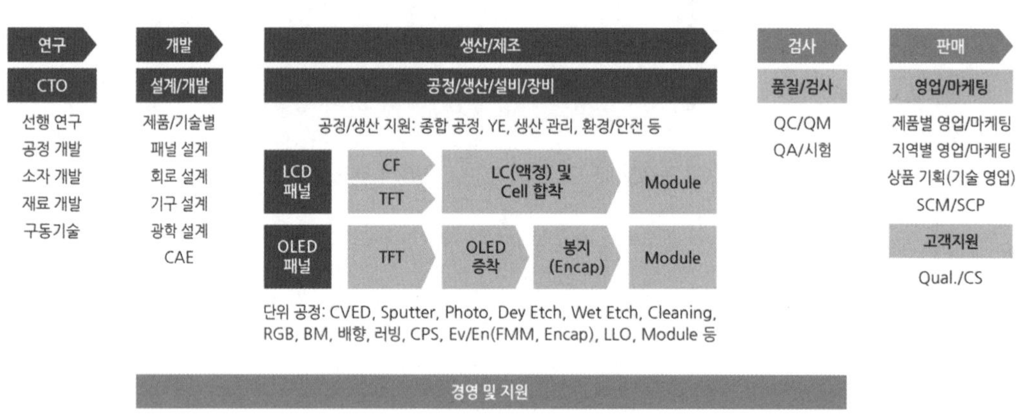

[그림 2-31] 디스플레이 직무

12 인프라스트럭처(Infrastructure)의 줄임말로, 디스플레이 제조를 위한 전기설비, 공장 하수처리 시설 등 전반적인 시설기반을 의미

1 연구개발(R&D) 직무

많은 공대 출신들의 로망이 아닐까요? 대학교, 대학원 시절 배운 공학적 지식을 바탕으로 세상에 없던 꿈의 디스플레이를 연구하고 설계하여 세상에 출시하는 일. 거창하게 말하면 그렇지만 실제 업무 또한 세상에 없던 디스플레이를 만들기 위해 노력하는 업무로 정리해 볼 수 있습니다. **연구개발부서는 기본적으로 제품 상용화 이전에 기술을 축적, 개발하여 시장에서 가치 있는 제품을 만들어(수율을 향상시켜)내는 역할을 하는 부서입니다. 디스플레이 구조에 따라 Module 개발**[13], **Panel 개발, 광학 개발, 기구 개발, 회로 개발** 등으로 나누어 볼 수 있으며 전체적인 개발을 총괄하는 개발기획부서와 개발지원부서도 찾아 볼 수 있습니다. 또한 선행기술 연구하는 연구기획팀과 특허를 전문으로 하는 특허부서도 있습니다. 대표적인 몇 가지 연구개발 부서에 대해 알아보도록 하겠습니다.

1. Panel개발

TFT **단계에서 발생하는 불량이나 신뢰성 이슈에 대해 대응**하며, 이렇게 개발한 선행기술을 양산 공정에 즉 적용할 수 있도록 여러 소자특성들을 최적화하여 신규모델에 반영하는 업무가 주로 진행됩니다. 반도체 소자 거동에 대한 Mechanism을 해석하는 능력이 필요하므로 학부 때 반도체 소자 전공과목을 들으면 도움이 될 수 있습니다.

2. 광학개발

LCD모듈은 크게 패널과 백라이트로 나눌 수 있는데, **광학파트에서는 백라이트의 광학 관련 이슈를 해결하고 모듈의 광학특성을 평가하는 업무**를 진행합니다. 업무 특성상 여러 데이터를 처리해야 하는 경우가 많으므로 통계학 관련 수업을 듣는 것이 도움이 될 수 있습니다.

3. 기구개발

디스플레이 개발 분야에서 기계적인 부분이 있다면 기구개발이 담당한다고 볼 수 있습니다. 대표적으로 최근에 효과적인 기계에너지 전달을 위한 압전[14] 재료를 통해 시각정보뿐만 아니라 청각과 촉각까지 전달하고자 하는데, 이러한 압전기술 개발도 기구개발에서 하고 있습니다. 여러 재료의 특성을 알고 있다면 개발에 도움이 되기 때문에 재료적 특성에 대한 공부가 되어있다면 업무를 잘 수행해 나갈 수 있습니다.

---

13 보통 디스플레이의 핵심인 패널을 구동하게 하는 드라이버 IC를 말하지만 이를 위한 전체 공정을 의미하기도 함
14 압력이 가해지면 전기가 발생하는 원리를 말함

[그림 2-32] 대표적인 인프라기술의 업무모습(화학약품이 흐르는 정밀배관을 점검하는 모습) (출처: 삼성전자)

4. 장비개발

대표적으로, Laser 기술개발을 예로 들 수 있습니다. Laser가 사용되는 모든 공정에서의 전반적인 불량률을 개선하고, 기존의 장비를 개조함으로써 현업의 업무를 지원하며 **신규 장비 컨셉과 라인 내 Set-up 업무 등도 진행**하게 됩니다. 장비개발은 제조현장과 가장 친밀한 팀으로 라인 왕래도 자주 있다고 생각하시면 됩니다.

5. 회로개발

고객이 제조를 요청하는 각종 사양에 대해 구동 컨셉을 점검하고, 제품에 실제 적용되는 회로부품에 대한 설계와 검증을 적용하고 개선하는 업무를 진행하고 있습니다. 실제 업무는 내부 검증 샘플 제작, 신뢰성 결과를 기반으로 고객에게 샘플을 전달한 뒤 회신받은 피드백 자료로 다시 해당 샘플을 개선해가며 최종 고객사가 요청하는 품질에 도달할 수 있도록 하는 업무를 수행하고 있습니다. 전자전기관련 전공자들이 많으며, 전자회로나 회로이론 과목은 필수적으로 듣고 지원하는 것이 도움이 될 수 있습니다.

2 공정기술 및 인프라 직무

꿈의 디스플레이를 아무리 열심히 설계해도, 결국 실제로 공장에서 만들어내지 못하면 아무런 의미도 없고 회사 또한 존재의 의미가 없습니다. **공정기술 및 인프라 직무는 실제 디스플레이를 제조하는 데 사용되는 공장 내 모든 설비를 가동 유지시키고, 이러한 설비를 가동하는 데 사용되는 전기, 물, 화학 약품 등의 기반 인프라 전체를 지원하는 직무**라고 할 수 있습니다. 실제 디스플레이 회사 내에서 가장 많은 인력들이 배치 받아 근무를 하고 있습니다. 직접적인 디스플레이의 제조와 연관이 되어 있기 때문에 설비와 뗄 수 없는 관계이므로 실제로 공대출신들이 가장 많이 배치되어 근무하고 있습니다. 공정관련 부서는 Color Filter **기술**, Cell **기술**, Module **기술**, TFT **기술** 등 직접적인 생산부서와 **생산기술, 품질관리, 생산기획** 등 생산을 지원하는 부서로 이루어져 있으며 **구매와 품질보증, 고객지원** 등 공정의 업무를 진행하지만 고객이나 경영지원 부서와 연결되어 중간관계자 역할을 하는 부서도 있습니다. 또한 **환경안전, 인프라**처럼 디스플레이가 제조되는 라인 전체와, 라인을 포함하여 회사의 모든 건물과 지역을 총칭하는 캠퍼스의 유지 보수를 관리하는 부서도 포함되어 있습니다.

공정기술과 관련되어 대표적인 직무를 살펴보도록 하겠습니다.

1. Cell 기술

패널 제조공정 중 일부의 단위공정들을 맡아서 Cell**들의 제조신뢰성을 확보하는 업무**를 진행하게 됩니다. Cell 내 주요한 공정은 Encap 공정으로, OLED 소자를 외부환경과 충격으로부터 보호하는 공정입니다. 보통 단위공정기술에서 품질관리를 위한 기준을 정립하고, 원재료 관리와 양산프로세스 관리를 통해 공정 프로세스 최적화를 이루게 됩니다.

2. TFT 기술

디스플레이 구동 TFT**를 제조하는 공정을 관리하는 부서**입니다. 해당 공정들은 진공상태에서 증착공정이 이루어지기 때문에 세부 프로세스 관리가 매우 중요합니다. 아주 미세한 파티클에도 제품에 악영향을 줄 수 있기 때문에 이에 대한 불량평가가 잦은 직무입니다.

3. 생산기술

신제품을 생산하거나 기존 제품의 생산량을 늘릴 때 여러 가지 기반 시설 투자가 같이 진행됩니다. 공장의 부지를 넓힌다거나 신규 설비를 도입하는 경우가 수반되기 때문입니다. **이러한 시설투자의 규모나 일정 등을 고려하여 최적의 투자를 할 수 있도록 도움을 주는 직무**입니다.

4. 품질관리

패널 생산 간에 발생하는 여러 가지 모든 불량에 대해서 직, 간접적으로 발생 원인에 대해 분석하고 해당 불량을 개선하는 업무를 진행하게 됩니다.

5. 품질보증

크게 두가지로 직무를 나누어볼 수 있습니다. 하나는 개발단계에서부터 신 모델의 특성에 맞는 디자인을 점검하여 안정된 품질수준을 확보하는 것이고 두 번째는 양산단계에서 품질점검 시스템을 이용하여 철저한 Data 분석을 통한 불량 개선의 전체흐름을 잡아주는 것입니다. **업무의 범위가 개발부터 양산, 제품출하와 영업까지 연결되어 있어서 짧은시간을 일해도 회사의 전체 업무흐름을 금방 파악할 수 있게 되는 장점이 있는 직무**입니다.

3 경영지원 직무

앞서서 말했던 부서들이 디스플레이를 개발하고 직접 생산하는 데 연관되는, 마치 군대로 따지면 보병 같은 존재였다면 이제부터 설명할 **경영지원 직무는 이러한 모든 디스플레이를 만들어내는 과정에 처음부터 끝까지 도움을 주는 부서들이 모여있다**고 보면 됩니다. 어느정도 규모의 중견이나 대기업 정도의 회사는 반드시 **인사, 회계, 재무, 노무, 법무** 조직들이 필요합니다. 디스플레이 회사 역시 이러한 조직이 있고 경영지원 내에 존재하고 있습니다. 이외에 **IT기획이나 IT아키텍처**같은 IT전담 부서가 있고, 전체적인 경영을 총괄하는 **경영혁신, 부문기획, 사무지원** 등이 있습니다. 또한 디스플레이는 대표적인 B2B 사업으로 여러 고객사가 있습니다. 삼성뿐만 아니라 미국의 애플, 구글, 중화권의 화웨이, 샤오미 등 여러 고객사의 니즈를 파악하고 시시각각 변하는 디스플레이 산업 업계 트랜드를 분석하는 등 마케팅의 역할을 하는 부서가 매우 중요하다고 할 수 있습니다. 이러한 마케팅 관련 부서에는 **영업기획, 마케팅, 상품기획** 직무 등이 있습니다. 상세하게 여러 경영지원 직무에 대해 알아보도록 하겠습니다.

1. 인사(HR)

세계를 선도하는 회사일수록 효율적인 인력운용과 인재를 영입하는 것이 그 어느 때보다 중요한 시기입니다. **인사직무는 인사 제반 사항에 대한 토탈 솔루션을 제공**할 수 있어야 하며 평가, 진급, 보상, 인력운용 등 인사제도 전반에 대한 기획, 운영, 주요 이슈 등을 컨트롤 할 수 있어야 합니다.

2. 전략마케팅

전략은 조직의 관점에서 목표를 수립하고 이를 잘 실천하기 위한 방안을 세우는 직무입니다. 이를 위해서는 고객과 SCM[15], 인프라, 인적자원 등을 총 동원하여 전략 수립에 필요한 여러 핵심 요소를 고려하여 최적의 전략을 수립한 뒤, 예상되는 위험도 분석해 낼 수 있는 능력이 중요한 직무입니다.

3. 영업

디스플레이는 TV나 스마트폰, 노트북 등을 만드는 기업을 대상으로 하는 B2B 영업으로 진행됩니다. **영업직무는 고객을 가장 최우선 순위에 두고 고객사의 니즈를 만족시키며 동시에 회사의 매출액과 영업이익을 극대화할 수 있어야 합니다.** 이러한 최종 목표를 달성하기 위해 제품의 개발부터 마케팅, 생산, 품질 등 전 영역에서 고객접점을 파악하여 논의하고 협업하는 것이 매우 중요합니다.

---

15 Supply Chain Management의 약자로 공급망 관리라고 함. 공급망 전체를 하나의 유기체로 보고 이를 최적화하기 위한 방법을 찾는 경영방식을 의미

4. 상품기획

모니터나 노트북 등 제품에 탑재될 신규 디스플레이를 기획하는 일입니다. **제품개발과 달리, 공학적인 부분보다 디자인이나 실제 고객이 체감할 수 있도록 향상된 성능을 고민하여 전략을 수립**한다고 볼 수 있겠습니다. 여러 신제품 아이디어를 도출하여 구글이나 Dell 등 고객사에 역제안 하기도 하며 고객사에서 요청하는 제품의 스펙을 자사의 개발인력들과 협력·조율하여 최종 스펙을 결정하는 역할을 하기도 합니다.

지금 나의 전공, 스펙으로 어떤 직무를 선택해야 할까…?

합격 가능성이 높은 직무를 추천해드려요!

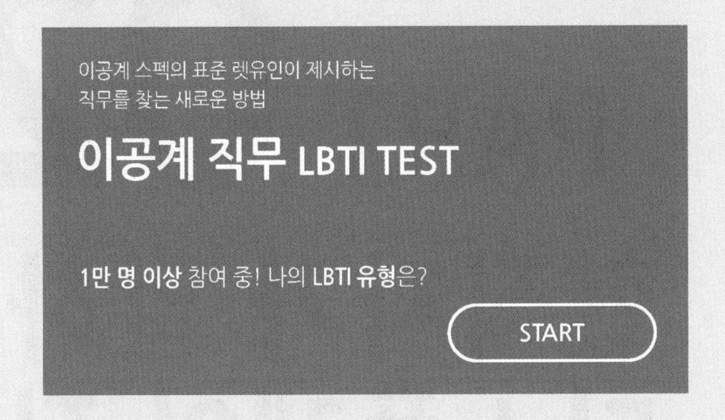

이공계 스펙의 표준 렛유인이 제시하는
직무를 찾는 새로운 방법
이공계 직무 LBTI TEST
1만 명 이상 참여 중! 나의 LBTI 유형은?
START

전공, 수강과목, 자격증, 보유 수료증, 인턴 경험 등
현재의 상황에서 가장 적합한 직무를 제시해드려요!
추가로 합격자와 비교를 통한 **직무 적합도와 스펙 차이**까지
합격을 위한 가장 빠른 직무선정을 도와드립니다!

지금 나의 상황을 입력하고
합격 가능성이 높은 직무선정부터
필요한 스펙까지 확인해보세요!

PART 02
현직자가 말하는 디스플레이 직무

Chapter

01

재료개발

들어가기 앞서서

이번 챕터에서는 디스플레이 재료를 개발하는 직무에 대해 소개하고자 합니다. 재료의 범위에는 디스플레이를 구성하는 재료뿐만 아니라 디스플레이 공정을 진행하기 위해 필요한 재료도 포함됩니다. 이와 같이 재료는 광범위하게 사용되기 때문에 고성능, 고효율, 저예산을 추구하는 기업의 목표를 달성하기 위해서는 재료개발 직무가 꼭 필요합니다.

01 저자와 직무 소개

1 저자 소개

이지혜

고분자 재료공학과 학사 졸업

現 디스플레이 K사 지식산업팀

前 디스플레이 S사 개발팀 2년
1) Flexible 디스플레이용 재료개발
2) Flexible 디스플레이용 공정개발

前 디스플레이 S사 연구소 8년
1) Flexible 디스플레이용 재료개발
2) Flexible 디스플레이용 공정개발

안녕하세요! 디스플레이를 선도하는 S사에서 재료개발 업무를 오랫동안 수행한 후에 현재는 디스플레이 K사 지식산업팀에서 근무하고 있는 이지혜입니다. 취업 준비하느라 바쁘시죠? 회사는 많은데 어떤 일을 하는지는 잘 모르겠고, 회사 이름을 봐서 가야 하는 건지, 선배들의 추천을 믿고 가야 하는 건지 등 모든 게 고민이 될 것입니다. 물론 저도 취업을 준비할 때 참 많이 고민했던 부분입니다. 특히 화학계열 전공자들이 제 글을 많이 참고할 듯한데, 화학계열 학사는 다른 이공계보다 특히나 취업의 범위가 넓어서 더 많은 고민을 하는 같습니다.

지금부터 이야기할 제가 회사를 선택한 이유와 취업을 준비한 과정, 입사 후 직무에 대한 경험이 여러분의 취업 준비에 조금이나마 도움이 되었으면 좋겠습니다.

2 회사 선택의 이유와 취업 준비과정

여러분은 회사가 나를 뽑아 준다고 생각하나요? 물론 저도 그렇게 생각했습니다. 하지만 실제로 그렇더라도 '일할 회사를 내가 고른다'라고 생각하고 취업을 준비한다면 훨씬 좋은 결과를 낼 수 있습니다. 취업을 준비하다 보면 설명회나 카페, 취업을 경험한 선배 등 여러 루트를 통해 기업 문화를 알 수 있을 것입니다. 개인마다 성격이 모두 다른 것처럼, 회사도 각각의 성격을 갖고 있습니다. 다루는 제품에 따라 다르기도 하고, 창업자의 생각에 따라 다르기도 합니다. 기업문화가 다르면 그에 따른 조직문화, 임직원의 복지, 성과측정의 방법 등이 다릅니다. 물론 같은 회사라도 각 구성원에 따라 팀 분위기가 다를 수 있지만, 대략적인 기업문화가 있기 때문에 나에게 맞는 곳을 파악하는 것이 중요합니다.

삼성	현대차	LG	포스코	SK	롯데
남성·30~34	남성·30~34	남성·30~34	남성·40~34	여성·25~29	여성·25~29
연구개발직	전문기술직	연구개발직	전문기술직	판매서비스직	판매서비스직
지적, 권위적, 냉정	진취, 강인, 도시적	유행 민감, 대중적, 친근함	남성적인, 투박, 강인함	유행 민감, 세련됨, 대중적	대중적, 보수적, 여성스러움

[그림 1-1] 그룹사별 이미지 (출처: 잡코리아 facebook)

취업사이트에 나와 있는 기업 이미지입니다. 실제로 전반적인 기업의 이미지가 잘 반영되어 있다고 생각합니다. 주변을 보면 회사의 기업문화에 적응하지 못하고 퇴사하는 경우가 적지 않습니다. 무작정 대기업을 목표로 준비하기보다는 취준 카페, 주변 지인 등을 통해 기업 및 조직문화를 충분히 알아보고 내가 추구하는 직업관에 가까운 회사를 준비하는 것이 좋다고 생각합니다.

저는 개인적으로 진취적이고 남성적인 기업보다는 수평적이고 유연한 분위기의 기업이 저와 잘 맞는다고 생각했고, 그에 부합하는 조직문화를 가진 기업을 위주로 준비했습니다. 특히 S사와 A사 두 곳은 조직문화 뿐만 아니라 생산하는 제품에도 관심이 있었기 때문에, 두 회사를 취업 주력 회사로 정하고 깊이 있게 준비했습니다. 다른 기업은 자기소개서에 신경 쓰는 정도로만 준비했고, S사와 A사만큼은 각 회사를 준비하는 스터디에 참여하여 6개월 정도 팀원들과 기업 분석, 모의 토의, 자기소개서 수정, 면접 등을 준비했습니다. 두 회사만큼은 정말 열심히 준비했고, 최종적으로 두 회사 모두 합격했습니다. S사 면접 때는 면접관으로부터 '입사 준비를 정말 많이 했네요'라는 피드백을 받기도 했습니다.

3 입사 직무 선택

지금까지 진행했던 S사 디스플레이의 채용공고를 보면 **보통 연구개발, 설비 엔지니어, 소프트웨어, 영업마케팅, 경영지원 직군으로 나누어 채용하고 있습니다. 이 중 화학계열 학사의 경우 대부분 연구개발직에 지원할 것입니다.** 연구개발직은 입사 후 패널개발, 구동개발, 설비개발, 재료개발, 공정개발로 나누어집니다. 각 부서의 정책에 따라 하위부서를 지원하는 경우와 배정이 되는 경우로 나누어집니다.세부 부서는 인사팀 권한으로 배정하기도 하고, 자신의 전공 내에서 지망하는 하위부서를 2순위까지 적어 지원하기도 합니다. 제가 입사했던 때는 지망을 적어내는 시스템이어서 1순위 재료개발, 2순위 공정개발을 지원했고, 현재까지 재료개발 업무를 진행하고 있습니다.

> 연구소의 경우 석사, 박사가 주로 배정되고 취업 전형도 따로 있기 때문에 언급하지 않겠습니다.

업무에 대한 자세한 사항은 02 **현직자와 함께 보는 채용 공고와** 03 **주요 업무** TOP 3에서 함께 살펴보도록 하겠습니다.

MEMO

02 현직자와 함께 보는 채용 공고

직무를 경험해 보지 않고 글로만 이해한다는 건 쉽지 않죠. 특히 채용 홈페이지에는 설명 한, 두 줄이 전부이고 회사 용어를 많이 사용하기 때문에 더욱 이해하기 쉽지 않을 것입니다. 회사 홈페이지에 작성된 JD부터 함께 살펴보겠습니다.

조직소개 연구개발 부문

제품개발 단계의 연구개발 직접활동 또는 제품수율/특성 및 품질향상을 위한 구동/소재/공정/시스템 개선 등의 직·간접적 엔지니어링 업무

채용공고 재료개발

주요 업무	자격 요건
• 유/무기 재료의 합성 및 신뢰성 평가/분석을 통해 제품의 성능과 수평을 개선하는 업무를 수행합니다	• 전공계열: 화학/화공, 재료/금속, 섬유/고분자, 물리

[그림 1-2] 연구개발 부문 채용 공고 (출처: 삼성디스플레이)

소개되어 있는 한 문장으로는 상세 업무를 파악하기에 한계가 있어 보입니다. 상세 업무를 보다 쉽게 이해하기 위해 먼저 디스플레이를 살펴보겠습니다.

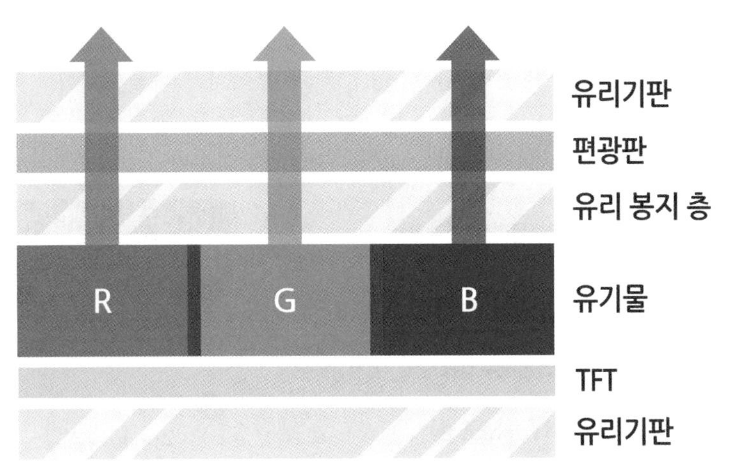

[그림 1-3] OLED 디스플레이의 구조와 원리 (출처: 삼성디스플레이)

평면도를 예로 들어 설명해 보겠습니다. 디스플레이는 유리 기판 위에 TFT layer, 유기 발광 layer + Encap layer, Window layer를 순서대로 쌓아 올린 구조입니다. 굵직하게 세 부분으로 나누어져 있지만, 사실은 그 안에 수많은 layer가 있기 때문에 계속 세분화되는 구조라고 할 수 있습니다.

> 위의 그림은 디스플레이 회사를 준비하면서 가장 많이 보는 OLED 평면도이죠?

세분화된 layer마다 공정과 재료를 개발하는 부서가 따로 있고, 각 부서는 해당 layer에 대한 재료를 개발합니다. 디스플레이는 나노, 마이크로 두께의 수많은 layer가 쌓여 만들어진 Device입니다. 그러므로 내가 맡은 layer만 이해해서는 안되고, 전체적인 layer의 특성을 파악해야 좋은 재료를 개발할 수 있습니다.

제가 정의하는 학사, 석사급 연구원의 재료개발 업무는 다음과 같습니다.

✔ 현직자가 정의하는 재료개발

디스플레이의 각 layer 특성에 맞는 재료를 ① Searching하고, ② 평가하며, ③ 분석한 결과 자료를 토대로 최적의 재료를 찾는다.

재료 합성이 아니라 재료 Searching이라고 한 이유는 화학과를 졸업한 일부 석사, 박사 인력이 아니면 대부분 합성보다는 재료 Searching 업무가 주어지기 때문입니다.

OLED에서 재료 관련 부서는 크게 여섯 가지로 나눌 수 있습니다.

[그림 1-4] OLED 재료

재료를 개발하는 부서로 배치된다면 크게 위 여섯 가지 재료 중 한 가지를 담당하게 될 것입니다. 추후 주요 업무 부분에서 언급하겠으나 어느 재료를 개발하게 되더라도 Searching → **평가** → **분석** → **결과 정리** → **부서원 토론**의 과정은 비슷합니다. 그럼 어느 재료를 개발할지 모르는 상황에서 취업준비생은 어떤 것을 공부하면 좋을지 알아보겠습니다.

1 디스플레이의 구조별 공정에 대한 전반적인 이해

업무를 진행하다 보면 개발한 재료가 독립적으로는 문제가 없으나, 설비와 공정에 문제가 생겨서 사용하지 못하는 경우가 많습니다. 보통 설비는 이미 Set-up 되어 있고 그 설비를 이용하여 최적의 결과를 낼 수 있는 재료를 개발하기 때문에, 재료개발자일수록 설비와 공정에 대한 이해도가 높아야 합니다. 이건 입사 후에도 중요하니 꼭 기억해 주세요. 입사 후 재료개발에 집중하면서도 공정과 설비에 대한 공부를 꾸준히 해야 좋은 성과를 내는 엔지니어가 될 수 있습니다.

> 설비와 공정을 모르는 재료개발자는 추후 회의를 진행할 때 이해도가 떨어질 수 밖에 없습니다.

예를 들어 반도체와 디스플레이, 모두에 해당하는 TFT 제조 공정을 살펴보겠습니다. TFT 공정은 '세정 → 증착 → 세정 → PR 도포 → 노광 → 현상 → 식각 → PR 박리'의 과정을 통해 TFT 패턴을 현상합니다.

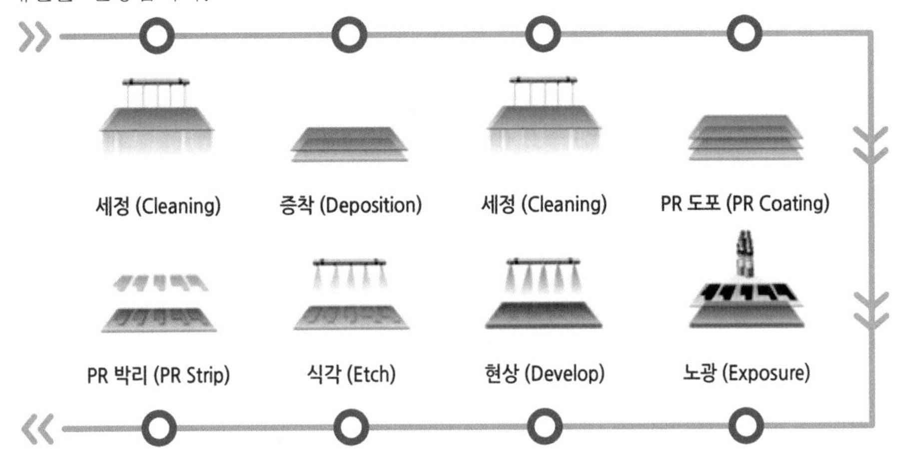

[그림 1-5] TFT 공정 (출처: LG디스플레이 Newsroom)

초반에 언급한 OLED 평면도에서 LTPS라고 쓰여 있는 하나의 Layer를 만들기 위해서도 많은 공정을 거쳐야 하는 거죠. 이런 전체 공정을 Photolithography라고 합니다.

만약 입사 후 TFT의 증착 재료개발 담당이 되었다면, 증착 관련 내용만 알아서는 안 되고 전후 세정 공정에 영향이 없는지, 추후 PR 공정에도 문제를 일으키지 않는지 파악하는 게 중요합니다. 그러므로 어느 부서로 배정받을지 모르는 취업준비생으로선 아주 정확히는 아니더라도 전반적인 OLED 공정에 대해서는 알아두는 것이 중요합니다.

2 박막(Thinfilm)공정과 특성의 이해

간략하게 전체 공정에 대해 이해했다면 박막공정과 박막특성에 대해서는 깊이 있게 공부하는 것이 좋습니다. 디스플레이는 모든 layer가 박막(Thin film)으로 이루어졌다고 해도 과언이 아닙니다. 그러므로 재료도 박막공정을 이용하는 재료를 개발하는 경우가 많습니다. 다음 표는 박막공정에 대한 간략한 모식도입니다.

엄청 많죠? 하지만 전부 디스플레이 공정에서 사용된답니다.

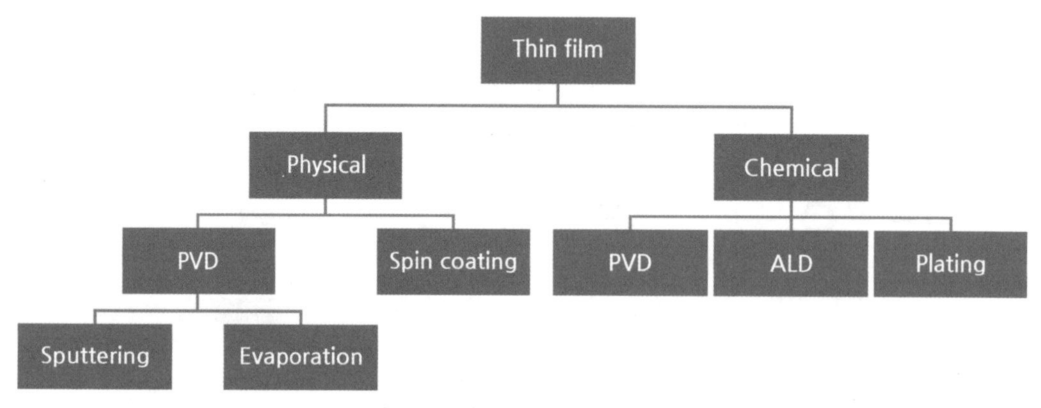

[그림 1-6] 박막증착 방식 분류

TFT의 증착, 유기층 증착, 박막봉지 성막 모두 공정학부 과정에서 배우지 않았다면, 박막증착 방식에 대한 기초이론은 공부하는 것이 좋습니다.

3 재료 물성 이해도

재료개발자라면 재료별 필요 물성을 평가하는 것이 주업무입니다. 디스플레이 재료의 범위가 아주 넓어서 모든 물성을 공부할 수는 없겠지만, 용어와 측정 장비 종류를 숙지한다면 업무에 많은 도움이 될 것입니다. 09 **미리 알아두면 좋은 정보**에 재료 물성을 이해할 수 있는 사이트를 첨부해 두었으니 참고 바랍니다. 다음은 디스플레이 재료 물성을 평가할 때 많이 사용하는 분석법의 예시입니다.

1. 기본물성 분석법

물성시편안내 →	시편제작 →	밀도, 비중 →	인장시험 →
굴곡시험 →	압축시험 →	인열강도 →	충격강도 →
용융지수 →	Creep →	열변형온도 & 비캇연화점 →	

[그림 1-7] 재료 물성 분석법 ① (출처: 한국고분자시험연구소)

2. 광학특성 분석법

굴절률 →	광투과도(UV-vis) →	전광선투과율/Haze →	색도/황색도/APHA →
Optical density →	광택도 →		

[그림 1-8] 재료 물성 분석법 ② (출처: 한국고분자시험연구소)

3. 기타물성 분석법

영구압축줄음율 →	반발탄성 →	수분흡수율 →	저온취화온도 →
표면장력 →	두께측정 →	내절성 →	

[그림 1-9] 재료 물성 분석법 ③ (출처: 한국고분자시험연구소)

앞에 언급한 분석 방법이 실제 업무에 어떻게 사용되는지 간략하게 알아보겠습니다.

(1) 수분투과율

OLED의 취약점을 알고 있나요? OLED 발광 영역은 산소와 수분에 아주 취약합니다. 따라서 봉지층이 수분과 산소를 막는 역할을 합니다. 그래서 봉지층의 재료를 개발할 때는 Layer를 만든 후 수분투과가 얼마나 되는가를 평가합니다.

OLED는 물이나 산소가 닿으면 바로 죽어요.

(2) 두께 측정

OLED의 수많은 Layer는 박막으로 구성되어 있습니다. 연구원이 설계한 두께로 잘 진행되었는지를 보려면 두께 측정은 필수겠죠? 두께 측정뿐만 아니라 막 균일도, 투과도 등 모두 평가 대상입니다.

(3) 굴절률

디스플레이는 내부에 있는 빛을 최고의 효율로 나올 수 있게 설계하는 디바이스입니다. 그러므로 발광층 이후에 있는 Layer는 광학적으로 보강간섭이 일어나게 설계되어야 합니다. 이 부분은 업무를 진행하다 보면 자연스럽게 배우게 될 것이니 잘 모르는 개념이라고 해도 당황하지 않아도 됩니다. 보강간섭을 일으키려면 각 Layer의 굴절률이 필요하기 때문에 재료를 개발하며 굴절률을 분석합니다.

간단하게 분석업무가 재료개발에 어떻게 사용되는지 알아보았습니다. 다음은 주요 업무를 통해 어떤 세부 업무를 하는지 알아보겠습니다.

MEMO

03 주요 업무 TOP 3

알아야 하는 이론이 무엇인지 살펴봤으니, 이제는 이 내용들이 어떻게 업무에 적용되는지 한 번 살펴볼까요? 재료개발 엔지니어의 주요 업무 세 가지를 소개하겠습니다.

1 재료 Searching 및 기본 물성평가

첫 번째로 재료를 Searching 합니다. 저는 유기재료 개발이 주업무였는데 부서마다 개발하는 재료가 다릅니다. 각자 요구되는 재료의 기본 특성, 예를 들어 점도, 광 특성, 경화 특성, 순도, 공정 특성 등을 고려하여 논문이나 특허를 찾고, 업체나 타부서와의 협업 등을 통해 알맞은 재료를 찾습니다.

> 초반에 언급했듯이 재료를 직접 합성하는 영역은 화학과나 유사 전공을 졸업한 석, 박사 인력이 진행하기 때문에 여기서는 언급하지 않겠습니다

조건에 부합하는 재료를 찾고, 미팅을 통해 수급하여 실험실에서 기본 물성평가를 합니다. 위에서 재료 물성 이해도가 필요하다고 했던 이유가 여기 있습니다. 물론 회사 선배들이 친절하게 가르쳐주겠지만, 자신이 생각했을 때 필요한 특성이 있어서 추가로 측정할 수 있다면 개발자로서 더 좋은 재료를 개발할 수도 있겠죠. 자신이 평가하는 재료는 모두 기록하여 부서 내 팀원들과 자료 발표를 통해 공유합니다. 평가하고, 자료를 만들고, 공유하는 것이 첫 번째 업무입니다.

2 공정평가

기본 물성평가를 통과한 재료는 간이 공정평가를 진행합니다. 신규 재료를 바로 Fab 공정에 투입하여 진행하기에는 여러 리스크가 있기 때문이죠. 간이 공정평가를 진행한 재료는 간이 소자에 평가되어 기초적인 소자 특성도 평가합니다. 이 또한 자료를 만들어서 팀원과 공유합니다.

간이공정과 소자평가에서 내부 기준에 통과했다면 공정팀과 협의하여 공정평가를 진행합니다. 설비와 공정에 대한 이해도가 있어야 한다는 이유가 여기 있습니다. 개발한 재료가 평가될 때는 공정 진행 과정에 재료개발자가 대부분 참여하여 공정을 모니터링하고 공정 과정에 이상이 없는지 평가합니다. 범위가 넓어질 뿐 재료를 평가하고, 분석하고, 소자평가하고… 반복이죠? 전체 공정이 진행되면 우리가 알고 있는 디스플레이 형태로 평가할 수 있습니다.

공정진행을 할 때, 야근을 하기도 한답니다.

간략하게 소개해서 금방 진행되는 것처럼 보일 수 있으나 많기 때문에 Fab에서 재료를 평가하기 위해서는 사전에 평가해야 하는 항목이 매우 많기 때문에 실제로는 시간이 많이 소요됩니다.

3 패널 신뢰성 평가 및 분석

여러 과정을 통해 드디어 패널이 완성되었습니다. 이제 채용 홈페이지에 있는 '**신뢰성 평가/분석을 통해 제품의 성능과 수명을 개선한다**'에 해당하는 업무를 진행합니다.

지금까지 공들였던 결과물이 나오는 중요한 시기! 떨리는 시기에요.

신규 재료가 패널에 적용되었을 때 특성을 평가하기 위한 점등검사, 휘도[1]와 효율 등을 확인하기 위한 광학검사, 기구 물성검사, 수명 및 신뢰성 검사 등을 진행합니다. 이때도 역시나 평가 결과를 정리하여 부서원들과 공유하고, 개발이나 수정해야 할 방향을 결정합니다. 평가 결과를 측정하는 과정에서 결함이 생긴다면 내부 분석기기를 통해 분석을 진행하기도 하고, 분석팀을 통해 문제점을 파악하기도 합니다.

재료개발 업무는 Searching → **평가** → **분석** → **결과 정리** → **부서원 토론** 과정의 무한 반복입니다. 상기 과정에서 공정과 설비에 대한 이해가 필요하고 타부서와의 협의도 생각보다 많으므로, 개발 재료에 대한 이론 숙지뿐만 아니라 협의하고 대응하는 능력 또한 필요합니다.

재료개발 업무의 또 다른 특징은 미팅실부터 실험실, 라인, 분석실, 평가실 등 모든 곳을 다양하게 경험할 수 있다는 것입니다. 이러한 특징 때문에 업무를 진행하다 보면 스스로 능동적으로 업무를 이끌고 있다는 느낌을 많이 받습니다. 개인적으로 이 부분이 재료개발자의 가장 큰 장점이라고 생각합니다. 사원, 대리일 때부터 전체적인 과정을 대응하면서 시야가 넓어지니까요.

1 [10. 현직자가 많이 쓰는 용어] 1번 참고

04 현직자 일과 엿보기

주요 업무에 따라 업무 시간표와 업무 공간이 달라집니다. 그리고 회사는 혼자 일하는 곳이 아니므로 업무에 대한 모든 것이 부서원과 공유되고 분배되어야 합니다. 실제로는 아래에 소개하는 업무가 섞여서 여러 업무를 동시에 진행하기도 하는데, 업무의 이해도를 위해 주요 업무에 따라 순서대로 업무 시간표를 소개하겠습니다.

1 재료 Searching 및 기본 물성평가

출근 직전 (07:30~08:00)	오전 업무 (08:00~12:00)	점심 (12:00~13:00)	오후 업무 (13:00 ~17: 00)
• 최근 기술 동향, 논문, 특허 찾기 • 미팅 장소 및 자료 준비	• 지난 재료 물성평가 자료 공유 및 내부 협의 • 재료 업체 미팅	• 점심 식사 및 운동 • 휴식	• 신규 재료 평가 • 간이공정 평가 (실험실&라인) • 신규 재료 평가 자료 작성

재료 Searching 업무가 주가 될 때는 뉴스, 논문, 특허, 카탈로그 등을 통해서 기술 동향을 파악하고, 오늘의 미팅을 준비하는 것으로 하루를 시작합니다. 미팅 장소와 자료를 다시 한 번 살펴보고 미팅 참여자에게 공지합니다. 전날 실험한 기본물성 데이터를 다시 한 번 보고, 아침 미팅 때 전날 실험에서의 특이 사항 및 특성에 대해 공유합니다. 부서원의 피드백에 따라 추가할 점과 수정할 점이 생기면 추가로 평가를 진행합니다.

오전 미팅이 끝난 후 재료 미팅까지 1시간 정도의 시간이 남으면, 시간이 오래 걸리거나 아주 짧은 시간에 할 수 있는 평가를 진행합니다. 시간이 오래 걸리는 실험의 경우 진행해 놓고 미팅에 참여할 수 있기 때문에 이 시간을 활용하면 효율적으로 시간을 관리할 수 있습니다. 평가를 완료하거나 실험을 진행해 놓고 재료 미팅을 진행합니다. 보통 사원, 대리 직급에서 미팅의 회의록을 작성한 후 공유합니다.

점심시간은 개인 스케줄에 따라 유동적으로 정할 수 있어서 미팅 시간과 실험 일정에 따라 1시간 정도의 자유로운 점심시간을 갖습니다. 운동을 할 수도 있고 티 타임을 갖거나 휴식을 취할 수 있죠.

직장인이 가장 신나는 시간이죠. S사의 점심은 메뉴도 많고, 맛있답니다.

오후에는 오전에 피드백 받은 추가 실험사항이나 신규 재료가 있다면 평가를 진행합니다. 저는 평가를 진행하면서 중간에 시간이 생길 때마다 실험 데이터를 정리하는 편인데, 실험이 모두 끝난 뒤 정리하는 분도 있습니다. 이 부분은 개인마다 다른 것 같습니다. 중요한 실험 결과라면 당일 실험 결과가 나오는 대로 부서원과 바로 공유하고 지켜볼 수 있는 경우라면 다음 날이나 전체 미팅 시간까지 정리하고 발표합니다.

제가 속한 재료개발 부서의 경우 본인의 실험은 직접 정리하여 부서장님께 직접 발표하는 시스템입니다. 엄청 무거운 분위기는 아니고, 대학교 졸업반이나 실험 수업 때 소규모로 논문을 발표하는 것과 유사합니다. 이 미팅을 통해 추가할 사항, 수정할 사항, 좀 더 찾아봐야 할 사항 등이 정해집니다.

저는 처음부터 업무를 맡아서 책임지고 끌고 가는 걸 좋아하는 성격이라 이 업무가 참 좋아요.

2 공정평가

간이공정에서 평가 완료된 재료는 Fab 공정부서와 협의 후 실제 패널에 적용하여 평가할 수 있습니다. 공정부서와 협의가 완료되었다고 생각하고 실제 공정이 진행될 때의 업무 시간표를 소개하겠습니다.

출근 직전 (07:30~08:00)	오전 업무 (08:00~12:00)	점심 (12:00~13:00)	오후 업무 (13:00~17:00)
• 공정을 진행할 재료 준비	• 공정, 설비, 재료담당이 모여 신규 재료 교체 진행 및 간이 평가	• 점심 식사	• 신규 재료 평가 • 대응

신규 재료를 평가하는 것은 설비, 공정, 재료개발자에게 큰 이슈입니다. 새로운 재료가 일으킬 수 있는 문제가 있기 때문이죠. 그래서 모두 모여서 신규 재료 평가를 진행합니다. 재료개발자가 다른 부서와 협의할 사항이 많다고 한 이유가 바로 여기에 있습니다. 설비와 공정에 대한 이해 없이 무조건 재료 평가를 하고 싶다고 하면 반감이 들 수밖에 없겠죠?

설비에 대한 이해가 부족하면 본인이 계획한 평가를 하지 못하게 되는 경우가 많습니다. 설비에서 구현할 수 있는 한계가 있기 때문이죠.

재료를 교체한 후 신규 재료가 설비에서 올바른 특성이 나오는지를 평가합니다. 이것은 재료마다, 설비와 공정의 상황마다 다르기 때문에 몇 시간이 걸릴지 정확히 알 수 없습니다. 빨리 끝나는 경우도 있고 오래 걸리는 경우도 있죠. 그렇기 때문에 공정평가를 진행할 때는 팀원을 나눠서 시간별로 대응하기도 하고, 상황에 따라 근무 시간을 유연하게 변경하기도 합니다.

재료 교체가 잘 되어 패널 평가가 이루어지면 테스트 패널이 모두 끝날 때까지 보통 재료개발 엔지니어가 대응합니다. 이 과정 또한 자료를 작성하여 부서원에게 공유하죠.

3 패널 신뢰성 평가 및 업무

출근 직전 (07:30~08:00)	오전 업무 (08:00~12:00)	점심 (12:00~13:00)	오후 업무 (13:00~17:00)
• 평가 Raw Data 다운로드 • 런 Report 읽기	• 패널 평가 - 점등검사 - 광학검사 - 신뢰성검사 - 물성검사 등	• 점심 식사 및 운동 • 휴식	• 검사 결과 정리 - 분석 진행

드디어 신규 재료가 적용된 패널이 손에 들어왔습니다. 자주 있는 일이지만 두근거리기도 하고 물성이 잘 나왔는지 기대되는 순간입니다. 라인에서 패널이 제작되었다면 제조부서에서 평가하여 오는 부분도 있습니다. 그런 경우 출근 전 데이터를 받아서 이슈가 있는지, 대략의 결과가 어떤지 미리 알아볼 수 있습니다. 때에 따라서는 결과서가 오기도 해서 리포트 형식으로 읽어 볼 수도 있습니다.

> 보통 엑셀로 데이터를 많이 받기 때문에 기본적인 엑셀 활용 능력은 업무 속도를 빠르게 합니다!

오전 미팅은 매일 진행되기 때문에 패널이 제작되는 데 어떤 이슈가 있었는지, 런 대응할 때 있었던 일 등에 대해 부서원과 공유할 수 있습니다. 이날은 오전 미팅이 끝난 후 모든 부서원이 대부분 평가와 분석을 진행하는 데 시간을 보냅니다. 패널을 켜서 확인하는 검사를 하기도 하고 전반적인 물성을 검사하기도 하며, 신뢰성을 평가하기도 합니다. 이때 평가 결과에 따라 추가 분석의 방향이 정해지고 재료의 피드백도 이루어지므로 이 단계의 모든 평가는 중요합니다. 마찬가지로 이때 본인이 평가한 항목에 대해서 직접 데이터를 정리하고, 원인이나 나아갈 방향에 대해 생각해서 발표하는 내부 미팅을 합니다.

> 중요한 재료는 부서장님까지 모두 둘러앉아 평가와 분석을 하기도 합니다!

업무 시간표를 살펴보니 맡은 재료에 대해서 처음부터 끝까지 주도적으로 끌고 가는 듯한 느낌을 받았나요? 수급부터 평가보고서 작성까지 본인이 직접 하는 경우가 많아서 재료에 애착이 생기고, 일에 책임감도 더해집니다. 저는 이러한 점이 재료개발 업무의 장점이라고 생각합니다.

에피소드 **양산 이관 업무**

재료개발 부서에서 개발하는 모든 재료가 제품에 적용되는 것은 아닙니다. 오히려 개발하고 있는 많은 재료가 제품으로 연결되지 못하죠. 우리가 사용하는 디바이스에 적용하기 위해서는 엄청 많은 평가를 통과해야 하는데, 중간에 한 가지라도 통과하지 못하면 적합한 재료라고 볼 수 없습니다. 따라서 재료개발자에게 디바이스에 적용되는 재료를 개발했다는 것은 큰 자부심을 느끼게 하죠. 업무 소개에서 언급했듯이 대부분 초기 단계부터 그 재료와 함께 하기 때문에 개발자는 자신이 진행한 재료에 애착이 생깁니다.

저도 초기 수급부터 참여했던 재료가 양산에 이관되어 제품에 적용되었던 경험이 있습니다. 양산에 적용된다는 것은 그만큼 업무 부담이 커진다는 것을 의미하는데, 그때는 힘들었으나 제품 하나를 만들기 위해 수많은 부서가 협의하고 협력하는 모습을 눈앞에서 겪어 보니 그 뒤로는 어느 제품 하나 쉬워 보이지 않았습니다. 처음으로 개발 재료가 적용된 제품이 출시됐을 때는 모두 기쁨의 손뼉을 치기도 했는데, 그 경험이 아직도 잊히지 않습니다.

05 연차별, 직급별 업무

직급 체계가 변경되어 이제는 모두 프로라고 명명하고 있습니다. 여러분의 이해를 돕기 위해 CL2(사원, 대리), CL3(책임), CL4(부장)로 나누어 설명하겠습니다.

1 CL2(사원, 대리)

1. 신입사원(1~2년 차)

처음 입사하면 많은 교육을 받습니다. 처음에는 회사 전체 교육을 받는데, 디스플레이의 기초이론 교육부터 실제 공정투어를 진행하고 차례대로 팀 교육/부서 교육을 받습니다. 대기업의 좋은 점 중 하나가 바로 이 부분인 것 같습니다. 바로 투입되어 일하는 것이 아니라 적응하기 위한 기본 교육 프로그램이 잘 되어 있다는 점이죠. 모든 교육을 끝내고 부서에 배치되었을 때는 자신도 모르게 어느 정도 회사가 익숙해져 있다는 것을 느낄 것입니다.

> 이 교육과정에서 동기들과 많이 친해지는 즐거운 시간입니다.

부서 배치 후에는 멘토 선배와 함께 업무를 진행합니다. 앞서 설명한 평가 및 분석 업무에 대해 '나는 잘 모르는데 어떡하지?'라고 고민하는 분은 멘토 선배와 업무를 진행하고 배우면서, 그날 배운 것을 직접 찾아가며 공부하는 것을 추천합니다. 만약 오늘 SEM[2], FIB[3]과 같은 표면분석 장비를 사용하는 업무를 배웠다면, 돌아와서 SEM과 FIB에 대해 공부하고 추가로 표면분석 장비는 어떤 것이 있는가로 확장해 나가는 거죠. 그렇게 신입사원 기간을 보내면 업무에 사용하는 평가, 분석방법은 대부분 알게 될 것입니다. 사실 신입사원에게는 주어지는 업무의 양이 적기 때문에 이때는 선배의 업무를 참고하며 본인의 부족한 부분을 공부하는 것이 중요합니다.

---

2 [10. 현직자가 많이 쓰는 용어] 2번 참고
3 [10. 현직자가 많이 쓰는 용어] 4번 참고

2. 사원, 선임(3~7년 차)

신입사원이라는 꼬리표를 떼면 아마 부서에 따라 후배가 생기기도 합니다. 이 시기는 실제 업무를 가장 많이 하는 때입니다. 신입사원 기간에 기초적인 이론 지식을 쌓고 실제 업무도 어깨너머로 2년간 배웠으니, 이제는 직접 책임지고 관리하는 업무가 생겨납니다. 앞에서 언급한 하루 업무는 이 직급의 업무라고 생각하면 됩니다.

주업무 중 하나는 업무 미팅에 필요한 사항을 준비하는 것입니다. 미팅 장소를 예약하고, 자료를 공유하고, 샘플이 필요하면 샘플도 준비합니다. 미팅이 잘 이루어지기 위한 기본사항을 전반적으로 준비한다고 생각하면 됩니다. 재료 미팅을 진행했다면 신규 재료에 대한 평가를 부서원이 나누어 평가합니다. 각자 평가한 항목에 대해 자료를 작성하고, 직접 데이터를 발표한 후 피드백을 반영하는 것까지의 업무가 이어집니다. 만약 공정 협의 미팅이 진행되었다면 공정이 진행될 수 있도록 대응하고 패널을 평가하고 분석하겠죠. 이 또한 데이터를 작성해서 발표하는 것까지가 업무입니다.

이 직급은 가장 바쁘게 움직이는 만큼 배우는 게 많은 시기입니다. 이 직급에서만 배울 수 있는 것이 있기 때문에 적극적으로 업무를 진행하는 엔지니어라면 책임이나 수석 직급보다도 현업을 더 잘 이해하는 엔지니어가 될 수 있습니다. 다시 말해 자신의 태도에 따라 부서 내 어느 한 부분에서 가장 전문가가 될 수도 있는 시기이죠. 따라서 적극성, 책임감, 분석력 등이 중요시되는 직급이 CL2라고 생각합니다.

3. 향후 커리어 패스

선임 직급 후반이 되면 여러 기회가 옵니다. 팀의 기획 부서로 이동하기도, 학위를 취득하는 기회가 주어지기도, 부서 내에서 뚜렷한 입지를 굳히기도 합니다. 업무를 진행하면서 자신의 성격과 업무의 흥미, 지적 호기심 등을 잘 살펴보고 매년 진행하는 면접에서 자신이 원하는 바를 잘 어필하면 좋은 커리어를 만들 수 있습니다.

2 CL3(책임)

1. 책임(8~16년 차)

책임은 말 그대로 책임을 많이 지는 직급입니다. 사원, 선임급에서 자신이 맡은 업무의 전문가가 되어야 한다면, 책임급은 전체적인 업무의 전문가가 되어야 합니다. 나무를 잘 살펴보는 것이 사원, 선임급의 업무라면, 숲이 어우러질 수 있도록 전체를 보면서 나무 하나하나를 동시에 살펴보는 것이 책임 직급의 업무라고 생각합니다.

책임과 함께 어깨가 무거워지는 시기입니다.

미팅과 업무 협의에서 책임이 주체가 되고, 공정 진행에 문제가 발생했을 때 문제해결의 책임을 지기도 합니다. 평가 및 분석 자료를 연구하여 향후 어떤 방향으로 재료를 개발해야 할지도 고민합니다. 책임급은 논문을 쓰거나 특허를 출원하기도 하고 이를 많이 살펴보기도 하죠. 책임은 어깨가 무거운 직급입니다.

또한 재료 및 공정 평가를 할 때 시간이 허락하면 함께 대응하기도 하고, 출장을 다니기도 하고, 타부서 전체 회의에도 참석하기도 합니다. 전체 회의에서는 우리 부서의 상황과 입장을 대변하고, 현재 진행되는 이슈에 관한 의견을 제시하는 역할을 합니다.

현장 업무보다는 부서 대표로 외부 협의에 참석하는 경우가 많기 때문에 전문성, 협업 능력, 중간관리자의 소통 능력이 중요시되는 직급이 바로 책임 직급이라고 생각합니다.

2. 향후 커리어 패스

책임 직급일 때도 많은 기회가 주어집니다. 팀 기획으로 이동하는 기회도 이때 주어지고, 지역 전문가, 경험하고자 하는 타부서로의 이동, 현 부서에서의 뚜렷한 입지 굳히기, 타사로의 이직 등의 다양한 기회가 있습니다. 이 또한 자신의 강점을 파악한 후에 설계하는 것이 좋습니다.

3 CL4(부장)

● 수석 (17년 차 이상)

부서의 리더가 되는 직급입니다. 나무와 숲을 넘어 큰 생태계를 아우르는 리더 직급이죠. 임원 회의에 참석하는 등 크고 굵직한 미팅에 참석합니다. 부서 전체의 입장을 대변할 사항이 있으면 목소리를 내고, 크게 책임져야 하는 상황이 오면 선두에 서서 책임을 집니다. 직급이 올라갈수록 책임져야 하는 범위가 커지게 되는 거죠.

각 부서원의 평가를 맡기 때문에 개인 면담을 자주 하고, 큰 범위에서 부서원의 업무 배치, 업무 이동 등의 인력관리도 함께 합니다. 또한 부서 전체가 수행해야 할 큰 과제를 결정하고, 어떤 특성을 갖는 재료를 개발할 것인가에 대해 고민합니다. 개인적인 경험으로 부서원과 수석 부서장은 주 1회 정도 내부 데이터 회의를 진행하는데, 그때마다 사소한 데이터까지도 모두 파악하고 계셔서 그 내공에 놀랐던 기억이 납니다.

따라서 리더십과 그동안의 업무 내공이 중요한 직급이 CL4라고 생각합니다. 여러분이 직무 면접에서 만나는 면접관이 이 직급인 경우가 많습니다.

참고 **대학원 진학과 직무 변경**

신입으로 지원할 때는 지원 부서가 굵직하게 나뉘어 있어 다양한 선택권이 없지만, 실제 회사에는 아주 많은 부서가 있고, 이동할 수 있는 여러 기회가 있습니다. 보통 사원급에는 그 기회가 잘 주어지지 않으나 어느 정도 스스로 업무를 주도하는 능력이 있는 선임급 후반, 책임급에는 기회가 주어집니다. 이 정도의 직급이 되면 업무 내에서 본인의 강점을 파악할 수 있기 때문에 자신의 강점을 잘 살펴본 후 기회를 잡으면 좋을 것입니다.

1. 대학원 진학

업무를 수행하며 좋은 평가를 받았다면, 부서 추천으로 대학원에 진학할 수 있습니다. 큰 범위는 정해져 있지만, 본인이 추가로 더 연구하고 싶은 분야를 선택해서 학위를 취득할 수 있기 때문에 아주 좋은 기회라고 생각합니다.

모두에게 쉽게 주어지는 기회는 아니지만, 부서장 면담에서 꾸준히 어필하고 자신의 평가와 어학 능력을 잘 관리한다면 충분히 가능합니다. 정해진 기간에 학위를 취득할 수 있고, 해당 기간 연봉도 그대로 지급되니 정말 좋은 기회 아닌가요? 입사하면 꼭 도전하기를 바랍니다.

2. 직무 변경

제 동기는 책임으로 진급할 때 조금 더 큰 숲을 보는 업무를 맡고자 했습니다. 평가 분석이 주업무인 엔지니어보다는 전체적인 방향을 기획하고 사람을 많이 만나는 업무가 본인에게는 잘 어울린다고 판단했기 때문이죠. 그래서 사내 Job posting을 통해 기획 업무에 지원했고, 기술의 전반적인 기획을 담당하는 부서로 이동했습니다.

다른 회사는 경험해 보지 못했지만, S사는 임직원의 성장을 위한 제도가 잘 마련되어 있습니다. 본인이 미리 알아보고 잘 준비하면 충분히 다양한 경험을 할 수 있습니다.

MEMO

06 직무에 필요한 역량

1 직무 수행을 위해 필요한 인성 역량

1. 대외적으로 알려진 인성 역량

자기소개서를 준비할 때 제가 사용한 방법은 각 회사의 인재상을 바탕으로 저를 설명하는 것이었습니다. 우선 디스플레이를 이끌어 가는 두 회사의 인재상을 살펴보겠습니다.

● 삼성디스플레이

삼성디스플레이는 도전, 창의, 열정을 가진 전문 인재를 기다립니다.

• **창의적 인재**

기존의 형식에서 벗어나 새로운 생각을 가지고 발상과 인식의 전환을 끌어낼 수 있는 창의적인 인재, 목표의식과 위기의식을 갖고 끊임없는 창의적인 개선을 통해 위기를 극복해 나갈 수 있는 인재. 바로 삼성디스플레이가 바라는 인재입니다.

• **글로벌 인재**

한국을 넘어 세계로, 글로벌 초일류 기업을 향하여 나가는 삼성디스플레이와 함께할 인재, 뛰어난 외국어 실력과 다양한 문화에 쉽게 적응할 수 있는 인재. 바로 삼성디스플레이가 꿈꾸는 인재입니다.

• **도전적 인재**

어렵고 남들이 기피하는 분야에 도전하는 개척 정신과 변화의 개혁을 선도하려는 강한 모험정신을 가진 인재, 실패를 두려워하지 않는 인재. 바로 삼성디스플레이가 원하는 인재입니다.

• **전문 인재**

한 분야의 전문 지식을 기반으로 다양한 분야의 지식을 창출할 수 있는 인재, 이러한 전문성을 통해 고객의 니즈를 파악하여 끊임없이 기술과 시장의 영역을 넓혀가는 인재. 바로 삼성디스플레이가 꿈꾸는 인재입니다.

● LG 디스플레이

고객가치 최우선, 인사이트, 민첩, 치밀 철저, 열린 협업은
LG디스플레이 임직원이 갖추어야 할 행동 방식입니다.

- **고객가치 최우선**
  모든 의사결정과 업무에서 고객가치를 최우선으로 생각하고 실행한다.

- **인사이트**
  전문성을 기반으로 현상과 환경 변화, 일의 본질을 꿰뚫어 보고 자사에 주는 의미를 정확히 파악하여 전략적 대안을 수립한다.

- **민첩**
  변화를 기민하게 포착하여 대응방안을 적기에 실행한다.

- **치밀, 철저**
  최고의 결과를 만들기 위해 치밀하게 준비하고 철저하게 실행한다.

- **열린 협업**
  더 좋은 수준의 목표를 달성하기 위해 내외부의 경계 없이 협업한다.

뻔한 이야기라고 생각하고 대충 넘길 수도 있지만, 인재상은 취업하고자 하는 회사의 기업 정신을 엿볼 수 있는 정보입니다. 원하는 회사의 인재상을 파악하고, 그 인재상에 맞게 자신을 부각시킬 수 있는 자신만의 경험을 어필한다면 면접관에게 좋은 인상을 줄 수 있을 것이라고 생각합니다.

실제로 제가 면접을 볼 때 면접관으로부터 "디스플레이에 큰 회사가 두 개 있는데 왜 여기를 지원했습니까?"라는 질문을 받았습니다. 그 질문에 저는 홈페이지에서 본 인재상과 비전을 토대로 제가 가진 강점과 직업으로 추구하는 방향이 현 회사와 더 부합하여 이 회사에 지원하게 되었다고 답변했습니다. 그때 면접관은 당황스러운 질문에 좋은 대답을 했다고 피드백해 주었습니다.

2. 현직자가 중요하게 생각하는 인성 역량

(1) 업무 적극성

사원, 선임 때 가장 쉽게 업무에서 인정받는 방법은 **귀찮아하지 않고 적극적으로 행동하는 것**입니다. 리더십, 전문성, 창의성 모두 좋지만, 사원, 선임 때는 그러한 능력을 발휘할 기회가 적습니다. 과제와 업무를 창의적으로 이끄는 것보다 배우고, 익히고, 선배를 돕는 업무가 많죠. 생각보다 몸이 귀찮은 업무가 많을 수도 있습니다.

'제가 해야 하나요? 저는 못할 것 같은데…' 하며 소극적인 사원들도 많이 있습니다.

하지만 이때 귀찮아하기보다는 적극적으로 움직이기만 해도 배우는 게 많을 뿐만 아니라 신임을 받기도 쉽습니다. 거기에 덧붙여 '어떻게 하면 이 업무를 수월하게 하는 데 도움이 될 수 있을까?', '낭비 없이 평가를 진행하려면 어떻게 준비하는 것이 좋을까?', '어떻게 자료를 만들면 부서원이 더 쉽게 이 데이터를 파악할 수 있을까?' 등을 고민하는 것도 도움이 됩니다.

부서에 일을 잘한다고 평가받는 사원이 있습니다. 그런 사원은 선배들도 함께 일하고 싶은 후배입니다. 그 사원이 전문 지식이 많고 리더십이 있어서일까요? 그렇지 않습니다. 그 사원은 항상 그날의 재료와 평가할 실험을 미리 생각해 보고, 재료 준비 및 실험 세팅, 필요 지식, 질문까지도 미리 준비해 놓습니다. 예를 들어 출근하면서 미리 실험실을 한 번 둘러보고 설비를 켜 놓거나 재료를 세팅해 놓습니다. '대부분이 그렇지 않나?'라고 생각하겠지만, 그날의 일을 큰 줄기로 미리 파악하고 준비하는 사원은 정말 드물어요. 실험실을 둘러보고, 그날의 재료를 준비하고, 설비를 켜는 업무는 사실 길어 봐야 10~20분 정도 소요될 텐데 말이죠.

하지만 그 작은 행동만으로 그 사원은 업무에 적극적이라는 인상을 줄 수 있습니다. 자신이 맡은 업무가 없어서 책상에 그냥 앉아 있을 때도 실험실이나 라인에 평가하러 가는 선배가 있으면 "저 지금 업무가 없는데 같이 가서 봐도 될까요?"라고 질문한다면 빠른 시간에 좋은 인상을 남길 수 있습니다.

(2) 기본적인 태도와 예의

적극성과 기본적 예의, 너무 당연한 것이라서 실망했나요? 하지만 기업 인사담당자 390명이 선정한 가장 뽑고 싶은 신입사원 유형과 가장 뽑기 싫었던 지원자를 보면 태도가 얼마나 중요한지 알 수 있습니다.

가장 뽑고 싶은 신입사원 유형은?

태도가 좋고 예의가 바른 **'바른생활형'**	50.3%
직무 경험과 지식이 많은 **'전문가형'**	15.9%
문제해결력이 뛰어나고 스마트한 **'제갈공명형'**	11.8%
직장이나 사회경험이 풍부한 **'신입2회차형'**	5.4%
입사 의지가 강한 **'일편단심형'**	4.9%
열정과 패기가 넘치는 **'불도저형'**	4.1%
침착하고 안정감이 있는 **'돌부처형'**	3.6%
창의적이고 아이디어가 많은 **'발명가형'**	3.3%

가장 뽑기 싫었던 지원자는?

태도가 불손하고 예의 없는 **'유아독존형'**	38.7%
면접 지각 등 기본이 안 된 **'무개념형'**	18.7%
회사/직무 이해도가 낮은 **'무념무상형'**	16.9%
너무 개인주의적인 **'모래알형'**	11.8%
자격 조건도 못 갖춘 **'자격 미달형'**	5.6%
자신감 없고 소극적인 **'소심형'**	5.1%

[그림 1-10] 채용하고 싶은 지원자와 채용하고 싶지 않은 지원자 (출처: 디지틀조선일보)

몇 년 전 공채 면접 지원을 나갔을 때 일화가 있습니다. S대 출신에 당사 인턴도 했고, 공모전 수상 경력도 있던 지원자가 있었습니다. 그 지원자는 99% 합격이 확정된 상태에서 면접만 보러 온 것이었죠. 그런데 지원자 대기실에서부터 유독 그 지원자의 태도가 눈에 띄었습니다. 긴장한 모습이 역력한 다른 대기자와 달리 거의 누워 있다시피 앉아 있었고, 다리를 꼬고 큰소리로 웃으며 대화하고, 통화하는 모습을 보였습니다. 물론 면접관 앞에서는 바른 태도를 보였을 테죠. 저는 평가 권한이 없어서 그 태도를 지켜보기만 했지만, 그 지원자는 결국 불합격했습니다.

면접관 앞에서만 잘하면 될 거라고 생각했겠지만, 회사는 주변에 눈이 많습니다. 그 사람의 행동이 어떤 사람의 눈에 띄어서 어떻게 화두가 될지 알 수 없어요. 업무를 하다 보면 "어제 너희 쪽 부서의 신입사원을 어디서 봤는데 어떻게 하고 있더라"라는 이야기를 자주 들을 수 있거든요. 무서운 말이죠?

그러면 왜 회사에서는 예의와 태도를 중요시하는 걸까요? 그 이유는 [그림 1-11]을 보면 알 수 있습니다.

이들 유형의 지원자를 뽑기 싫었던 이유는?

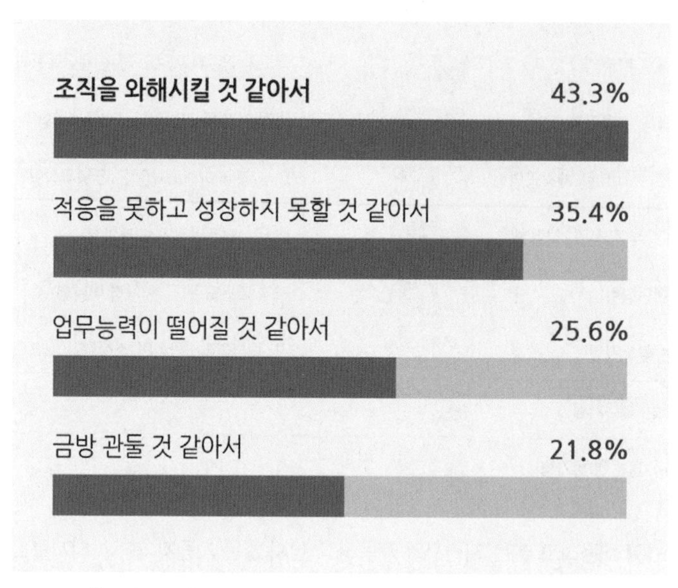

[그림 1-11] 채용하기 싫은 이유 (출처: 디지틀조선일보)

회사는 조직 생활을 하는 공간입니다. 저의 주업무와 하루 업무만 봐도 하루에 협의하고 정보를 공유하는 인원이 얼마나 많은지 알 수 있을 거예요. 일하다 보면 혼자서 할 수 있는 것은 하나도 없습니다. 모두 협력해서 이뤄지는 일이에요. 사람과 사람이 만나서 목표하는 바를 이루는 거죠. 그러므로 **인사성, 말투, 태도 등의 기본적인 예의**는 정말 중요합니다. 작은 태도 하나가 조직을 쉽게 와해시킬 수도 있기 때문이죠.

2 직무 수행을 위해 필요한 전공 역량

1. 재료공학과 관련 전공 역량

재료개발자에게 필요한 이론적 역량은 디바이스의 이해, 재료 특성 파악, 재료의 물성평가입니다. 하지만 학부 수준의 재료공학과에서는 전자재료, 의학용 재료, 섬유용 재료 등 광범위하게 재료를 배우는데, 그렇게 넓고 얕은 범위로 공부하고 오면 입사 후에 이론의 한계를 느낍니다. 저도 졸업 때까지 전자재료에 관한 수업은 많이 듣지 못했습니다. 그래서 입사 후 전자재료에 관한 전공 책을 구매해서 따로 공부해야 했죠.

본인이 전자제조업 부문으로 취업할 생각이 있다면 3, 4학년 때 전자재료, 박막재료, 반도체공학, 디스플레이공학과 같은 세분화된 영역의 깊은 이론을 다루는 전공 수업을 들어 둔다면 많은 도움이 될 것입니다. 물론 입사 후에도 공부할 수는 있지만, 생각보다 공부할 시간이 많지 않습니다.

2. 저자 전공이 아닌 타 전공의 전공 역량

개발업무에 있어서 많은 도움이 되는 타전공 역량은 바로 '광학' 분야입니다. 저도 선임 이후 계속 공부하고 있는 영역입니다. 현업에서는 물리학부 전공생이 주로 담당하는 분야입니다. 디스플레이라는 것은 결국은 화면을 구현하는 디바이스이기 때문에 더 밝게, 선명하게, 시야각[4] 편차가 적게 등의 광학적인 목표를 위해 재료를 개발하는 경우가 많습니다. 광학 부문 중 파동광학, 박막 광학 등을 공부하면 직급이 높아질수록 업무에 큰 도움이 될 것입니다.

4 [10. 현직자가 많이 쓰는 용어] 5번 참고

3 필수는 아니지만 있으면 도움이 되는 역량

1. 어학

재료개발자로서 논문이나 특허를 읽을 때 많이 사용됩니다. 하지만 업무 외에도 사내에서 제공하는 기회를 얻으려면 어학은 무조건 일정 기준 이상이 되어야 합니다. 진급할 때도 도움이 되고, 출장을 가게 될 때도 동일한 업무를 맡고 있다면 어학 능력이 있는 직원에게 출장의 기회가 주어집니다. 어학은 영어뿐 아니라 일본어, 베트남어, 중국어 등 모두 도움이 됩니다.

생각보다 어학을 잘하는 엔지니어에게는 많은 기회가 주어진답니다.

2. Excel, PPT

저의 하루 업무를 보면 평가하고, 분석 결과를 자료로 만들고, 발표하기의 반복입니다. 그래서 매일 제 모니터에는 수십 개의 Excel 데이터가 띄어져 있죠. 수식을 만들어서 데이터를 계산하고 최종 그래프를 만드는 작업을 할 때 Excel과 PPT를 잘 다룬다면 업무 속도가 빨라지겠죠? 제 동료가 매크로를 이용하여 엄청 빠르게 업무를 수행해서 저도 그 친구에게 Excel 기능을 배운 적도 있습니다. Excel만큼은 자격증이 중요한 게 아니고, 실제 자신의 역량이 정말 중요합니다.

MEMO

07 현직자가 말하는 자소서 팁

저는 인사담당자가 아니기 때문에 어떤 자기소개서가 합격을 부르는지에 대해서는 잘 알지 못합니다. 하지만 꼭 확인해야 할 부분에 대해서는 이야기할 수 있을 것 같습니다. 앞서 말했듯이 지원 회사의 홈페이지와 최신 뉴스를 샅샅이 훑는 것입니다. 이건 면접뿐만 아니라 자기소개서를 작성하기 전에도 꼭 필요한 단계입니다. 그럼 삼성디스플레이의 홈페이지에 소개되어 있는 기업 정보를 함께 읽어 볼까요?

기업소개 삼성디스플레이

삼성디스플레이는 2012년 OLED와 LCD의 합병으로 사업의 시너지를 극대화했으며, 독보적인 기술을 바탕으로 스마트폰, 노트북, 모니터, TV 등에 프리미엄 디스플레이 제품을 공급하고 있습니다. 세계 최초로 플렉서블 OLED와 폴더블 디스플레이를 양산하는 등 상상 속에만 존재하던 디스플레이를 현실로 만들어 가고 있습니다. 그리고 대형 디스플레이 시장의 판도를 뒤집을 QD-OLED라는 새로운 도전을 시작하고 있습니다.

삼성디스플레이는 자연을 그대로 담아내는 뛰어난 화질, 더욱 가볍고 얇은 디스플레이를 만드는 기술로 고객이 필요로 하는 토털 솔루션을 제공하고 있습니다. 다양한 디자인 혁신과, 120Hz 고주사율, 그리고 저전력 구동으로 5G 시대에 가장 알맞은 디스플레이, 고객의 건강까지 고려하는 블루라이트 저감 기술 등 압도적인 초격차 기술 개발로 고객에게 새로운 가치를 제공합니다.

글로벌 1위로서 시장을 이끌어 온 삼성디스플레이는 앞선 기술과 제품, 그리고 고객의 신뢰를 바탕으로 앞으로도 디스플레이 리더로서의 역할을 다할 것입니다.

[그림 1-12] 삼성디스플레이 기업 정보 (출처: 삼성디스플레이)

홈페이지 제일 처음에 나오는 기업 정보만 보더라도 어떤 제품에 현재 자부심(플렉서블, 폴더블 디스플레이)이 있는지, 어떤 디스플레이에 회사가 도전(QD)하고 있는지 알 수 있어요. 회사에서는 회사의 미래를 이끌어 갈 신입 엔지니어를 뽑는데 자기소개서에 QD[5] 디스플레이에 대해 언급하고 호기심을 보이는 지원자가 있다면 당연히 관심을 가지지 않을까요?

---

5 [10. 현직자가 많이 쓰는 용어] 6번 참고

재료개발 직무 지원자라면 학부에서 어떤 공부를 하면서 디스플레이 분야에 흥미가 생겼는지 설명하고 그 지식을 통해 개발하고 싶은 구조와 덧붙여 재료까지 설명한다면 차별화된 자기소개서를 작성할 수 있을 것입니다.

현업에서 자기소개서를 평가해 온 부장님의 후일담을 들어보면 어느 기업에나 사용할 수 있는 자기소개서는 가장 관심을 받지 못하는 것 같습니다. '저는 화목한 가정에서 자라나고…'로 시작하여 나의 장단점, 프로젝트 성공담을 서술하는 식으로만 구성된 자기소개서가 그 예라고 할 수 있죠.

홈페이지와 최신 뉴스를 통해 먼저 회사를 알고, 거기에 어울리는 나의 강점과 관심도를 어필하는 자기소개서라면 충분히 합격할 수 있습니다.

회사의 홈페이지와 뉴스가 면접 시험의 오픈북이라고 생각합니다.

08 현직자가 말하는 면접 팁

면접은 주로 인성 면접과 직무 면접, 두 가지로 나눌 수 있습니다. 인성 면접은 전반적인 태도를 파악하기 위한 목적의 면접이고, 직무 면접은 직무를 수행하는 데 필요한 이론과 수행 능력을 파악하기 위한 목적의 면접입니다. 추가로 제가 입사할 때는 토론 면접이 있었는데, 이를 통해 상대방과 의견을 합리적으로 나눌 수 있는가를 평가했습니다. 이와 같은 면접을 보는 이유는 면접을 통해 회사에서 파악하고 싶은 것이 있기 때문입니다. 면접을 보기 전에 '내가 면접관이라면 어떤 사람을 뽑을 것인가?', '다른 지원자 말고 나를 왜 뽑아야 할까?'와 같은 생각을 하고 준비한다면 많은 도움이 될 것입니다.

1 인성 면접

인성 면접은 임원분들이 면접관으로 참여합니다.

보통 자기소개서를 바탕으로 면접이 진행되기 때문에 자신의 자기소개서를 잘 숙지하는 것이 중요합니다. 또한 회사의 핵심 가치 및 비전과 자신의 구체적인 비전을 연결하여 어필하는 것이 좋습니다. 인성 면접에서 면접관은 비슷한 내용으로 하루에도 수십 명의 지원자를 만나기 때문에 두루뭉술한 비전은 어떠한 인상도 주지 못합니다. 강렬한 눈빛과 자신 있는 말투, 자신만의 경험을 녹여서 만든 구체적인 목표 설정이 깊은 인상을 남기기에 좋습니다. 구체적인 목표 설정이 때로는 공격의 대상이 될 수도 있기 때문에 깊게 고민해보는 것을 추천합니다.

저는 면접 지원 인력으로 자주 참석했는데, 개인적으로 인성 면접에서는 호감을 주는 표정, 예의 바른 말투, 적극적이고 진취적인 눈빛과 태도를 보이는 게 가장 중요하다고 생각합니다. 태도 때문에 좋지 않은 점수를 받는 지원자가 생각보다 많았기 때문입니다.

2 직무 면접

직무역량 면접은 주로 수석급 엔지니어가 면접관으로 참여합니다.

직무역량 면접은 학부 수준에서 엔지니어가 갖춰야 할 이론과 수행 능력을 파악하는 면접입니다. 그러므로 겸손한 태도로 정확하고, 간결하게 설명하는 것이 중요합니다.

잘 모르는 것을 아는 체하거나 이건 내가 해 봤는데 하며 오만한 태도를 보이는 것은 절대 하지 말아야 할 행동입니다. 또한 정확하고 간결하게 설명하는 법을 연습해야 합니다. 신입사원이 처음 입사 후 보고할 때 가장 지적을 많이 받는 부분이 바로 발표하는 방법입니다. 두괄식으로 먼저 말하고자 하는 바를 정리하고, 그 후 정확한 근거를 들어 이야기하는 것이 좋습니다. 간결하고, 정확하게 설명하기 위해서 이론을 꼼꼼히 공부하고 가는 것은 당연하겠죠?

제가 면접을 봤을 때를 예로 들어보겠습니다. 제가 입사할 때는 OLED가 회사에서 목표로 하는 디스플레이였습니다. 지금의 QD 기술과 비슷하겠네요. 저는 OLED에 대해 철저하게 공부해서 OLED 구조, 공정 등에 대해서는 아주 자신있었습니다. 개인별로 30분의 면접 시간이 주어졌는데, 15분은 OLED를 설명하고 15분은 개인별로 부여받은 문제를 풀이하기로 계획을 세우고 면접장으로 들어갔습니다. 인사를 하고 "문제 풀이 시작 전 문제의 기초가 되는 OLED 구조와 공정에 대해 먼저 설명해 보겠습니다"라고 말하는 순간, 면접관이 "우리는 이미 OLED에 대해 알고 있으니 문제만 풀어봅시다"라고 하셨습니다. 30분의 면접 시간 중 계획했던 15분이 날아간 거죠. 문제 풀이 뒤에는 제가 어디까지 알고 있는지 확인하기 위한 폭풍 질문이 쏟아졌습니다. 나름대로 많이 준비했다고 생각했는데 금방 바닥이 드러났습니다. 결국 모르는 것에 대한 질문을 받았을 때는 솔직하게 말씀드렸습니다. "제가 OO부터 OO까지 꼼꼼히 공부한다고 했는데 질문하신 부분은 미처 준비하지 못해 지금 많이 아쉽습니다. 답을 알려주시면 너무 감사하겠으나, 면접 중이기 때문에 알려주실 수 없다면 그 부분은 오늘 면접이 끝나고 돌아가서라도 확인해 보겠습니다"라고 말이죠.

엔지니어는 업무를 진행하면서 모르는 이론을 수없이 만납니다. 그때마다 호기심을 갖고 끝까지 알아가고자 노력하는 태도가 엔지니어의 기본 자질이라고 생각합니다. 면접장에 모든 것을 다 알고 들어갈 수는 없습니다. 따라서 열심히 공부한 것 외의 질문이 나오더라도 당황하지 말고, 앞으로 그것을 잘 배워갈 태도에 대해 언급한다면 성공적인 면접이 될 수 있을 것입니다.

09 미리 알아두면 좋은 정보

1 취업 준비가 처음인데, 어떤 것부터 준비하면 좋을까?

1. 개인 역량 파악 및 강화

가장 기본적인 것은 자신을 파악하는 것입니다. 앞에서 말한 것과 같이 같은 재료개발 직무라고 해도 회사마다 기업 분위기와 추구하는 방향이 다릅니다. 그러므로 자신의 성향에 맞는 회사를 선택하는 것이 중요합니다. 다른 사람이 다양한 자격증을 준비한다고 해서 남을 따라 이를 섭렵하기보다는, 자신이 잘 할 수 있고, 강점으로 어필할 수 있는 소수 분야에 집중하여 개인 역량을 준비하는 것이 좋습니다. 넓고 얕게 자격을 보유하는 것보다는 두각을 나타내는 한, 두 분야를 강점으로 준비하는 것이 여러 지원자 중에서 본인이 눈에 띌 수 있는 방법입니다. 그리고 실제로 입사했을 때 자신의 주무기를 이용해서 커리어를 이어 나갈 수 있습니다.

저의 경우에는 학점 및 대외 경력이 보통이었기 때문에 어학과 엑셀 능력, 직무 이론을 주강점으로 준비했습니다. 10여 년의 회사 생활에서 여전히 어학을 이용한 해외업체 대응과 데이터 처리 능력을 주로 인정받는 업무를 담당하고 있는 것을 보면 강점이 추후에 어떻게 이어지는지 예상할 수 있을 것입니다.

2. 목표 회사를 단독으로 준비하는 스터디 참여

자신의 성향을 파악하고 강점을 키운 후 목표 회사를 정했다면, 이제 진정한 취업 준비를 진행해야 합니다. 저는 3학년 겨울방학부터 6개월 정도 두 개 회사의 취업 준비를 진행했습니다. 한 회사만 준비하는 스터디에서 여러 명이 협동하여 6개월 동안 공부했죠. 계속해서 자기소개서를 수정하고 전공 이론도 범위를 정해서 함께 학습하며, 매주 면접 준비를 실전처럼 진행했습니다. 반년동안 한 회사에 대해 공부하면 나도 모르게 애사심이 생깁니다. 스터디원끼리 자주 한 이야기가 이번에 떨어져도 여기는 계속 한다는 것이었습니다. 그 결과 적성검사에서 합격하지 못한 소수를 제외하고는 스터디 멤버 전원이 최종합격을 했습니다.

여러분은 지금 준비하는 회사에 애착을 갖고 있나요? 떨어져도 또 지원하고 싶은 매력 있는 회사에 지원하고 있나요? 자신이 지원하는 회사에 확신을 갖고 깊게 공부한다면 원하는 결과를 만들 수 있을 것입니다.

2 현직자가 참고하는 사이트와 업무 팁

1. 전자신문(etnews.com)

전자신문은 현직자들도 아침마다 출근해서 많이 살펴봅니다. 현재 디스플레이 동향이나 사내 관련 내용도 전자신문을 통해 알게 되는 경우가 적지 않습니다. 제가 속한 부서의 수석님은 매일 올라오는 전자신문 중 부서원이 알면 좋을 내용을 스크랩에서 아침마다 보내주십니다.

2. 한국고분자시험연구소(polymer.co.kr)

이 사이트는 제가 틈틈이 공부하고, 참고하는 사이트입니다. 재료개발을 하다 보면 새로운 이론을 공부해야 할 때가 많은데, 새로운 물성을 만났을 때 이 재료는 어떻게 분석하면 좋을지 방법을 찾아 보기도 하고, 시간이 있으면 분석 방법에 대한 간단한 이론도 공부할 수 있는 사이트입니다. 실제로는 재료분석을 의뢰하는 사이트이지만, 재료분석법에 대한 이론 정리가 종류별로 잘 되어 있어서 참고하기에 좋습니다.

3. 증권사 기업분석

스터디를 진행할 때 이용했던 방법 중 하나입니다. 증권사의 디스플레이 업계 분야를 보면 디스플레이 업계의 최근 동향이나 이슈가 PDF로 잘 정리되어 있고, 실시간으로 업데이트가 되기도 합니다. 가장 빠르게 정보를 확인할 수 있기 때문에 구독하여 공부하기에 좋습니다.

4. 삼성디스플레이, LG디스플레이 홈페이지 및 블로그 기술 설명 사이트

사실 입사 전에는 샅샅이 공부했지만, 입사 후 근무하면서 회사 공식 사이트를 들어간 적은 없습니다. 그러다 이번 도서를 작성하며 모두 읽어 보았는데, 생각보다 기술에 대한 정리가 너무 잘 되어 있어서 사이트, 블로그, 유튜브만 정독해도 다른 전공 서적을 볼 필요가 없겠다고 생각했습니다.

5. 한국디스플레이산업협회(kdia.org)

한국디스플레이산업협회는 디스플레이에 대한 세미나와 교육 정보가 공유되어 있습니다. 현직자를 대상으로 하는 세미나가 대부분이지만, 가끔 대학생도 참여할 수 있는 교육이 있습니다.

3 현직자가 전하는 개인적인 조언

취업을 준비할 때 참 힘들었던 기억이 납니다. 대학에 입학할 때만 해도 그 뒤는 천국일 줄 알았는데, 계속해서 더 큰 벽이 나타나는 기분이었죠. 옆에 동기들은 이것저것 준비하느라 바빠 보이는데, 나만 제자리인 것 같은 느낌이 자주 들었습니다. 특히 학점이 4.0이 넘는 동기가 많아서 재수강으로 5학년을 다녀야 하나 많이 고민했었죠.

제가 현직자로서 조언할 수 있는 것을 세 가지로 정리할 수 있습니다.

1. 두, 세 가지 자신만의 강점을 명확하게 만들기
2. 나만의 스토리에 회사의 현재와 목표를 엮어서 자기소개서 쓰기
3. 목표 회사를 정했다면 철저하게 준비하기

회사에서는 모든 것을 잘하는 슈퍼맨을 뽑는 것이 아닙니다. 회사에 들어와서 사람들과 협업하고, 자신의 강점을 이용해서 업무 목표를 달성하고, 회사가 성장하는 데 이바지할 사람을 뽑는 거죠. 지원자의 입장에서만 생각하지 않고 본인이 디스플레이 회사의 면접관이라고 생각하고 자신을 돌아보면 취업을 준비하는 데 조금 더 수월할 것입니다.

나와 함께 재료개발을 하는 엔지니어를 뽑는다면 수만 가지 자격증이나 수상 경력을 가진 지원자보다 인성이 바르고, 자신만의 강점이 명확하고, 애사심 있는 지원자를 뽑지 않을까요? 면접 전문가가 아니더라도 '저는 인자하신 어머니와 책임감 있는 아버지 밑에서 자라…'라고 시작하는 자기소개서는 읽고 싶지 않을 것 같습니다. 그보다는 자신을 정확하게 파악하고, 자신의 강점을 통한 명확한 목표로 회사 성장에 이바지하고자 하는 메시지를 담은 자기소개서를 더 살펴볼 것 같습니다. 이왕 시간을 들여서 준비하는 것이니 몰입해서 원하는 기업에 멋지게 취업하기를 바랍니다.

복사 붙여넣기한 자기소개서는 이제 그만!

MEMO

10 현직자가 많이 쓰는 용어

1 익혀두면 좋은 용어

현재 디스플레이 산업에서 이슈인 용어와 재료개발 업무를 진행할 때 많이 사용하는 용어를 설명하겠습니다. 신입사원 면접 때는 현재 회사에서 가장 주력으로 하는 기술에 대한 질문과 미래 기술에 대해 언급할 가능성이 큽니다. S사 기준으로 플렉서블, 투명 디스플레이 등은 현재 주력 기술이고, QD 기술은 주목하고 있는 미래 기술입니다. 이를 바탕으로 용어를 선정한 기준은 다음과 같습니다.

1. 현업에서 실제로 사용하는 사용 빈도가 높은 용어
2. 학부생이 프로젝트나 학부 연구생 등의 직무 학습 과정을 통해 접할 수 있는 수준의 용어
3. 자기소개서와 직무면접에서 사용하면 면접관이 좋아할 만한 용어
4. 조금만 관심을 두고 검색해보면 충분히 학습할 수 있는 용어

면접에서 어쭙잖게 알고 있는 전문용어의 사용은 주의해야 합니다. 지원자가 사용하는 전문용어의 경우 상대는 자주 사용하고 관심 있는 부분이기 때문에 완벽하게 숙지하고 사용하는 것이 좋습니다.

1. 휘도 주석 1

휘도는 광원에서 빛이 발산되는 정도 또는 반사되어 빛나는 2차적인 광원의 밝기를 나타내는 양을 의미합니다. 특히 디스플레이에서는 기기의 밝기를 나타내는 지표로, 단위는 cd/m^2(칸델라) 또는 nit(니트)로 표시합니다. 휘도가 높으면 야외에서도 선명한 화면을 볼 수 있으며, HDR 효과 구현에 유리하기 때문에 휘도는 디스플레이의 중요한 지표입니다.

2. SEM(Scanning Electron Microscope) 주석 2

주사형 전자현미경을 말합니다.

3. TEM(Transmission Electron Microscope)

투과전자현미경을 말합니다.

4. FIB(Focused ion beam) 주석 3

고성능 집속 이온 빔을 말합니다.

5. 시야각 주석 4

시야각은 화면을 중앙에서 바라볼 때와 비교하여 상하좌우 위치에서 비스듬히 볼 때 화질의 차이가 있는지를 수치로 표현한 것입니다. 시야각이 좋은 디스플레이일수록 보는 위치에 상관없이 동일한 화질로 화면을 감상할 수 있습니다. 시야각이 좋지 못한 디스플레이는 측면에서 바라볼 때 화면의 컬러가 왜곡되거나 휘도가 저하되는 등 최적의 화질 감상이 어렵습니다.

6. QD(Quantum Dot) 주석 5

차세대 디스플레이로 QD, Nano LED, Micro LED, Perovskite 같은 단어는 대략이라도 알고 가면 좋겠죠?

QD는 2022년 기준, 디스플레이 업계에서 주목받는 기술입니다. 사내 홈페이지의 회사 비전에도 언급되어 있습니다. QD 특징은 빛을 비추거나 전류를 공급했을 때 입자의 크기에 따라 나타내는 색이 다르다는 점입니다. 동일한 물질이더라도 작은 크기의 입자는 파란색을 나타내고, 큰 입자는 붉은색을 나타내는 등 크기에 따라 발생시키는 빛의 색이 다르기 때문에 빛의 마법사로 불리기도 합니다.

QD는 다양하고 순도 높은 빛을 발광한다는 점과 소자의 화학적 특성이 우수하다는 점에서 디스플레이, 태양전지, 바이오 센서, 양자 컴퓨터 등 다양한 분야에 사용될 것으로 전망하고 있습니다. 이 중 QD의 발광 특성을 디스플레이에 활용한 것을 QD 디스플레이라고 합니다.

7. 고분자 OLED

OLED 디스플레이는 유기 발광 물질을 재료로 사용하는 제품/기술로, 이때 사용하는 재료는 크게 '고분자 OLED 유기재료'와 '저분자 OLED 유기재료'로 구분됩니다.

고분자 OLED 유기재료는 저분자에 비해 구조가 복잡하고 무거운 특성때문에 '증착' 공정이 아닌, 잉크젯 등의 프린팅 설비를 이용한 '용액(soluble)' 공정 방식의 OLED 제조에 적합합니다.

프린팅 OLED 공정은 [용액화] → [토출] → [건조] 순으로 진행됩니다. 고분자 유기재료를 OLED 디스플레이 픽셀로 만들기 위해서는 먼저 재료를 프린팅이 가능한 잉크 형태(용액화)로 만들어야 합니다. 따라서 먼저 R, G, B 빛을 내는 각 유기재료를 용매(Solvent)에 녹여 용액(잉크)으로 만드는 과정을 거칩니다. 그리고 잉크를 프린팅 설비에 담아 각 픽셀을 생성할 위치에 떨어뜨린(토출) 후, 액체 상태인 유기재료를 건조해 박막 형태의 픽셀을 만드는 방식으로 OLED 디스플레이를 제작합니다.

8. 저분자 OLED

저분자 OLED 유기재료는 일반적으로 500 ~ 1,200g/mol(그램/몰) 수준 이하의 적은 분자량(분자의 질량)을 가진 물질을 뜻하며, 고분자 OLED 유기재료에 비해 상대적으로 구조가 단순하고 가벼운 무게를 가집니다.

저분자 OLED는 재료에 열을 가해 승화시키는 방식인 '증착(evaporation)' 공정을 통해 디스플레이의 픽셀 소자로 제작됩니다. R, G, B 각 색상을 내는 픽셀마다 서로 다른 재료가 필요하므로 패터닝 마스크(FMM, Fine Metal Mask)를 사용해 각각의 영역에 저분자 OLED 재료를 증착시킵니다. 고분자 재료에 비해 상대적으로 가볍기 때문에 증착 공정이 가능하며, 이에 따라 정밀한 미세 패터닝(픽셀 소자 제작)이 가능하고, 발광 성능도 우수한 장점을 가집니다.

9. 폴리이미드(PI, Polyimide)

폴리이미드는 열 안정성이 높은 고분자 물질로, 우수한 기계적 강도와 높은 내열성, 전기절연성 등의 특성 덕분에 디스플레이를 비롯해 태양전지, 메모리 등 전기/전자 및 IT 분야에서 다양하게 활용합니다. 특히 타소재에 비해 가벼울 뿐만 아니라 휘어지는 유연성까지 갖춰 제품의 경량화/소형화가 가능합니다.

폴리이미드는 디스플레이 제조 시 기판이나 커버 윈도우 등 다양한 곳에 활용하고 있습니다. 일반적인 디스플레이의 경우 제조 과정에서 유리 기판을 사용하는데, 휘어져야 하는 플렉시블 OLED의 경우 딱딱한 유리 기판 대신 유연한 폴리이미드를 사용하여 제조합니다.

디스플레이 기판은 고온에서 제조하는 공정 기술을 견뎌야 하므로 내열성이 중요합니다. 폴리이미드는 −273℃~400℃ 까지 물성이 변하지 않을 만큼 내열성이 뛰어납니다. 또한 플라스틱 소재이기 때문에 가볍고 유연해서 플렉시블 OLED 제조 시 기판으로 사용하기에 적합합니다.

폴리이미드는 깨지지 않고 자유롭게 휘거나 접을 수 있기 때문에 디스플레이 커버 윈도우 소재로도 각광받고 있습니다. 폴리이미드 고유의 색상인 노란색을 제거하여 투명하게 구현하는 방식으로 사용되고 있습니다.

2 현직자가 추천하지 않는 용어

양산의 능력과 관련된 용어는 예민한 부분이니 주의하세요.

다음 용어는 잘 알지 못하고 사용할 경우 공격을 당할 수 있기 때문에 작성하였습니다. 사용하는 것은 좋지만, 완벽하게 숙지하고 사용하거나 그렇지 못하면 언급하지 않는 편이 좋습니다. 특히 캐파(CAPA)[6] 같은 생산능력을 뜻하는 용어는 현재 면접관의 주관심사이고 생산량과 직결되는 부분이기 때문에 잘못 언급하면 꼬리 질문을 유도할 수 있습니다.

10. 캐파(CAPA) 주석 6

디스플레이에서 캐파(CAPA)는 Capacity의 줄임말로써 디스플레이 라인의 생산능력을 뜻합니다. 구체적으로는 생산라인에 투입 가능한 원장(Mother Glass)의 매수를 의미하죠.

원장이란 OLED 또는 LCD 패널을 만들 때 기반이 되는 커다란 패널을 말합니다. 이 원장을 여러 개로 잘라 TV 또는 스마트폰용 디스플레이 패널 등으로 가공해서 사용합니다.

용어를 사용한다면 라인별 기판 사이즈, 개수, 현상황 등을 정확히 파악하는 것이 좋습니다.

11. 경쟁사 기술, 특허 논쟁, 기술 보안

신기술을 다루는 회사가 많다 보니 수많은 경쟁사와의 논쟁이 불가피합니다. 그만큼 기술 보안도 민감하죠. 따라서 현재 이슈가 되는 논란이나 경쟁사의 기술, 특허 등은 언급을 피하는 게 좋습니다.

6 [10. 현직자가 많이 쓰는 용어] 10번 참고

11 현직자가 말하는 경험담

1 저자의 개인적인 경험

입사 후 즐거운 그룹 연수를 마치고 현업에 배치되면 그때부터 지금과는 또 다른 고민이 많이 생깁니다. 제가 고민했던 부분과 그에 따른 해결 방법을 정리해서 설명해 보겠습니다.

1. 자주 묻고, 보고하기

처음에 바로 업무를 주지는 않겠지만 작든 크든 혼자 하는 업무를 누군가에게 분담해야 할 때, 책임자의 입장에서는 신입사원에게 업무를 맡기는 것이 가장 불안합니다. 왜냐하면 업무 경험이 있는 선배들은 오가며 자유롭게 질문하고 자신이 이해하고 있는 것이 맞는지 재확인도 하는데, 유독 신입사원은 잘해야 한다는 부담감 때문인지 혼자 끙끙거리는 경우가 많습니다. 선임, 책임급도 주어진 업무가 있으면 구두로라도 진행 상황을 상급자에 보고합니다. 정식 자리가 아니더라도 짧은 회의 때라든지 미팅하러 가는 길에 자유롭게 전달할 수 있습니다. '내가 어디까지 진행하고 있고, 대충 이런 이슈가 있으니 해결하지 못할 것 같으면 조언을 구하겠습니다' 또는 '해결할 수 있다면 해결한 후에 정식 보고하겠습니다'라는 식으로 가볍게 이야기해도 됩니다. 무언가 이해하지 못했거나 잘 모르겠는 경우에는 혼자 고민하거나 동기에게 묻지 말고, 편안히 상급자에게 묻고 진행 상황을 설명해 주세요.

2. 업무 우선순위 정하기

사원의 오전 시간을 잠시 들여다볼까요? 출근길에 부서장님이 미팅실을 예약해 달라고 부탁하네요. 뒤에 책임님은 OO 부서에 업무 협의를 요청하고요. 동시에 선임님은 5분 후에 재료를 준비하러 가자고 합니다. 엎친 데 덮친 격으로 어제 측정한 데이터를 메일로 송부해 달라고 전화도 옵니다.

짧은 시간에도 정신이 없죠? 초반에 업무를 진행하며 고민하는 부분은 대부분 지식적인 부분이 아닐 것입니다. 협의하는 스킬이나 업무를 처리하는 순서 등에 대해 많이 고민할 거예요. 멀티가 가능한 분은 수월하겠지만, 그것이 어렵다면 급한 것부터 순서대로 나열하는 것이 좋습니다. 또한 동시에 해결해야 할 일이 너무 많아서 버겁다면, 옆에 동료나 선배에게 요청하는 것도 좋은 방법입니다. 혼자 해결하려다가 놓치는 업무가 생기면 그것때문에 더 크게 당황할 수도 있습니다.

저는 지금도 동시에 업무 요청을 받을 때가 많습니다. 부서 내에 수석 두 분이 동시에 급한 업무를 요청하면 어떻게 해야 할까요? 시차를 두고 해결할 수 있는 일은 급한 것부터 해결하고, 옆에 도와줄 사람이 있으면 좋겠지만 여의치 않으면 역시 물어보면 됩니다. 업무를 요청한 수석 두 분께 가서 지금 동시에 업무를 요청하셨는데, 어떤 것을 먼저 하면 좋을지 협의해 달라고 부탁하면 됩니다. 어렵지 않죠? 업무에 관해 자주 묻는 것을 귀찮아할 선배는 별로 없으니, 걱정하지 말고 물어보기를 바랍니다.

2 지인들의 경험

Q 예비 후배에게 알려주고 싶은 재료개발 직무의 장점이 있나요?

S사 재료개발 수석 엔지니어 김 수석

아무래도 플렉서블 디스플레이를 성공한 거죠. 저희는 재료 자체뿐만 아니라 디바이스 구성 및 재료의 조합에 관해 다양한 연구를 진행하고 있어요. 스마트폰이 새로 출시될 때마다 발광재료나 성능을 향상시켜서 더 좋은 제품이 나올 수 있도록 연구하죠. 디스플레이의 빛을 내게 하는 특성을 지니거나 구성하는 재료를 새로 개발해서 어떻게 조합하고 형성시키느냐에 따라 성패가 좌우됩니다. 개발한 재료가 적용된 새로운 모델이 출시되면 늘 뿌듯합니다.

S사 재료개발 엔지니어 오 사원

재료개발 부서는 분위기가 상당히 좋습니다. 저희는 개발을 하면 생산 라인에 가서 평가하느라 며칠씩 자리를 비우곤 합니다. 그때마다 팀원들이 고생한다고 격려해줄 뿐만 아니라 일에 공백이 생기지 않도록 업무 분담도 알아서 진행합니다.

한 번은 OLED를 만들 때 유기물질의 막을 형성하는 증착기를 다뤘는데, 결과가 자꾸 이상하게 나왔어요. 원하는 값이 제대로 나오지 않아서 검토해 보니 제 실수였어요. 엄청 조마조마했죠. 그런데 선배님들께서 전혀 화내지 않고 '원인을 찾아보자. 이렇게 하면 되겠다'라며 차근차근 알려주셔서 감동받았어요.

S사 재료개발 책임 엔지니어 나 책임

재료개발 부서는 타부서에 비해 박사 비율이 높은 부서입니다. 개인적으로 저는 학사 출신이라 박사 인력 못지않은 책임이 되기 위해서 공정 부분을 확실하게 파악할 수 있도록 노력하고 있습니다. 아무래도 이론 측면에서는 차이가 날 수밖에 없으니까요.

S사 재료개발 선임 엔지니어 박 선임

저는 부서 변경을 요청해서 이번에 공정개발에서 재료개발팀으로 오게 되었습니다. 분위기도 좋고, 업무도 즐겁습니다. 그런데 재료 미팅부터 실험실, Fab 라인, 평가실까지 모두 다녀야 해서 하루에 걷는 양이 매우 많아졌습니다.

아직 적응하느라 정신없지만, 빨리 업무에 적응하도록 노력하겠습니다.

MEMO

12 취업 고민 해결소(FAQ)

Topic 1. 디스플레이 연구직(R&D)에 대한 소문!

Q1 연구직은 학사가 지원하기 힘든가요? 실제로 석, 박사를 확실히 우대하는지 궁금하고, 학사와 석, 박사 비율 등 내부 상황이 어떤지 궁금합니다!

A 현재 연구직은 석, 박사를 우대합니다. 제가 소속된 팀의 학사와 석, 박사의 비율은 2 : 8 정도입니다. 실제로 석사보다 박사의 비율이 훨씬 높아요. 학사의 경우 연구소보다는 개발팀으로 부서 배치가 많이 되는데, 재료개발팀의 경우 연구직과 업무가 대부분 유사하기 때문에 재료개발 업무를 목적으로 하는 학사분은 개발팀으로 지원하는 것을 추천합니다.

Q2 만약 학사 출신으로 R&D 직무에 들어갔다고 해도 실질적인 연구개발 업무는 박사 출신 연구원이 하고 학사는 박사 연구원이 시키는 업무를 주로 수행한다고 하는데, 실제로 그런가요?

A 박사 출신 연구원은 입사 자체를 책임급으로 합니다. 학사 출신은 사원 1년 차로 입사를 하고요. 회사에 8년의 직급 차이로 입사하는 거죠. 그러므로 박사 출신 연구원이 시키는 업무를 한다기보다 입사 자체의 직급이 다르다고 이해하는 것이 맞습니다.

그렇다면 '학사 출신으로 책임급이 된 직원이 박사 출신의 동급 책임이 시키는 업무를 하는가?'라고 물어 보면, 대답은 '아니다' 입니다. 각자 자신이 책임질 수 있는 업무가 따로 있기 때문에 각각의 업무를 진행합니다.

앞에서 직무를 소개하면서 언급했는데, 이러한 점 때문에 학사 출신의 연구원이 연구소 또는 개발팀에 있으려면 전문적인 지식을 습득하는 데 많은 노력을 해야 한다고 생각합니다.

Q3 연구직무에서 자격증이나 어학 능력 같은 스펙이 중요한가요?

A

자격증을 드러내고 우대하는 직무는 아니지만, 자격증이 있다면 보다 수월하게 자신이 원하는 부서로 배치받을 수 있습니다. 환경 관련 자격증이 있다면 환경 안전 부서에 지원해 볼 수 있고, 분석 화학 자격증이 있다면 분석팀에 지원할 수 있습니다. 우대가 확실한 것은 아니지만, 다양한 부서로 지원할 수 있는 장점이 있습니다.

어학 능력은 일정 점수 이상은 보유해야 합니다. 진급할 때도 유리하고, 해외 업무를 맡게 될 때 어학 능력이 있는 직원에게 업무를 맡기는 경우가 많기 때문입니다. 현재 연구원들도 영어, 중국어, 베트남어 등 어학에 많은 시간을 할애하고 있습니다.

Q4 개발과 연구직무에 차이가 있는지 궁금합니다!

A

개인적으로 개발직무와 연구직무의 주요 업무는 비슷하다고 생각합니다. 차이점이라고 하면 개발직무는 연구직무보다 조금 더 빠른 시일 내에 양산할 수 있도록 개발을 한다는 겁니다.

이상적인 상황이라면 연구직무에서 검증한 내용을 개발부서로 넘기고, 개발부서 관점에서 추가 검증하여 제조부서로 이관합니다. 그러므로 업무 자체에 대한 내용은 유사하나 검증하는 항목에서 차이가 있죠. 앞에서도 언급했듯이 크게 나누어 보면 학사로 입사하는 사원은 제조부서, 개발부서, 관리부서(분석, 검사, 기획 등)로 배치될 텐데, 연구소와 가장 유사한 업무를 하는 부서는 개발부서라고 생각합니다.

Q5 연구를 하다 보면 야근을 많이 하나요?

A

상기 주요 업무에서 언급했듯이 라인에서 재료를 검증하는 업무가 있습니다. 이 경우 제조부서에서 양산을 위한 일정이 없는 시간에 재료를 검증해야 합니다. 그러므로 제조부서의 사정에 따라 밤샘을 하거나 야근을 하는 경우가 있습니다. 하지만 S사나 L사의 경우 한 주에 일할 수 있는 시간이 정해져 있어서 납득할 만한 시간으로 근무를 합니다.

그 외에는 개인과 부서에 따라 차이가 있지만, 요즘은 스마트하게 일하는 것을 목표로 하는 부서가 많아서 특별한 경우가 아니면 야근은 많이 하지 않는 추세입니다.

Topic 2. 소재 개발 직무에 대해 궁금해요!

Q6 디스플레이 소재 개발 직무에 필요한 역량이 뭐가 있나요?

A 앞에서 전공에 필요한 역량과 전공 외 필요한 역량을 소개했습니다. 앞의 내용을 참고하면 답이 될 것 같습니다.

Q7 화학/화공, 재료, 물리 계열 전공자가 대부분인가요? 다른 전공인데, 소재 개발 직무에서 어필할 수 있을지 궁금합니다. 예를 들어 평가/분석 부분에서 분석기구를 다룬 경험을 어필할 수 있을까요?

A 90% 이상의 직원이 화학/화공/재료/물리계열 전공자입니다. 질문자가 어떤 전공인지에 따라 어필하는 부분이 많이 달라질 것 같습니다. 재료개발 직무에서도 시뮬레이션과 같은 업무를 진행할 수 있기 때문에 전기/전자 쪽이라면 그런 부분을 어필하면 좋을 것 같습니다.

애초에 S사의 연구개발 부분에 지원하기 위해서는 전공 제한이 있기 때문에 지원할 수 있는 전공이라면 어떤 전공이든 어필은 가능합니다.

Q8 학부생은 디스플레이 관련 실험, 논문 작성 등 직무와 직접적인 경험을 쌓기가 어려운데, 지원 시 어필할 만한 추천 교육이나 경험이 있나요?

A 논문을 작성한 경험이 없더라도 학부생 수준에서는 S사나 L사 홈페이지, 블로그 등의 SNS에 올라와 있는 이론을 완벽하게 습득하는 것만으로도 충분하다고 생각합니다. 실제로 그 정도를 완벽히 읽어 보는 분도 많지 않다고 생각합니다.

또한 실험은 학교 내에 있는 분석 기기를 신청해서 사용해 보는 것만으로도 충분할 것으로 생각합니다.

Q9 혹시 디스플레이 소재 쪽 중소/중견기업에 재직하다가 중고 신입이나 경력으로 입사한 분이 많나요? 만약 바로 대기업으로 취직하기 어렵다면 소재 쪽 중소/중견기업에 재직 후 이직하는 것도 괜찮은지 궁금합니다.

A 중소/중견기업에 재직하다가 오는 분들은 대부분 경력직으로 입사합니다. 1년 정도의 경력으로 이직하는 경우는 경력을 인정받지 않고 신입으로 지원해야 하기 때문에, 중소/중견기업에 재직 후 이직을 생각한다면 한 회사에서 최소 3년은 다닌 후에 경력직으로 이직하는 것을 추천합니다.

가끔 1년 이내에 여러 회사를 옮겨 다니다가 대기업에 경력직으로 지원하는 경우를 보는데, 이런 경우는 경력을 인정하는 회사가 많지 않을 것이라고 생각합니다.

Topic 3. 어디에서도 듣지 못하는 현직자 솔직 대답!

Q10 선임이나 면접관의 입장에서 지원자가 기본적으로 알고 왔으면 하는 지식이 있나요?

A 지식의 경우 앞에서도 언급했듯이, S사와 L사 홈페이지에 있는 지식소개 수준만 완벽히 숙지해도 충분하다고 생각합니다.

Q11 임원 면접에서 두 번 떨어지고 스스로 임원을 설득하는 능력이 부족하다고 판단했습니다. 임원 면접 때 어떤 마음가짐을 가지고 임해야 하는지, 임원 면접의 팁 있는지 궁금합니다!

A 이 답변은 저의 개인적인 생각입니다. 임원 면접 때 중요한 것은 적극적으로 배우려는 자세와 겸손함을 표현하는 것이라고 생각합니다.

면접에 참여하는 임원은 회사에서 20년은 넘게 일한 분들입니다. 신입사원이 알고 경험한 것은 당연히 임원들보다 적을 것입니다. 그러므로 자신이 노력한 것에 대해서 적극적으로 어필하되, 겸손한 태도를 보이는 것이 중요하다고 생각합니다. 또한 적극적으로 배우려는 자세가 중요한데, 대화할 때 말끝을 흐리거나 목소리를 작게 내거나 웃으며 대답을 흐지부지한다면 적극성을 표현하지 못할 것입니다. 따라서 바른 자세로 정확하게 자신을 표현하고 겸손한 태도를 보인다면 임원 면접에서 합격할 수 있을 것입니다.

Q12 연구직에 학사로 입사하기 위해서는 당연히 학점이 높아야겠죠? 실제 학사 출신 연구원 중 가장 낮은 학점 혹은 평균 학점이 궁금합니다.

A 인사팀이 아니라서 학점이 부서 배치에 큰 요인이 되는지는 알 수 없습니다. 하지만 입사한 뒤 팀 내에서 부서를 배치받을 때는 학점이 크게 중요하지 않습니다. 너무 낮으면 좋진 않겠지만, 높지 않더라도 학점 때문에 어느 부서에 가거나 가지 못하는 것은 아니라고 생각합니다.

Topic 4. 반도체 VS 디스플레이

Q13 반도체와 디스플레이가 유사한 부분이 많아서 주위를 보면 반도체를 기본으로 준비하면서 디스플레이를 같이 지원하는 경우가 많습니다. 반도체 관련 과목이나 경험을 디스플레이 기업에 지원할 때 말하는 것이 도움이 되는지, 반도체 관련 경험을 어떻게 풀어내는 것이 좋은지에 대해 조언해 주시면 감사하겠습니다.

A 반도체와 디스플레이 공정은 겹치는 부분이 많습니다. 굳이 반도체를 준비했다고 표현하기보다는 반도체에서 경험한 부분이 디스플레이의 어느 부분과 유사한지를 파악해서 디스플레이에서의 경험으로 어필하는 것이 좋을 것 같습니다.

예를 들어 반도체에 Photo 공정이 있습니다. 디스플레이에도 TFT를 제조할 때 Photo 공정이 들어가죠. PR 코팅 경험이나 그 외 Etching, 노광, 현상 어느 부분을 경험했던 디스플레이의 TFT 공정에서 사용되는 공정을 경험했다고 풀어내는 거죠. 굳이 반도체에서 경험한 것으로 어필할 필요는 없어 보입니다.

MEMO

Chapter

02

공정개발(공정설계)

들어가기 앞서서

이 챕터를 통해 여러분은 공정개발 직무의 A to Z를 배우게 될 것입니다. 저의 간단한 이력과 경험들 그리고 공정개발 직무의 주요 업무와 이를 수행하기 위해 필요한 역량까지! 자기소개서를 어떻게 작성하고 면접은 어떻게 보면 좋은지 배워가실 수 있습니다. 개인적인 조언과 동료들과의 문답 내용을 통해 공정개발 직무를 준비하는 여러분에게 많은 도움이 되길 바랍니다.

01 저자와 직무 소개

1 저자 소개

박프로

전자과 학사 졸업

現 디스플레이 S사 공정개발 연구원
前 디스플레이 S사 공정 · 설비 엔지니어

H사 해피 무브 봉사활동
S사 드림클래스 봉사활동
KAIST 학부 연구실
S사 반도체관련 인턴
공기업 발전사 송배전 인턴

1. 꿈의 디스플레이를 만드는 개발자

디스플레이 산업에 매료되어 발을 담갔다가 이제는 제 천직이 되어버린 경력 N년차 **디스플레이 개발자 박프로**입니다. 휘어지는 디스플레이, 접는 디스플레이, 돌돌 마는 디스플레이까지. 이제 여러분의 일상에서 디스플레이는 누구보다 자주, 중요하게 만나는 친구 같은 존재입니다. 저는 전자공학을 전공하고 학부 연구실 경험과 인턴 경험을 거쳐 디스플레이 개발자로 꿈의 디스플레이를 개발하는 업무를 맡게 되었습니다.

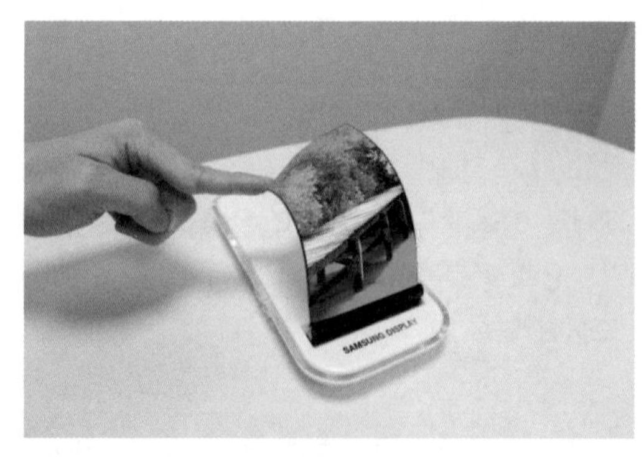

[그림 2-1] 삼성디스플레이에서 만드는 휘어지는 디스플레이 (출처: 삼성디스플레이)

고등학교 시절 저는 지독한 공대생이었습니다. 언어점수는 잘 나오지 않더라도 항상 수리영역과 과탐 영역은 만점이었습니다. 이런 타고난 성향으로 자연스레 전자과에 진학하게 되었습니다. 저는 사실 다른 친구들보다 조금 더 빨리 진로를 정하게 되었습니다. 안정적으로 대기업에 근무하시는 아버지를 보며 안정적인 대기업에 들어가서 삶을 꾸려나가는 것이 내 전공을 선택한 이상 가장 합리적인 결과라고 생각했고 1학년 때부터 일찌감치 '회사원'으로 꿈을 정하게 되었습니다.

뒤편에서 다시 정리하겠지만 학교 다니면서 가장 신경 썼던 것은 학점이었습니다. 1학년을 마치고 얼른 군대에 다녀와서 복학 이후 거의 대부분의 과목은 A 또는 A+이었고, 그나마 정말 안 나온 학점이 B 정도였습니다. 애초에 취업을 목표로 잡았기에 가능했던 것이라고 생각합니다. 여러분들도 가능하면 학점은 최대한 높게 고고익선을 목표로 하기를 바랍니다.

그리고 타고난 ESFJ의 활동적인 성격으로 많은 대외활동도 하였습니다. 가장 생각나는 두 가지 활동은 H사에서 진행한 해피무브 해외 봉사활동과 S사에서 진행한 드림클래스 봉사활동입니다. 둘 다 대기업에서 진행했던 봉사활동이라 재밌는 활동 경험과 스펙까지 가져갈 수 있었습니다. 지금 취업시장에서는 봉사활동이 크게 영향을 미치지 않지만, 라떼(?)만 하더라도 국토대장정, 해외 봉사 같은 대외활동이 자기소개서에 쓰면 좋게 봐주는 현상이 있었습니다. 또 대기업에서 진행하는 대규모 봉사활동을 진행하며 친해진 여러 학교의 우수한 친구들과 네트워크가 형성되어 취업뿐만 아니라 이후에 여러 활동을 거쳐 도움을 주고받기도 하였습니다. 현재 코로나 시국이라 이런 활동들이 쉽지는 않겠지만, **소중한 대학생활 동안 동아리, 대외활동과 같은 대학생들만 고유하게 누릴 수 있는 활동을 놓치지 말고 조금이라도 경험해 보는 것을 추천합니다.**

[그림 2-2] H사에서 진행하는 '해피무브' 청년봉사단 (출처: 현대차)

대학교 4학년 겨울방학에는 KAIST에서 학부 연구실을 경험했습니다. 당시에 태양광에 반응하는 반도체소자를 이용한 수족관 내 이끼 제거라는 프로젝트를 진행하며 기본적인 MOSFET 구조의 반도체 설계와 장비를 이용한 제작 실습을 경험하였고, 관련하여 완제품 장비까지 연계시키는 프로젝트를 진행하였습니다. 기본적인 R&D가 어떻게 이루어지는지 면밀하게 경험할 수 있었고 해당 경험은 이후 취업 준비 시 자기소개서에 활용하였습니다. 학사 기준 꽤 높은 수준의 연구과제 실적으로 면접 시 단골 질문이었으며, 면접관분들께서 굉장히 흥미롭게 많은 질문을 주시곤 하였습니다.

[그림 2-3] 일반적인 반도체 관련 학부 연구실의 모습 (출처: 호남대학교)

이어서 졸업 전에는 S사에서 인턴 경험을 하게 되었습니다. 대기업에 들어가고 싶다는 꿈은 항상 있었으나 실제 어떤 일을 하는지, 입사하고 나서 워라밸은 어떤지 궁금한 것들이 너무 많았습니다. 그래서 가장 가고 싶었던 회사에 인턴으로 지원하게 되었고 운이 좋게도 한 번에 합격했습니다. 비록 짧은 시간이었지만 너무나 행복한 경험으로 남아있습니다. 대기업의 프로세스를 경험하면서 지금 생각해 보면 사실상 음지보단 양지의 측면에서 장점만 경험하고 나오게 되어, 더욱 더 대기업을 가고 싶은 열망을 불태우게 했었던 저만의 이력으로 남아있습니다.

그러나 마지막 방황이 있었습니다. 대기업 인턴까지 경험하고 나니 공기업이 갑자기 너무 궁금해졌습니다. 당시 시스템LSI 사업부 인턴을 마치며 정규직 전환도 가능하였지만, 호기심이 너무나 컸던 탓에 주위 모든 사람의 만류에도 불구하고 한국전력 송배전 인턴을 경험하게 되었습니다. 이때 잠시 공기업 NCS와 전기기사 등 전공 공부에 3개월 정도 매진하여 대한민국 메이저 에너지 공기업 발전사에서 인턴 경험을 하게 되었습니다. 하지만 결과적으로 크게 맞지 않다고 판단이 되어 인턴이 종료되는 시점에 현재 회사 공채에 지원하여 입사하게 되었습니다.

2. 그래서 무슨 일을 하시나요?

저는 현재 **공정개발팀**(PA)에서 근무하고 있습니다. PA[1]란 'Process Architecture'의 줄임말로, 반도체 · 디스플레이를 만들어 나가는 적층 구조에서 비롯된 용어입니다. 벽돌을 쌓아 집을 만들 듯 OLED[2] 패널[3]도 여러 개의 층을 쌓아 만들어 나갑니다. PA팀의 역할은 이처럼 **제품 생산을 위한 제조 공정 전체의 과정을 설계하고 공정의 흐름을 규정해 양산 단계로 원활하게 이어지도록 총괄하는 업무**라고 할 수 있습니다.

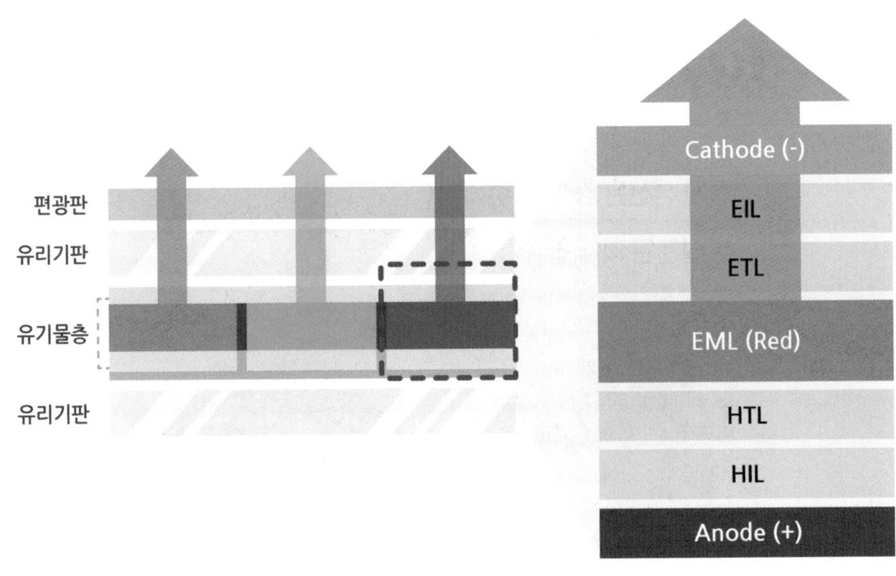

[그림 2-4] OLED 디스플레이 패널의 적층 구조

PA팀의 업무는 우선 신제품 과제를 기획하고 검토하는 것부터 시작됩니다. 고객이 원하는 디스플레이 패널의 스펙을 기준으로 구현 방법 등을 검토하며, 그다음으로는 신제품 개발을 위한 '디자인 룰'을 만듭니다.

'디자인 룰[4]'이란 신제품을 생산하기 위해 필요한 최소 단위의 규격을 의미하는데, TFT[5] 배선회로의 스펙 기준이나 Mask의 배치 간격 기준 등 설계와 공정에 필요한 정보를 의미합니다. 이러한 디자인 룰은 보통 샘플 공정을 통한 계측과 분석을 통해 도출되며, 이렇게 생성된 디자인 룰은 설계에 반영됩니다.

---

1 [10. 현직자가 많이 쓰는 용어] 1번 참고
2 [10. 현직자가 많이 쓰는 용어] 2번 참고
3 [10. 현직자가 많이 쓰는 용어] 3번 참고
4 [10. 현직자가 많이 쓰는 용어] 4번 참고
5 [10. 현직자가 많이 쓰는 용어] 5번 참고

디자인 룰에 따라 TFT(Thin Film Transistor · 박막트랜지스터)의 회로를 설계하고, 이러한 회로를 구현하기 위한 적층구조 생성 및 Mask 공정 설계 그리고 후공정인 모듈화를 위한 드라이버 IC 설계 등을 진행합니다. 필요한 설계가 끝나면 구동 시뮬레이션을 거친 후 실제로 개발 단계에서의 시제품 공정을 진행해 양품이 나오는지 확인하고, 불량품 발생 시 분석을 통해 제품 개선을 위한 솔루션을 도출합니다.

또한 드라이버IC 등 모듈[6] 부품도 신제품에서 필요로 하는 스펙에 따라 새롭게 설계되기 때문에, 개발 중인 패널과 통합해 제대로 작동하는지, 수율[7]은 예상대로 나오는지 등을 파악합니다. 이 과정에서 최적의 기술을 적용하고 적기에 제품 신뢰성과 목표 수율을 달성하기 위한 노력을 기울입니다.

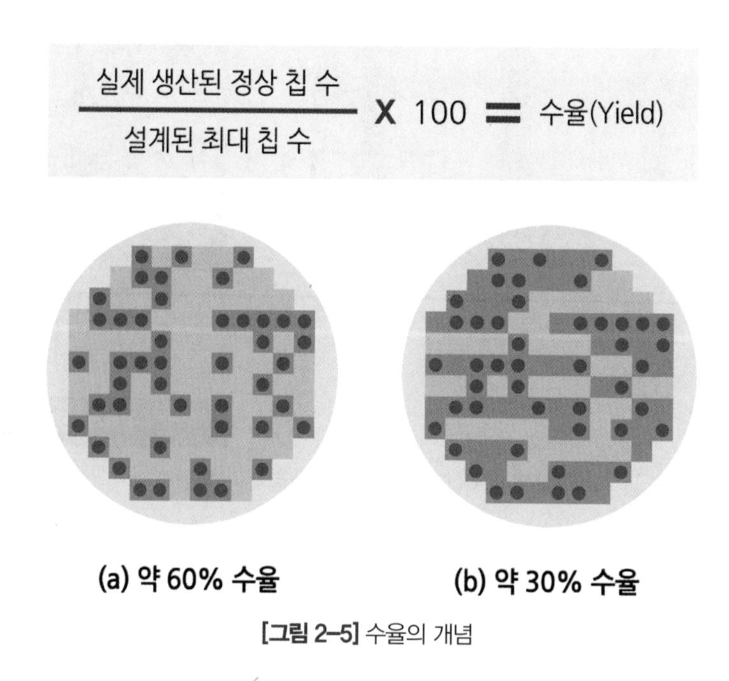

[그림 2-5] 수율의 개념

이렇게 개발 단계에서의 검증이 끝나면 본격적인 생산을 위해 양산 공정에 필요한 정보를 제조와 모듈 부서에 이관함으로써 PA팀의 업무는 마무리가 됩니다.

6 [10. 현직자가 많이 쓰는 용어] 6번 참고
7 [10. 현직자가 많이 쓰는 용어] 7번 참고

3. 공기업? 대기업? 어떻게 선택할까?

회사원이 되기로 확고하게 마음을 굳혔으나, **대기업에 갈지 공기업에 갈지** 많은 고민이 있었습니다. 두 회사는 분명하게 장단점이 나뉩니다.

〈표 2-1〉 공기업과 대기업 비교

공기업	대기업
정년 보장	정년 보장 X
낮은 업무강도	높은 업무강도
대기업보다 약간 낮은 연봉	높은 연봉
잦은 순환 근무	근무지 고정
보수적인 업무 성격	진취적인 업무 성격

위와 같이 장단점을 나열해 놓고 쳐다보면 어느 정도 답이 나오게 됩니다. 하지만 제 경험상 대기업과 공기업을 놓고 고민할 때 가장 중요하게 생각해야 할 것은, '과연 나는 일을 대하는 데에 열정이 있는가?' 하는 질문입니다. 대기업은 기본적으로 무에서 유를 창출합니다. 돈을 벌어 와야만 하는 조직이기 때문에, 굉장히 많은 활동을 수반하게 됩니다. 남의 돈을 버는 것이 쉬울까요? 정말 어렵습니다. 대기업은 수많은 인력들이 조직적으로 "돈을 벌어 오는 행위"를 하는 곳입니다.

하지만 공기업은, 일부 시장형 공기업으로 수익을 영위하긴 하지만 대부분 국책예산에 기대어 돌아가게 됩니다. 일각에서는 방만 경영이다 뭐다 말이 많지만, 근로자 입장에서는 돈을 벌어오는 부담이 적습니다. 당연히 대기업보다 업무량도 적고 도전적인 업무보단 현상 유지하는 업무에 더 신경을 쓰게 됩니다.

'내가 진취적이고 도전적인 업무를 하면서, 일 자체에서 자아실현을 하겠다.' 하는 성향이라면 대기업에 가는 것이 맞습니다. 하지만 '일과 삶을 분리하여 노동을 통해 수입을 발생시켜 내 삶을 윤택하게 하는 것이 노동의 목적이다.'라는 성향이라면 공기업에 가는 것이 더 행복할 수도 있습니다. 저만의 생각이지만, 공기업과 대기업의 선택의 갈림길에서 고민하시는 분들은 제가 위에 언급한 '일에 대한 가치관'이 나는 어떻게 정립되어 있는지 꼭 고민하고 또 고민해서 선택하시기 바랍니다.

4. 디스플레이 산업에 지원할 때, 반도체 경험을 어필하는 방법

이 글을 읽는 여러 전공의 친구들이 있겠지만, 특히 전기전자공학계열의 경우 **반도체와 디스플레이 분야에 동시에 관심이 있고 지원하는 경우가 많이 있을 것**이라 생각이 됩니다. 저 또한 학부생 시절 마찬가지로 한 고민이었기 때문입니다. 반도체와 디스플레이는 모두 트랜지스터 기반의 고속구동 스위칭을 기본으로 작동하는 원리이기 때문에, 회로를 설계해야 하고 박막을 증착시켜 나가며 패터닝하는 **사실상 동일한 공정을 거쳐 만들어집니다.** 따라서 이를 위해 요구되는 지식이 유사하다고 볼 수 있습니다. 특히 학부 수준의 지식의 경우 반도체 8대 공정과 디스플레이 TFT를 만드는 데 사용되는 지식의 수준이 사실상 동일하다 볼 수 있습니다.

굳이 차이를 언급하자면 디스플레이의 경우 트랜지스터 하나의 크기가 μm(마이크로) 단위이지만, 반도체의 구동 단위는 nm(나노)이고 이에 따라 기술의 난이도는 반도체가 조금 더 어렵다고 볼 수 있습니다. 또한 디스플레이의 경우 OLED 공정이 따로 추가되는 차이가 있습니다.

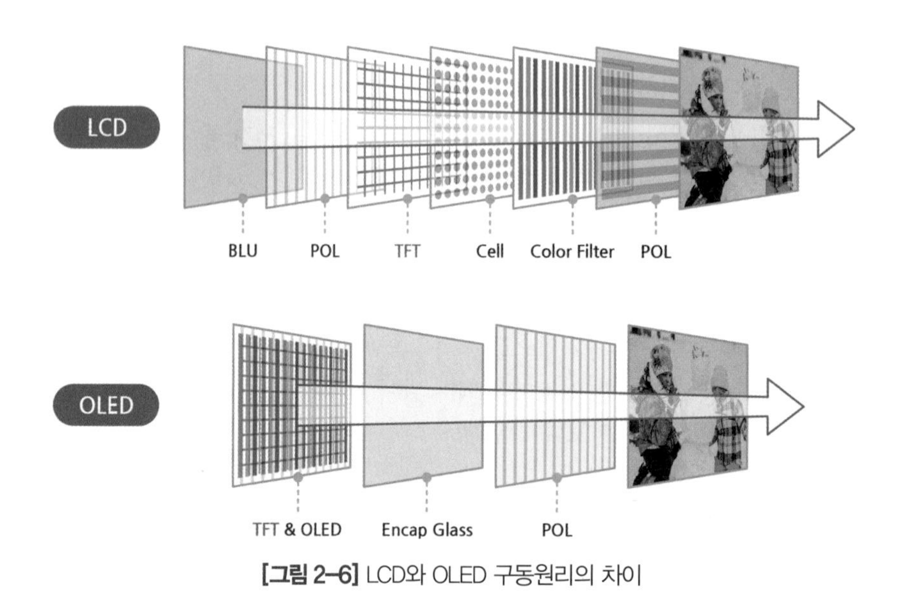

[그림 2-6] LCD와 OLED 구동원리의 차이

따라서 여러분이 **디스플레이 분야에 지원할 때 반도체 관련 학습 내용을 어떤 것이든 제시할 수 있습니다.** 내가 반도체 관련 어떤 수업을 듣고 어떤 연구 결과물을 만들어 냈던 간에 그 내용을 자신 있게 설명하면 됩니다. 다만 면접관의 입장에서 의구심이 들 수 있는 것은 **'근데 왜 반도체 분야로 가지 않고 이곳에서 면접을 보고 있는가?'** 입니다. 이때 여러분 각자의 이유로 디스플레이 업계에 지원하게 된 이유를 설명하면 될 것입니다. 그 이유는 그래핀 기반의 새로운 디스플레이 구동 트랜지스터를 만들고 싶어서가 될 수도 있고, 반도체 공정에는 없는 OLED 공정에 관심이 있어서 지원하게 됐다라고 말할 수도 있을 것입니다. 반대로 디스플레이 관련 교육 경험이나 연구 결과를 반도체 면접에서도 동일하게 제시할 수 있습니다. **따라서 큰 고민 없이 여러분이 공부하고 준비한 반도체, 디스플레이 관련 경험을 자유롭게 취업 과정에서 드러내셨으면 합니다.**

다만 말씀드린 것과 같이 여러분의 경험과 지원업계의 분야가 다르다면 해당 업계로 지원하게 된 나만의 확고한 이유만 준비하면 됩니다.

디스플레이나 반도체 중 특별히 관심이 가는 분야가 있다면 사실 그 분야로 가는 것이 맞습니다. 하지만 명확하게 어디를 가야겠다 하는 주관이 없다면 **산업 현황을 살펴보고, 나의 미래를 염두에 두고 어떤 업계가 더 안정적이고 많은 재원을 바탕으로 내가 지속적으로 일할 수 있겠는가 살펴보는 작업이 필요**합니다.

디스플레이의 경우 삼성디스플레이와 LG디스플레이가 대표 주자로, 각각 삼성은 소형 OLED, LG는 대형 TV OLED에서 많은 기술력과 세계 점유율을 가져가고 있습니다. 하지만 최근 국가 자본에 힘입은 중국의 BOE, CSOT 등의 디스플레이 업체가 전 세계 디스플레이 생태계를 위협하고 있습니다. 애플사에까지 BOE의 LCD 패널이 탑품되면서 LCD사업의 경우 한국과 중국의 기술 격차를 논하는 게 의미가 없게 되어 버렸습니다. 다만 OLED 사업의 경우 삼성과 엘지가 혁신을 거듭하며 미래의 주도권을 확실히 가져가고 있는 상태입니다.

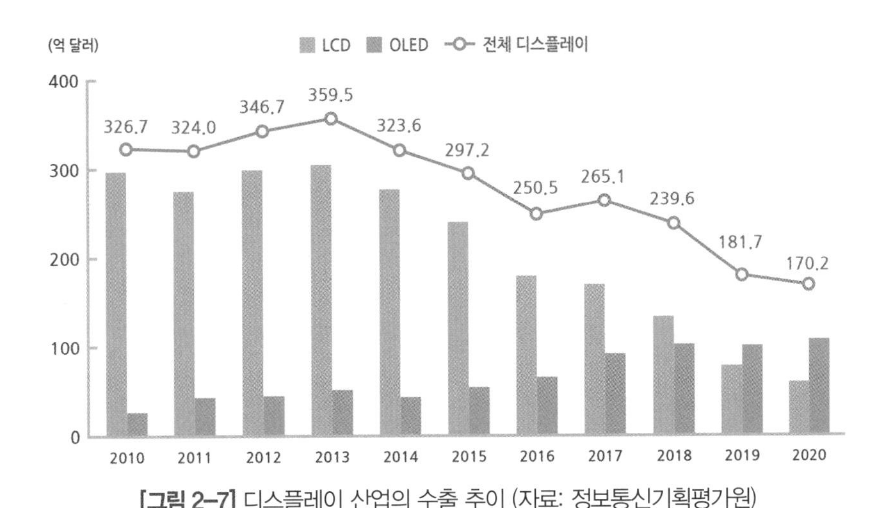

[그림 2–7] 디스플레이 산업의 수출 추이 (자료: 정보통신기획평가원)

다음으로 반도체입니다. 모두가 아시다시피 대한민국에는 세계 최고의 IDM[8] 회사인 삼성전자와 SK하이닉스가 있습니다. 현재 두 회사 모두 DRAM이라는 안정적인 베이스를 바탕으로 NAND와 Foundry 사업을 공격적으로 진행해 나가고 있는 상태입니다. 특히 미래 먹거리로 주목받고 있는 Foundry 쪽은 TSMC, SMIC 등 굴지의 글로벌 대기업과 치열한 경쟁을 벌이고 있는 상황입니다. 디스플레이와 마찬가지로 세계 시장에서의 독주는 쉽지 않으며, 또한 반도체는 미국과 중국, 대만 등 세계 패권과 관련된 정치문제도 복잡하게 얽혀있습니다.

8 [10. 현직자가 많이 쓰는 용어] 8번 참고

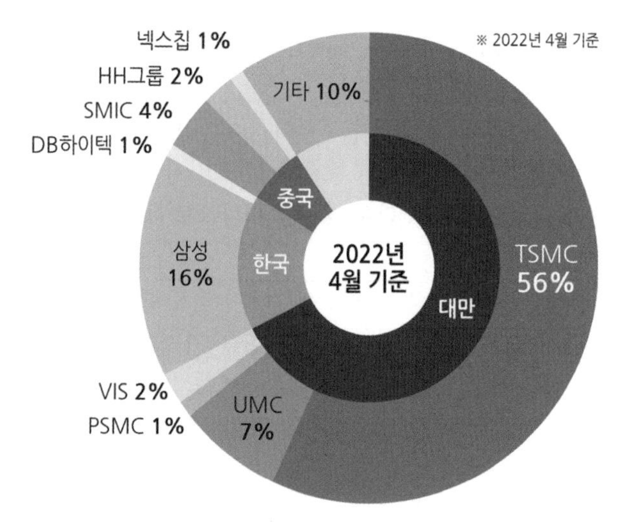

[그림 2-8] 글로벌 파운드리 시장 점유율 (자료: 카운터포인트리서치)

아쉽게도 저는 전체적인 흐름을 알려 줄 수는 있지만 어떤 업계에 관심을 가지고 접근하라고, 콕 짚어서 말씀드릴 수는 없습니다. 다만 **이러한 각 분야의 판도를 잘 읽고 어떤 업계에서 나의 커리어를 시작할지 충분한 고민을 해보는 것은 반드시 필요하다는 말을 하고 싶습니다.**

MEMO

02 현직자와 함께 보는 채용 공고

채용공고 공정개발

주요 업무
• 공정 프로세스 설계 - 최적 공정조건(Recipe) 개발 및 소자의 물리적 특성 설계 - 제품 요구 성능과 품질을 확보하기 위한 공정 설계 및 구현 - 취약공정 개선을 통한 안정적 수율 확보 및 공정 최적화 - 소자/공정 특성을 활용한 양산 제품 검증 **• 소자 개발 및 불량 분석** - 제품 요구 성능과 품질을 확보하기 위한 소자 설계 - 제품 양산성 확보를 위한 소자 특성 및 신뢰성 향상 방안 연구 - 분석 장비와 통계적/물리적 분석 방법을 활용한 불량 분석 **• Layout Architecture** - 회로설계를 기반으로 한 제품 공정별 최적 Layout 및 Mask 설계 - 최적화 된 Pattern구현을 위해 Mask 기획부터 출고까지의 프로세스 수립/추진 - Mask 제작 관련 내/외부 고객의 요구사항 분석 및 개선 - 차세대 공정개발에서 발생할 위험요인을 감소시키기 위한 Mask 변경점 관리 **• 수율 향상** - 양산제품의 공정 프로세스 결정 및 제품 생산의 기준 제시 - 공정 기술 조건, 제품 특성, 원가, 수율 등 제품개발/생산활동 제반 연구

[그림 2-9] 삼성디스플레이 공정개발 채용공고

1 공정 프로세스 설계

디스플레이는 **이백여 가지가 넘는 공정을 거쳐 제조**가 됩니다. 실제로 협력업체에서 받아오는 원장 글라스(Glass-SI) 투입 이후에 여러 공정을 거쳐 2~3주 후에 완제품이 나오게 됩니다. 모든 공정에는 중요한 스펙들이 있습니다. 온도, 습도, 압력 등 기초 물리인자들이 그 스펙이 될 수도 있고, 디스플레이 회로의 Gate 최소 단위의 선폭 등이 디스플레이 각각의 고유한 스펙이 될 수도 있습니다. 이러한 스펙을 공정 중에 가장 효율적인 Data로 Setting하는 것을 Recipe[9]라고 하며, 공정개발자들의 주요한 업무 중 하나입니다.

또한 고객사에서 디스플레이 반제품을 주문할 때 제품의 특정 스펙을 요구하게 됩니다. 제품의 휘도라던가 최대 밝기, 소요 전력 등이 있으며 **고객의 Needs를 맞추기 위한 공정 설계를 구현하는 업무도 포함**됩니다.

여러 공정 중, 수율이 급격하게 떨어진다거나 반복적인 불량이 발생되면 취약 공정이라 보고 해당 기술팀을 소집하여 긴급회의를 진행하게 됩니다. 회의를 통해 공정의 취약점을 찾아내어 해결하는 업무도 있습니다.

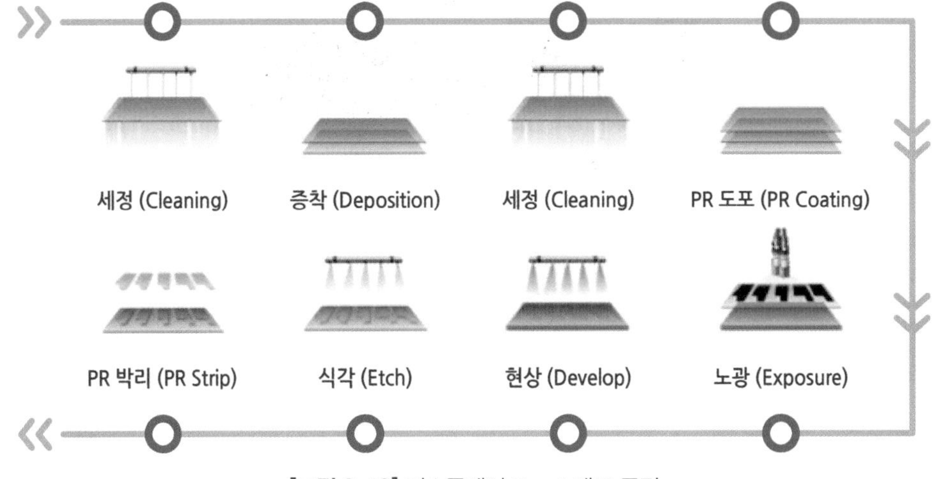

[그림 2-10] 디스플레이 Panel 제조 공정

9 [10. 현직자가 많이 쓰는 용어] 9번 참고

2 소자 개발 및 불량 분석

공정개발의 업무는 스펙트럼이 넓습니다. 신제품 개발을 위한 '디자인 룰'을 기반으로 TFT의 회로를 설계하고 그 회로를 구현하기 위한 Mask에 대한 공정 설계, 그리고 최종적으로 해당 디스플레이를 구동하기 위한 드라이버IC 설계 등도 진행하게 됩니다. 이러한 과정에서 **당연히 고객의 제품 요구 성능과 품질을 확보하기 위한 소자 설계 방법**이 들어가게 됩니다.

개발 과정에서는 수많은 불량이 발생하는데, 작은 광학 현미경부터 SAM 같은 절단 분석 장비, 전자현미경 등 **다양한 분석 장비를 이용해 불량을 분석**하게 됩니다. 또한 생산설비에는 다양한 센서와 네트워크 장비가 부착되어 있습니다. 센서를 통해 추출되는 다양한 정보(설비의 실시간 온도, 압력, 변위 등)와 생산 관련 Data가 빅데이터[10]를 기반한 시스템에 실시간으로 축적되어 개발자들은 Spot Fire와 같은 특수 프로그램을 이용하여 통계적 분석에 기반한 불량 Tracing을 할 수 있게 됩니다.

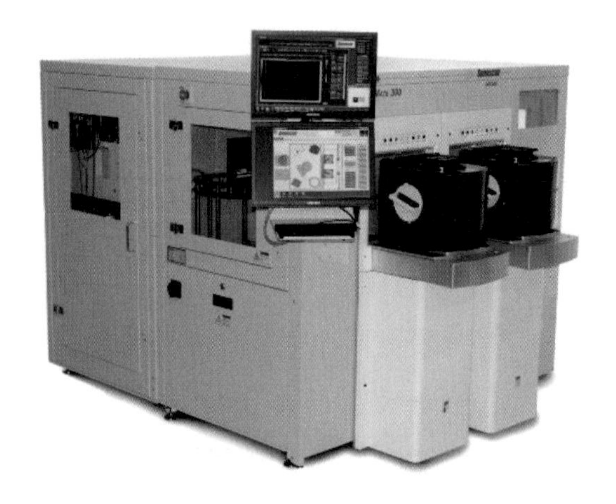

[그림 2-11] 디스플레이 검사에 사용되는 초음파영상현미경장비(SAM) (출처: Sonoscan)

10 디지털 환경에서 발생하는 대량의 모든 데이터. 제조 현장에서는 빅데이터를 분석해서 불량을 추적하고 품질을 향상시킬 수 있음

3 Layout Architecture

같은 제품을 만들더라도 공정 루틴은 다양하게 구성할 수 있습니다. 예를 들어 A-B-C-D의 공정을 진행했을 때와 C 공정을 제외하고 A-B-D의 공정만을 진행했을 때 제품의 결과 차이가 없다면, 굳이 처음처럼 A-B-C-D의 공정을 진행할 필요는 없을 것입니다. 이처럼 회로설계를 기반으로 **제품 공정별 최적 Layout을 선정하는 업무**도 하게 됩니다.

디스플레이 TFT 회로를 구현하기 위해서는 적층 구조 생성을 위한 Mask 공정 설계가 필요합니다. 공정개발은 최적화된 Pattern 구현을 위한 **Mask 기획 업무도 담당**하며 이 과정에서 Mask 제작과 관련된 외부 고객의 요청사항도 반영하게 됩니다.

4 수율 향상

개발 중인 모델의 개발 단계가 모두 종료되면, 제조팀으로 해당 제품을 이관하여 본격적인 대량 제조에 들어가게 됩니다. 이 단계에서, 공정개발팀은 그동안의 개발 Data를 기반으로 양산 제품의 전체 공정 프로세스를 확정하게 되고 완제품의 생산 기준을 제시하며, 실제 양산 기술의 조건과 제품 특성, 원가, 수율 등 제품 생산 활동 전반에 대한 조언 업무를 진행하게 됩니다.

03 주요 업무 TOP 3

1 개발 공정에서의 Trouble Shooting

1. 불량 분석

Trouble Shooting이라 함은 쉽게 말해 문제해결을 뜻합니다. 디스플레이 개발 과정에서 수많은 불량이 발생하게 되는데 앞서 말했던 것처럼 여러 가지 분석 Tool을 이용하여 불량 분석을 진행하게 됩니다. 개발모델은 수율을 지속적으로 향상하면서 양산 수율에 도달해야 비로소 대량생산에 들어갈 수 있게 됩니다. **공정개발은 공정을 설계하는 큰 역할도 하지만, 그 공정에 있어 지속적으로 발생하는 불량을 줄여 수율을 높이는 데에 큰 역할을 하고 있습니다.**

2. 불량의 해결

불량의 원인이 밝혀지면, 해당 공정 또는 해당 물질의 소관 부서를 소집하여 회의를 진행하고 해결 방법에 대한 고민을 하게 됩니다. 이후 여러 부서의 협업을 통해 해당 불량을 해결하게 됩니다. 이 과정에서 개발실 외에도 영업부서와 현장의 설비 엔지니어 등 수많은 필요부서와 협업하며 끊임없이 논의합니다. 개발 과정에서 불량을 확실하게 잡지 못하면, 해당 공정에서 계속 그 불량률을 가지고 제품을 생산하게 되기 때문에 안전한 양산 수율에 도달하지 못하고 결국 생산성과 이익률 저하를 낳게 됩니다. **따라서 불량의 정확한 분석과 해결이 공정개발 부서에서 가장 중요한 업무라고 할 수 있습니다.**

2 공정 프로세스 설계 구현

1. 공정 프로세스 설계

예를 들어 접는 디스플레이가 출시된다고 하면 이전과 전혀 다른 공정 Flow가 필요합니다. 이렇듯 신규 제품의 공정 순서를 어떻게 가져갈지, 기존의 학습 자료와 여러 회의, 실제 물량 투입 등을 반복해 보며 새로운 개발모델의 공정 Flow를 확정하게 됩니다. 또한 기존과 비슷한 방식의 생산 공정의 경우, 최소한의 비용으로 같은 제품 혹은 더 질 좋은 제품을 생산하기 위한 공정 프로세스를 구현하게 됩니다.

2. 공정 최적화

앞서 말씀드린 것처럼, 여러 공정 Flow를 거듭해가며 최고 수율과 최저비용으로 디스플레이 제작이 가능한 공정 최적화 작업을 진행하게 됩니다.

예를 들어 DDI[11] 모듈 칩과 디스플레이를 붙여 주는 COF 공정에서 다양한 접착제를 도포하는 방식이 있습니다. 접착제를 끊임없이 분출해서 압착하는 방식이 있을 수도 있고, 0.1초 간격으로 간헐적으로 도포하여 압착하는 방식으로 진행할 수도 있습니다. 각각의 경우 설비 불량률과 압착 성공률 등 여러 차이가 있을 수 있는데, 이러한 경우 각각 테스트를 진행하여 여러 결과물을 종합 후 최종 공정 방식을 정하게 됩니다. **공정 최적화 또한 생산율과 영업 이익률에 직결되기 때문에 공정개발의 주요한 업무라고 할 수 있습니다.**

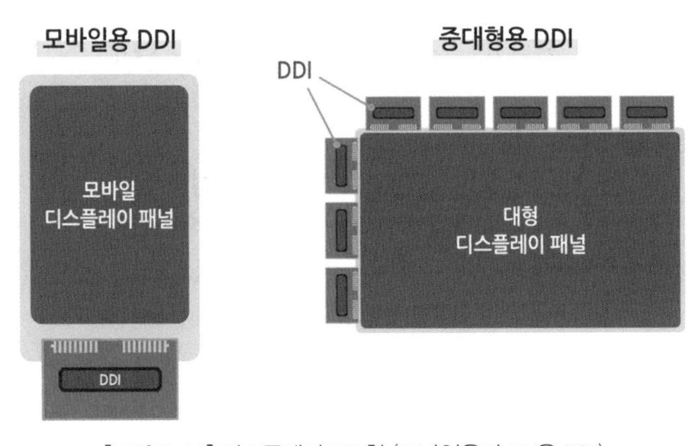

[그림 2-12] 디스플레이 DDI칩 (모바일용과 TV용 DDI)

11 [10. 현직자가 많이 쓰는 용어] 10번 참고

3 수율 향상을 위한 노력

1. 개발 제품의 이관

개발 라인에서의 반복되는 모델 투입을 통해 공정 조건과 수율을 만족하게 되면 제조센터로 해당 제품을 이관하게 됩니다. 이때 제조 관련된 스펙을 확정해서 이관해야 하며 이 과정에서 수많은 회의가 진행됩니다.

2. 이관 이후의 관리

이관 이후에도 특정 불량이나 공정 진행 간에 문제가 생기면 공정개발부서로 피드백이 오게 됩니다. 따라서 이관했다고 모든 업무가 종료되는 것은 아니며 지속적으로 제조센터와 소통을 통해 스펙을 수정하기도 합니다. 양산으로 넘어간 이후에는 제조 센터에서 설비 엔지니어와 공정 엔지니어의 협업으로 수율을 관리하게 됩니다. 기본적인 방법은 공정제어[12]로 쉽게 말해, 디스플레이 공정 중간 중간에 결함과 불량 등이 있는지 검사하고, 원하는 모양대로 잘 만들었는지 계측하는 일련의 과정을 말합니다. 공정제어에는 크게 검사, 계측, 리뷰 등이 있으며 개발 단계에서는 공정개발에서 소량의 샘플로 해당과정을 진행하게 되고, 양산 과정에서는 일선의 제조센터의 공정 엔지니어가 전수검사 또는 수량검사로 결함을 검출하고 회로선폭과 정렬도 등을 체크하며 수율을 향상시키는 활동을 진행하게 됩니다.

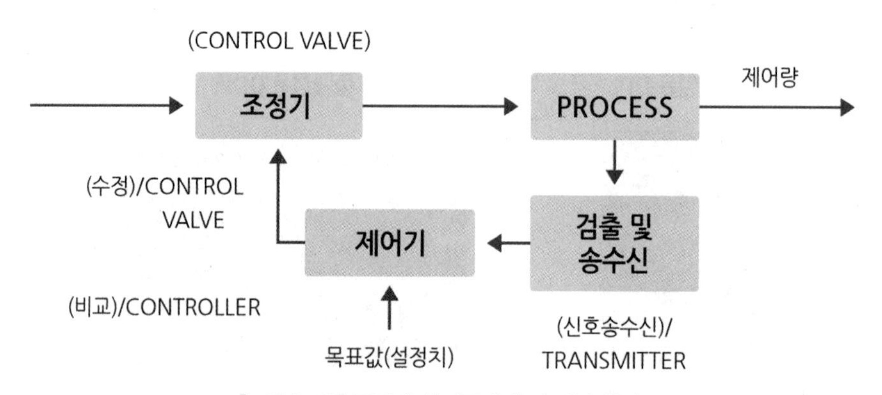

[그림 2-13] 공정제어(자동제어)의 기본 원리

12 [10. 현직자가 많이 쓰는 용어] 11번 참고

MEMO

04 현직자 일과 엿보기

1 평범한 하루일 때

출근 직전 (07:00~09:00)	오전 업무 (09:00~12:00)	점심 (12:00~13:00)	오후 업무 (13:00~18:30)
• 일어나자마자 출근준비 • 집 앞에서 바로 회사까지 가는 출근셔틀 이용 • 사무실 가기 전 식당에 들러 아침거리 Take-Out	• 쌓여 있는 메일을 읽으며, 개발공정 불량 Sorting • 오후 공정관련 회의 준비 • 신규 중화 모델에 대한 제조 매뉴얼 작성	• 12가지 메뉴가 구비되어 있는 구내식당에서 점심식사 • 사내 헬스장 이용	• 다른 건물로 이동하여 불량 Sample 확보 • 공정 관련 비대면 화상회의 진행 • 회의 내용을 바탕으로 공정 불량 해소방안 수립

(1) 출근

8시쯤 여유 있게 기상합니다. 몇 년째 같은 아침이지만 항상 아침은 졸리기만 합니다. 집에서 5분만 걸어가면 회사 셔틀 정류장이 나옵니다. 항상 느끼는 거지만 출퇴근 셔틀이 있다는 건 참 고마운 것 같습니다. 출근 전 식당에 들러 간단하게 닭가슴살, 계란 등으로 구성된 헬스팩을 아침으로 받아들고 사무실에 출근합니다.

[그림 2-14] 시외버스터미널을 능가하는 S사의 통근버스 정류장 (출처: 삼성전자)

(2) 오전 업무

메일함을 열어 보니, 어제 또 **메일이 100개가 쌓여있습니다.** 개발실이야 워낙 동시에 처리하는 일들이 많다 보니 메일로 소통하는 경우가 많은데 오늘은 많아도 너무 많습니다. 1시간 정도 메일을 보며 내가 관련 있는 업무는 추려 냅니다. 오후에 있을 회의를 위해 불량 분석 Report 자료와 참석할 부서를 추려 봅니다. 점심 먹기 전까지는 곧 출시될 중화향 디스플레이 모델에 대한 제조 매뉴얼을 작성할 예정입니다.

(3) 점심

회사 점심시간은 언제나 즐겁습니다. **12가지 메뉴가 구비되어 있는 구내식당에서 내가 먹고 싶은 메뉴를 골라 점심식사를 합니다.** 회사에 인도인이 많아 카레 등 인도 요리에 특화된 것들이 자주 나오는데 카레를 좋아하는 저로서는 참 감사한 일입니다. 30분 정도 시간이 남아 사내 헬스장에 들려 전속력으로 러닝머신을 뛰다 왔습니다. 하루 종일 일만 하면 몸이 쑤실 만도 한데 이렇게 한 번씩 풀어주면 참 좋은 것 같습니다.

[그림 2-15] 업무로 바쁜 임직원들을 위해 마련된 Take-Out 코너 (출처: 삼성전자)

(4) 오후 업무

오후에 있을 불량 분석 회의를 앞두고, 긴급하게 실제 불량이 필요해서 옆 연구동으로 불량 샘플을 확보하러 갑니다. 특별한 방법은 없습니다. 열심히 도보로 이동해서(사내에도 셔틀이 다니기는 합니다) 미리 메신저로 연락드린 연구원님에게 해당 샘플을 받아옵니다. 겨우 시간에 맞춰 회의실에 도착하면 회의를 진행합니다. 회의를 거쳐 해당 불량은 PI 공정에서 도포 넓이 불량으로 인해 발생한 것으로 확정되었습니다. 회의 내용을 바탕으로 해당 공정기술팀과 내일 또 회의를 해야 할 것 같습니다.

2 출장 갈 때

출장 준비	오전 업무 (08:00~11:00)	점심 (11:00~12:00)	오후 업무 (12:00~22:00)
• 출장 1개월 전, 부서원들과 출장 스케줄 정리 • 현지 개발모델 Target Date에 맞춘 업무계획 수립 • 항공기 및 현지 호텔 예약, 환전 등 출장 준비	• 개발모델 특정 공정 불량으로 인해 라인입실 • 현지 법인 공정담당자 긴급 소집하여 회의 진행 • 현지로 송부할 패널 불량 리포트 작성	• 법인 구내식당에서의 점심식사 • 개발 라인 신규설비 도입을 위해 공정팀과의 라인 현장 미팅 진행 • 점심시간에 틈틈이 중국어 공부	• 글로벌 휴대폰제조 회사인 G사 중국 법인과의 미팅 • 현지 법인 분들과의 저녁 회식 • 퇴근 후 호텔에서 휴식

(1) 출장 준비

출장 업무가 있는 부서는 보통 3개월 단위로 부서원들끼리 출장 로테이션을 돌게 됩니다. 지난 출장을 다녀온 뒤로 3개월이 지나 제 차례가 되었습니다. 이번에는 중화향 A 모델에 대한 개발 일정 마무리를 위해 많은 시간을 쏟아야 할 것 같습니다. 현지 출시일이 한 달 가량 남았으므로 이번 주 주말에 바로 출장을 나가야 할 것 같습니다. **사내 출장시스템을 통해 간편하게 항공기와 현지 호텔을 예약**했고 환전까지 마무리했습니다. 아직 사원급이라 비즈니스석은 앉지 못하지만 국적기로 편하게 현지 첫 출근일 전에 중국 광저우에 도착했습니다.

(2) 오전 업무

어제 현지 법인 개발팀으로부터 완성품 패널 투입 시 클리닝 공정에서 스크래치가 지속적으로 발생한다고 연락이 왔습니다. 오전에 급하게 해당 불량을 확인하기 위해 라인에 입실했습니다. 공정기술팀과 조건을 변경해가며 실험해 본 결과, 컨테이너 벨트의 이동 속도와 클리닝 솔의 압력 문제인 것으로 확인이 되었습니다. 이후 공정 조건별로 시험 Table을 만들어 100개씩 투입할 것을 현지 채용자에게 지시했으며 결과 보고서를 받기로 하고 일단 현장에서의 불량 분석 및 조치를 끝냈습니다. 사무실에 돌아온 후 현지 법인 공정 담당자들을 긴급하게 소집하여 해당 불량에 대한 근본적인 원인과 앞으로의 대책을 논의하였습니다. **이 결과를 바탕으로 국내 본사에 보낼 리포트를 작성**하다 보니 오전 시간이 금방 사라졌습니다.

(3) 점심

현지 법인 주변에는 식당이 거의 없어서 항상 구내식당에서 먹습니다. 국내 본사와 다르게 현지 법인의 음식은 생각보다 맛이 없습니다. 물론 중국 현지 음식 스타일이라 입맛이 안 맞을 수도 있지만, 식사 복지비용 자체가 본사와는 다르게 책정되어 있는 탓도 있습니다. 저녁을 기대하며 대충 식사를 마치고 자리에 돌아와 중국어 공부를 합니다. **항상 언어의 장벽이 가장 높게 다가오므로 원활한 출장 업무를 위해 중국어 공부는 필수입니다.** 요새 점심에 30분씩 시간을 내서 유튜브로 중국어를 공부하고 있습니다. 짧은 공부를 마치고 다시 라인에 들어갑니다. 이번에 신규 모델이 들어오면서 새로운 공정장비를 도입해야 하므로 공정기술팀과 자리 배치 및 라인 내 Tact Time에 대해 논의하고 다음번에 다시 모일 약속을 정하고 헤어졌습니다.

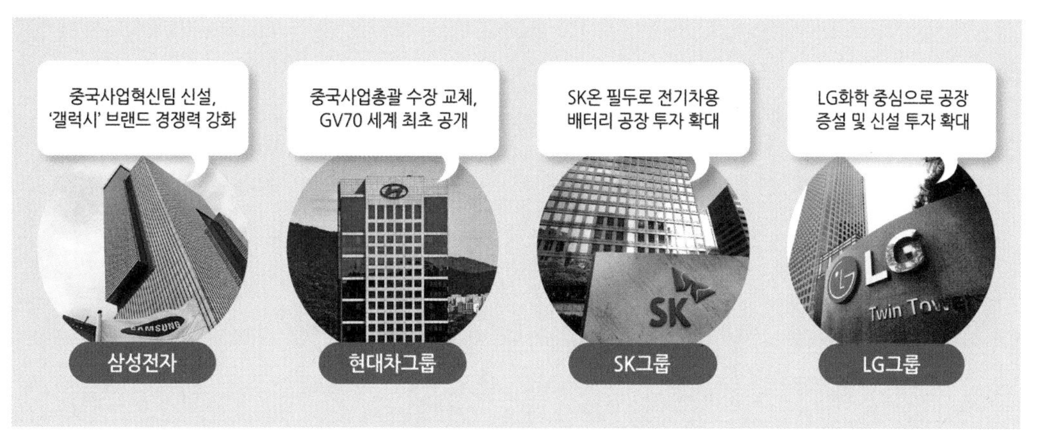

[그림 2-16] 국내 주요 대기업의 중국 시장 진출을 위한 전략 (자료: 아주경제)

(4) 오후 업무

오늘 오후는 평소보다는 여유롭습니다. **글로벌 휴대폰 제조회사이자 우리의 고객사인 G사와 미팅이 있습니다.** 법인에 도착하자마자 라인으로 안내해서 현재 진행 중인 개발 모델의 공정 진행 간 불량 이슈 및 예상되는 몇 가지 문제점에 대해 논의하였습니다. 특히 문제가 되는 것은 Encap 공정을 위해 밀봉 Seal을 점착해야 하는데 너무 높거나 낮을 때 불량이 발생해서 현재 해당 문제를 해결하기 위해 노력하고 있음을 어필했습니다. 라인에 나와서는 고객사에서 추가로 논의 중인 스펙 변경사항에 대해 현지 법인에서 커버가 가능한지 논의하였고, 이 회의는 본사와 화상회의로 같이 진행되었습니다. 오늘은 오랜만에 현지 법인 직원분들과 회식 시간을 가졌습니다. 중국의 경우 일할 때의 친밀감을 매우 중요하게 생각합니다. 일명 '꽌시' 문화라고 하는데, 공과 사를 확실히 구분하려는 우리나라와 다르게 공과 사가 크게 구분이 없는 것 같다는 게 제가 업무하면서 느낀 점입니다. 회식 후에는 호텔 라운지에 잠깐 들러 간단한 맥주와 함께 우리 직원들과 회식 뒷담화를 하고 호텔 방에 들어가 따뜻한 욕조에 반신욕을 하고 잠을 청했습니다. **퇴근하고 호텔에서 쉬는 것은 누가 뭐래도 출장에서의 최고 장점입니다.**

에피소드 디스플레이 공정개발 엔지니어는 이런업무도 합니다!

신규 설비 투자 간 이전에 시도하지 않았던 AI 머신러닝 허브를 도입하여 검사기 여유분을 개선하고, 공장 내 목표 수율 달성에 기여한 경험이 있습니다.

OLED 디스플레이 패널 내에 Hole을 생성하는 신규 공법이 도입됨에 따라, 해당 결함을 판정할 수 있는 신규설비의 도입이 필요했습니다. 설비 투자심의위원회에 공정 업무 실무자로 도입 검토를 진행하는 중에 할당 예산 대비 업체 견적가가 너무 높아 충분한 설비 여유분을 확보하지 못하는 어려움에 봉착하게 되었습니다. 검사 방식의 물리적 시간 단축은 현재의 기술상 불가능했고 다른 방법을 찾아야 했습니다. 이전에 계열사 반도체 라인에서 벤치마크 진행하면서 머신러닝을 이용한 FDC 기술로 라인 운영의 효율성을 더한 것을 기억하였습니다. 이전 경험을 통해, 이미지 처리 프로세스에 AI 머신러닝을 도입한다면 설비 진행 TACT을 감축할 수 있으리라 생각했습니다. 조직장께서도 좋은 의견이라 판단해서 한 달 정도 머신러닝 TF를 구축하여 결과가 좋을 시 투자 건에 반영하자고 하였습니다.

업체 SW 엔지니어와 함께 라인 내 유휴 서버에 실제 결함 이미지를 수천 장 축적한 뒤, Open CV를 이용해 이미지 처리 라이브러리를 구축하였습니다.

이렇게 가결함과 진성결함이 축적된 Data Set을 통해 최초 결함을 카메라로 스캔했을 때 95% 이상 정확하게 판단할 수 있게 되었고, 결과적으로 촬영하는 개수를 줄여 설비 TACT을 유지하면서 실제 결함을 촬영할 수 있게 되었습니다. 이를 바탕으로 설비 2대 도입 단가 대신, 머신러닝용 서버 PC가 추가된 설비 한 대로 투자 검토서를 재작성하여 예산 효율화를 달성할 수 있었습니다.

실제 업무를 진행한 것을 한 번 적어보았습니다. 여러분이 엔지니어의 길을 걷게 된다면 앞으로 저런 업무들을 계속해서 진행해 나간다고 볼 수 있겠습니다.

MEMO

05 연차별, 직급별 업무

현재 삼성의 직급체계는 Career Level로 구분됩니다. 기존의 전통적인 연공서열 체계인 사원, 대리, 과장, 차장, 부장이 아니라 **CL1, CL2, CL3, CL4 등으로 부르고 있습니다.** 기존의 사원1(고졸), 사원2(전문대졸)는 CL1(Career Level 1)이고, 사원3(대졸), 대리(연구개발 직군을 제외한 직군), 선임(연구개발직군)을 묶어서 CL2(Career Level 2)로 구분합니다. 그리고 과장, 차장, 책임(연구개발직군)은 CL3(Career Level 3)로 구분하며, 부장 및 수석(연구개발직군)은 CL4(Career Level 4)로 구분하고 있습니다.

이렇듯 경력 개발단계에 따라 직급을 구분하며 서로 간의 호칭은 '님'으로 부르고 있습니다.

팀장, 그룹장, 파트장, 보직임원 등은 직책으로 부릅니다.

삼성전자			
특징	직급통합/호칭파괴		
개편 방향	Before	After	
	부장	CL4	~님
	차장	CL3	
	과장		
	대리	CL2	
	사원3		
	사원2	CL1	
	사원1		

[그림 2-17] 삼성 IT, 전자계열사들의 직급체계 (자료: 삼성전자)

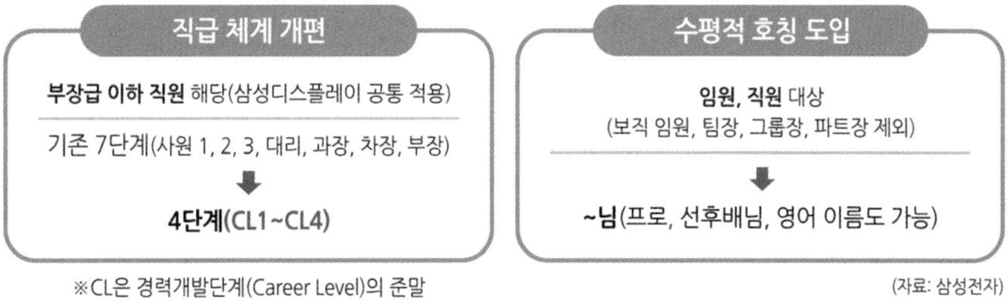

직급 체계 개편	수평적 호칭 도입
부장급 이하 직원 해당(삼성디스플레이 공통 적용)	**임원, 직원** 대상 (보직 임원, 팀장, 그룹장, 파트장 제외)
기존 7단계(사원 1, 2, 3, 대리, 과장, 차장, 부장) ⬇ **4단계**(CL1~CL4)	⬇ **~님**(프로, 선후배님, 영어 이름도 가능)

※CL은 경력개발단계(Career Level)의 준말

(자료: 삼성전자)

[그림 2-18] 삼성전자 인사제도 개편안

1 신입사원 업무(CL1)

- **가장 기본적인 엑셀 및 회의 소집, 회의록 작성. 간단한 제조메뉴얼 수정, 불량품 Sorting 등의 업무 수행**

공정 설계 및 불량 Sorting 과정에서 수많은 Data가 발생하므로 많은 엑셀 작업이 필수적으로 필요합니다. 엑셀 작업으로 Data를 추출하고 가공하여 유의미한 데이터로 만들어 공정 불량 및 제조 매뉴얼 작성에 참고하게 됩니다. 또한 보고 자료는 한글을 주요 사용하는 공공기관과 달리 PPT를 주로 사용하게 되므로 **엑셀과 PPT를 뛰어나게 다룰 수 있는 능력이 필요**합니다.

개발업무 특성상 회의가 잦습니다. 회의 소집 및 회의록 작성 등의 업무가 필요합니다. 신입사원의 경우 회의 내용 자체에 대해 **심도 있는 내용보다는 회의 소집 및 회의록 작성과 같은 회의 외적인 부분을 준비하는데에 더 많은 노력을 기울여야 합니다.** 가장 어려운 점은 회의를 Arrange 하는 부분입니다. 장소 섭외와 부서별로 모두 모일 수 있는 시간에 회의를 잡고, 회의 전에 Remind를 하는 등 회의 참석을 독려하는 업무가 생각보다 까다로운 편입니다.

신규 공정 모델의 제조 매뉴얼 최초 작성은 숙련도가 필요하여 대리급에서 하게 되지만, 이후 수정 작업은 Data 값을 입력해서 수정하는 일련의 반복적인 작업으로 난이도가 높지 않으므로 신입사원이 주로 하게 됩니다. **하루의 절반 정도는 제조 매뉴얼 작성하는 데에 시간을 보낸다**고 보면 됩니다.

기업명	주요 프로그램	예상일정
삼성그룹	직장생활의 이해, 삼성식 경영관, 자원봉사/한계극복훈련 등	1월 초
SK그룹	SKMS 및 SUPEX 추구방법 Workshop, 패기훈련, SUPEX Challenge Project, 최고 경영층과의 대화	1월 2일
LG그룹	혁신적 아이디어 제안, 고객가치 재고 등	1월 초
현대차그룹	경영이념, 비전시네마, 인사이드코리아 등	1월 5일

(2017년 기준) (자료: 인크루트)

[그림 2-19] 국내 주요 기업들의 신입사원 연수 프로그램

2 대리급 업무(CL2)

● 신규 개발모델 공정 일임, 개인 출장업무 수행

신규 디스플레이 모델에서 이전 공정에 없는 새로운 공정 발생 시, 공정 Risk 계산 및 대응 가능 설비 파악과 설비팀과 협업 등, 한 개의 공정에 대해 일임하여 진행하게 됩니다. CL2에서의 지시 업무 수행을 바탕으로 공정개발업무의 전반적인 이해가 되어 있으므로 하나의 개발 프로젝트에 대해 책임을 지고 업무를 진행하게 됩니다. **CL2부터 보통 업무량이 많아지기 시작하며 각 업무에서 두각을 나타내는 사원의 경우 두드러지게 티가 나게 됩니다.**

개발업무의 경우 해외에서 진행되는 경우가 많습니다. 삼성의 경우는 중국과 베트남에 현재 디스플레이와 무선 사업부를 비롯하여 많은 공장법인이 설립되어있으며 차기 공장으로는 인도와 라오스 등을 꼽고 있습니다. 따라서 출장이 필수적인 부서가 있으며 공정개발의 경우도 보통 개발과 직접적으로 큰 관련이 있기에 출장이 잦습니다. 출장자의 경우 메인업무를 처리할 선임이 항상 필요한데 보통 CL2급에서 출장 시 실무자 Main 업무를 하게 되는 경우가 많습니다. 출장지에서의 개발 프로젝트의 전체 Flow를 진행시키고 각 과정에서 본사에 직접 보고를 담당합니다. 또한 공정 진행 간에 이슈 발생 시 문제 확인부터 해결까지 Main Key를 가지고 출장업무를 진행합니다.

3 과장, 차장 업무(CL3)

● **글로벌 고객사의 여러 개발모델 총괄, 공정 투자 및 개발모델 워크맵 작성, 인력관리 등의 업무 수행**

개발모델은 기본적으로 고객사가 존재하게 됩니다. 디스플레이는 TV나 모바일 등에 장착되는데 항상 부품으로 들어가게 됩니다. 디스플레이 모듈을 단독으로 시장에 판매하지 않기 때문에 항상 고객사와의 협업을 필요로 합니다. 보통 고객사와의 대면에서 과장, 차장급의 CL3가 직접 대면 또는 고객 스펙에 대한 대응과 결정을 하게 됩니다. 따라서 **회화 능력도 중요하며 그동안 업무를 통해 쌓은 관록을 이용하여 고객과의 협상이나 스펙 조정에 큰 역할을 하게 됩니다.**

신규 공정이나 구형 공정의 경우, 새로운 공정을 도입하거나 공정 개선을 필요로 합니다. 이 경우 공정 설비의 교체나 신규 구매가 필수적으로 따라오게 됩니다. 공정구매는 기술팀과 같이 진행하게 되지만 전체적인 Flow를 아는 상태에서 조율하는 것이 효율적이기 때문에 최초 구매단계에서 제안을 공정개발팀에서 하는 경우가 많습니다. 따라서 CL3급에서 공정 설비의 최초 구매 제안을 담당하게 됩니다. 이 경우 경영지원의 구매팀과 단위공정 기술팀과의 스펙 협의가 중요합니다. 또한 보통의 설비가 작게는 수억에서 크게는 수십억까지 들어가기 때문에 예산과 관련한 민감한 문제를 신경 써야 하므로 CL3급에서 진행하게 됩니다.

개발 모델의 경우 최초 Design Drill 단계에서부터 양산 모델 전환까지 Work Map을 가지고 있습니다. 개발 모델의 구상단계에서 워크맵을 작성하게 되는데 최초 작성은 CL3급에서 하게 됩니다. 해당 과정은 B2B 영업과 연구소, 모델 개발 등 여러 부서가 관여하게 되지만 공정 Flow에 대한 전체적인 기안은 공정개발의 CL3급에서 담당하게 됩니다.

CL3은 과장, 차장급으로 중견 간부의 역할을 수행합니다. 따라서 인력관리 또한 CL3의 주요 업무 중에 하나입니다. 개발 인력들의 Career 개발 수준이나 직급, 성향에 맞게 업무를 배분해야 하며 부서 내에 부조리함은 없는지, 갈등이 생길 경우 적절히 중재도 해야 하고 팀원들의 연차 사용 등 전체적인 근태관리도 진행하게 됩니다. 따라서 **업무능력과 별개로 리더십을 발휘하여 모든 직원들이 불만 없이 쾌적하게 개발업무를 수행해 나갈 수 있도록 인력을 관리할 수 있는 능력이 필요합니다.**

참고 대기업 입사 이후의 학위와 커리어에 관하여

회사에 입사하고 나서, 여러 직무를 거치고 멋지게 대학원, 박사를 거쳐 회사의 중역이 되어 가는 모습은 사실 많은 공대생들이 생각하는 모습들입니다.

하지만 생각보다 회사에 입사하고 나서 특별한 커리어 개발 없이 평범하게 연차를 밟아 진급을 하고 때가 되면 회사를 자연스럽게 떠나는, 그런 **유별나지 않은(?) 케이스가 98% 이상**이라고 보는 것이 좋습니다.

무언가 처음부터 낭만을 깨는 이야기 같지만 내가 정말 석·박사에 대한 학위 열망이 있으면 차라리 입사 전에 미리 학위를 따고 들어오는 것이 좋습니다. 사내에서 대학원을 사비로 보내주는 커리어가 있긴 하나, 굉장한 상위 고과를 갖고 있어야 하며 사원의 관심 분야와 회사의 필요 분야가 맞아야 합니다. 따라서 정말로 석사 학위를 가져야 한다면 개인적으로 야간대학에 다닌다거나 해야 하는데, 직장인을 대상으로 하는 야간대학 학위는 일반적인 주간대학보다 좋지 않은 경우가 더 많습니다. 또한 **주간에 업무로 힘든 상태에 야간에 공부를 한다는 일이 결코 쉽지는 않습니다.**

이직의 경우는 다양한 케이스가 있습니다. 비슷한 수준의 상위권 대기업으로 이직하는 경우도 있고, 아예 퇴사하고 쉬었다가 변리사, 의전원 등 전문직으로 가는 경우도 있습니다. 마찬가지로 다시 공부해서 공기업에 입사하는 지인도 더러 있었습니다. 이렇듯 **입사하고 나서 생각이 바뀌는 사람들이 굉장히 많습니다.** 물론 입사 이후에 이직을 하고 커리어를 변경하는 것은 온전한 본인의 선택입니다. 현재 직장 생활이 만족스럽지 않고, 다른 더 좋은 직업을 갖고 싶고 충분한 시간과 열정이 있다면 이직하는 것을 당연히 추천합니다. 하지만 월급을 받고 회사 생활에 익숙해지면 사실 하고 싶은 다른 일이 생겨도 시작하기가 쉽지 않습니다.

따라서 입사하기 전에 충분히 자신의 커리어와 이 직업에 대해 정말 내가 원하는 것인가 다각도로 진지하게 고민해 보는 시간이 반드시 필요하다고 생각합니다.

MEMO

06 직무에 필요한 역량

1 직무 수행을 위해 필요한 인성 역량

1. 대외적으로 알려진 인성 역량

(1) 풀리지 않는 문제를 집요하게 파고들 수 있는 끈기 있는 지원자

공정개발 업무를 진행하면서 가장 중요하게 맞닥뜨리는 업무는 불량에 대한 원인 공정 파악입니다. 불량의 발생 시점부터 집중해서 발생 원인을 파악하고, 해당 원인이 어떤 공정으로부터 기인하는지 확인하고 귀책[13] 공정을 구체화해야 합니다. 이를 바탕으로 불량의 해결 방법에 대해 다각도로 생각하고 여러 가설을 세워 해당 불량을 명확하게 제거해야 합니다. 이러한 과정은 짧게는 3~4일, 길게는 1~2년이 넘게 걸릴 수도 있습니다. 따라서 해당 기간 동안 풀리지 않는 문제를 붙잡고 집요하고 끈기 있게 파고들 수 있는 인성이 필요합니다.

(2) 불량의 인과관계를 논리적으로 해석할 수 있는 지원자

공정 불량은 분명한 인과관계를 가지고 있습니다. 예를 들어 디스플레이 외곽에 탄 흔적이 남아있는 경우, 디스플레이 패널 증착과정에서 열에 의해 녹을 수 있는 공정은 현재 PI(폴리이미드) 공정뿐입니다. 따라서 열착현상에 의해 탄 흔적이 있다면, 당연히 녹는점 이하의 물질이 증착된 공정에서 기인하여 발생했을 것이므로 'PI 증착공정이 원인이다' 정도의 사고를 할 수 있는 논리적인 해석력을 가진 지원자가 필요합니다.

2. 현직자가 중요하게 생각하는 인성 역량

(1) 기본적인 회사원의 덕목을 골고루 갖춘 지원자

고리타분하게 들릴 수 있지만 상명하복 문화가 어색하지 않은 지원자가 오면 좋습니다. 기본적으로 공정개발 업무는 여러 업무가 복합적으로 얽혀있어 근무자도 많지만 업무량도 많아서 약간의 군대 문화가 섞여 있는 편입니다. 그래서 기본적인 회사원의 덕목을 갖추고 위에서 지시하는 업무에 대해 큰 거부감을 갖지 않고 바로바로 빠르게 수행할 수 있는 지원자면 공정개발 업무가 잘 맞을 것으로 생각됩니다.

---

13 [10. 현직자가 많이 쓰는 용어] 12번 참고

(2) 업무시간의 탄력성이 불편하지 않은 지원자

개발업무의 특성상 업무시간이 탄력적일 수가 있습니다. 개발 초기 투입모델이라거나, 후반기여도 공정 불량이 다발한다면 납기에 맞춰서 진행해야하기 때문에 해당 기간 동안 야근을 할 수도 있습니다. 반대로 특별한 이슈가 없다면 업무가 평소보다 매우 적을 수도 있습니다. 따라서 업무시간의 탄력성이 불편하지 않은 지원자라면 해당 업무가 잘 맞을 것 같습니다.

2 직무 수행을 위해 필요한 전공 역량

1. 디스플레이 공정설계와 관련된 이론적인 지식들

LTPS 공정부터 시작해서 마지막 모듈 공정까지, 디스플레이는 기본적인 반도체의 8대 공정(웨이퍼, 산화, 포토, 식각, 박막, 배선, 테스트, 패키징)과 유사한 패널 공정을 가지고 있습니다. 따라서 **해당 디스플레이 공정에 대한 해박한 지식은 공정개발 업무를 진행하는 데 필수적입니다.** 디스플레이 제조 공정은 LG디스플레이 블로그나 유튜브를 검색해보면 굉장히 많은 자료들이 있습니다. 또한 기본적으로 전자과 또는 디스플레이공학과의 경우 '디스플레이 고집적 공학' 등의 수업이 개설되어 있으므로, 디스플레이 업계에 취업을 희망하는 학생이라면 반드시 해당 수업을 듣고 지원하는 것을 추천합니다.

2. 디스플레이 구동 원리와 기본적인 회로도(레지스터, 커패시터, 트랜지스터의 역할 등)를 읽고 해석할 줄 아는 능력

기본적인 OLED 회로의 구동 원리를 알고 회로도를 보고 신호의 흐름을 해석할 수 있는 능력이 필요합니다. 현재 OLED에서 기본적으로 적용되고 있는 7 Transistor 2 Capacitor의 기본 회로 동작 원리를 이해하고, 더 나아가 OLED 보상회로의 해석에 대해 이해할 정도의 회로 리딩 능력이 필요합니다. 대학 과정에서 전자회로1, 전자회로2 과정을 수강한다면 해당 회로 리딩 능력 정도는 확보할 수 있습니다.

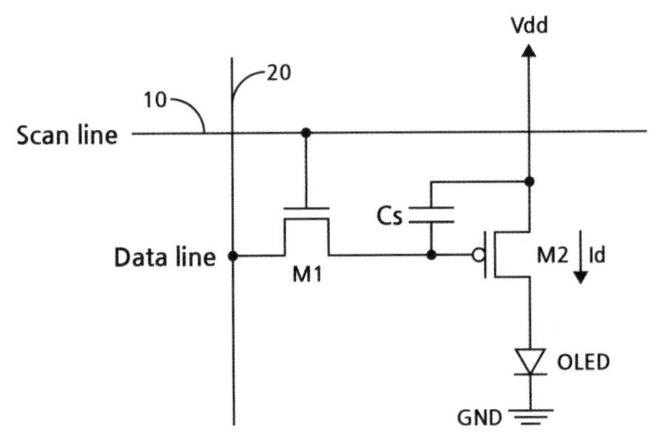

[그림 2-20] OLED 보상회로

3 필수는 아니지만 있으면 도움이 되는 역량

모두가 고민하는 상황에서 문제를 해결할 수 있는 아이디어를 내는 능력도 중요합니다. 비록 그것이 정답이 아니더라도 문제해결에 대한 아이디어를 적극적으로 표현하고 해당 문제를 해결할 수 있도록 자신 있게 아이디를 제시하는 자신감이 중요합니다. 반드시 필요한 역량은 아니지만, 내 의견을 자신 있게 어필할 수 있다면 같은 직무를 수행하는 다른 개발자보다 본인의 성과를 더욱 드러낼 수 있습니다. 또한 여러 가지 아이디어를 제시하다 보면 생각보다 쉽게 문제가 해결되는 경우도 많습니다. **따라서 소신 있게 자신의 아이디어를 낼 수 있는 능력도 업무에 큰 도움이 됩니다.**

MEMO

07 현직자가 말하는 자소서 팁

실제 과거 삼성디스플레이 자기소개서 질문을 바탕으로 자기소개서 작성 팁에 대해 알아보겠습니다.

Q1 존경하는 인물 및 존경하는 이유를 자유롭게 작성하여 주시기 바랍니다.

정답은 없습니다. 하지만 믿기 힘들게도 생각보다 많은 지원자들이 부모님을 적습니다. 최소한 조금이라도 검색해봤을 때 나오는 공인을 하는 것이 좋습니다.

이런 질문의 의도는 지원자의 생각과 가치관을 알기 위해서입니다. 면접관을 이해시키기 위해 실존 인물을 선택하는 것이 좋습니다. 최소한 인터넷 검색을 해봤을 때 누구나 알 수 있는 인물이어야 합니다.

Q2 삼성디스플레이를 지원한 이유와 입사 후 회사에서 이루고 싶은 꿈을 기술하십시오.

대부분의 회사는 '우리 회사에 오고 싶은 이유'에 대해 확인합니다. 이에 대한 정석은 분명 존재합니다. '이 회사에 어떤 직무가 필요하고, 나는 어떤 경험을 통해 그것을 갖추었다. 따라서 내가 들어오면 이 회사는 발전할 수 있을 것이다.'라고 전체적인 흐름을 잡아야 합니다. 물론 이러한 작성에 근거를 더하기 위해 채용 홈페이지와 유튜브, 직군별 브이로그 등을 통해 직무내용과 선호하는 전공, 자격요건 등을 세심하게 살펴봐야 합니다.

공정개발의 경우 자신의 학문적 경험을 충분히 어필한 뒤, 디스플레이 분야의 최첨단 기술력을 일류로 끌어올릴 수 있는 인재가 되겠다! 하는 다짐이 필요합니다. 최근 삼성전자 이재용 회장의 해외 탐방 이후 "첫째도 기술, 둘째도 기술, 셋째도 기술"이라는 말을 남겼습니다. 삼성은 디스플레이 분야 세계 최선도 기업으로 특히 OLED 분야에서 독보적인 기술력을 갖추기 위해 현재 그룹의 모든 지식을 집중하고 있다고 해도 과언이 아닙니다. 따라서 단순히 열심히 하겠다는 식으로 그치는 것이 아닌, OLED 기술 트리에 어떤 부분에 특화돼서 해당 기술의 고도화에 매진하겠다는 멘트가 필요합니다.

Q3 본인의 성장 과정을 간략히 기술하되 현재의 자신에게 가장 큰 영향을 끼친 사건, 인물 등을 포함하여 기술하시기 바랍니다.

이러한 성장 과정은 직무역량과 큰 관계가 있습니다. 각기 다른 성장 과정을 거치면서 만들어진 개인적인 특성이 업무에 도움이 될 수도 있고 반대 영향을 미치기도 합니다.

쉽게 사람들과 친해지는 친화력이나 사회성 등은 영업능력에 도움이 될 것이고 꼼꼼한 성격을 가졌다면 재무에 도움이 될 것이라고 여러분이 생각하는 것처럼 기업도 생각합니다. 삼성디스플레이에서 '간략하게 기술'하라고 말한 것처럼, **당연히 시간 순서대로 성장 과정을 쓰는 것은 굉장히 부적절합니다. 가장 임팩트가 있는 사건 한 개를 정해서 해당 시점에서의 사건과 관련 인물 그리고 그것을 통해 내가 무엇을 깨달았는지 적는 것이 중요합니다.**

공정개발의 경우 창의적인 사고력을 가지고 있음을 어필하는 것이 좋습니다. 물론 내 스스로가 창의적이지 않을 수가 있습니다. 하지만 최소한 어떤 문제에 대해 다각도로 생각하려고 애쓰고 분석했다는 경험이 드러날 수 있도록 써주는 노력이 필요합니다.

Q4 최근 사회 이슈 중 중요하다고 생각되는 한 가지를 선택하고 이에 관한 자신의 견해를 기술해 주시기 바랍니다.

지원자의 관심사나 추구하는 가치를 확인하기 위한 질문입니다. 사회 이슈는 보다 넓은 범위에서 선택하여도 좋습니다. 굳이 삼성디스플레이에 직접적으로 영향을 미치지 않아도 좋습니다. 다만 **선택한 이슈에 대한 생각은 삼성디스플레이의 입장에서 도움이 되거나 긍정적인 방향의 선택지로 동일하게 입장을 서술하는 것이 좋습니다.** 기업 입장에서 회사와 반대되는 방향의 지원자를 뽑을 이유는 없기 때문입니다.

Q5 본인의 경험 중 대상의 니즈를 파악하고 상황을 분석하여 전략적으로 해결방안을 제시한 경험에 대해 기술해 주시기 바랍니다.

마지막은 **전문성에 대한 질문입니다.** 어렵다고 생각하지 말고 지금까지 회사에 들어오기 위한 노력을 정리해서 작성한다고 생각하면 됩니다. **지원자 각각의 전공 수업 결과, 프로젝트 수행 결과물, 논문, 공모전 수상 이력 등을 종합하여 가장 인상적인 결과물에 대해 본인의 역할, 어려움, 해결 방식 그리고 그에 대한 결과를 작성해주면 됩니다.**

굳이 학업적인 측면 외의 것도 가능합니다. 학업 외 과정은 필수과정이 아님에도 지원자 스스로 성장을 위해 노력한 것이라 볼 수 있으므로 적극성을 면접관들에게 어필할 수 있습니다.

공정개발의 경우 학업 당시의 연구 결과물에 대해 작성해주는 것이 좋습니다. 졸업논문도 좋으며 랩실 경험이 있다면 해당 랩실에서 어떤 연구를 수행했고, **나의 역할은 무엇이었는지, 어떤 어려움이 있었고 어떻게 극복했는지 일련의 과정을 적어주는 것이 좋습니다.** 결국 회사에서는 학문적 노력과 이러한 노력을 이루는 과정에서 수반되는 어려움을 지원자는 어떤 방식으로 극복했는지 보고자 하는 것입니다. 이러한 과정이 회사 입사 후에 업무에도 보통 그대로 적용되는 것이기 때문입니다.

08 현직자가 말하는 면접 팁

보통 GSAT이라는 S사의 필기시험이 끝나면 '면접 준비를 언제 하는 것이 좋을까?', '지금 준비했는데 필기에서 떨어지면 시간 낭비인 것이 아닐까?' 하는 생각들을 많이 하게 될 것입니다. 하지만 공채가 사라지고 수시 채용이 활성화된 요즘 트렌드를 고려해 봤을 때, 그리고 갈수록 채용 규모가 적어지고 있는 현실을 봤을 때 **내년보다 당장 금년도에 면접을 통한 합격의 기회를 잡는 것이 중요합니다.** S사 면접을 기준으로 인성 면접, PT 면접, 창의성 면접에 대한 대응방안에 대해 알아보겠습니다.

1 인성 면접

면접장 문을 열고 들어갔을 때, 면접관분들은 어떤 것으로 나를 판단할 수 있을까요? 나에 대한 질문은 어디서 나오게 될까요? 당연히 자기소개서를 기반으로 나오게 됩니다. 당연히 '나'라는 사람에 대해 면접을 보는 것이기 때문에 '내가 작성한 자기소개서'에 대해 물어볼 수밖에 없습니다. 따라서 적어도 **내가 작성한 자기소개서는 모든 문항을 외우고 들어올 수 있는 질문에 대해 역으로 미리 준비하는 작업이 반드시 필요합니다.**

또한 **안 좋은 습관이 있다면 미리 고쳐야만 합니다.** 예를 들어 다리를 자꾸만 떤다거나, 긴장했을 때 말이 빨라지면서 횡설수설을 하게 된다거나 하는 것은 굉장히 프로답지 않은 모습으로 비춰질 수 있습니다. 이 경우 일반적으로 면접스터디나 학원을 통해 교정할 수 있습니다.

사실 **어떤 질문이 나올지 100% 알 수 없기 때문에 순간순간 대처하는 임기응변이 가장 중요하다고 할 수 있습니다.** 1분 자기소개의 경우 물어보는 면접관도 있고 없는 면접관도 있지만 반드시 준비해가는 것이 좋습니다. 준비가 되지 않았다면 면접을 시작하자마자 당황해서 면접 전체를 망칠 수도 있기 때문입니다.

2 PT 면접

PT 면접은 어떻게 보면 가장 쉬운 면접이라고 할 수도 있습니다. 인성 면접이나 창의성 면접의 경우 어떤 문제가 나올지 예상할 수 없지만, PT 면접의 경우 어느 정도 예상할 수 있습니다.

전통적으로 S사의 PT 면접은 키워드 3개 중에 1개를 선택하고 거기에 나와 있는 문제 3가지를 푸는 방식으로 진행됩니다. 시간은 30분이 주어집니다.

면접 진행 중에는 참고할 수 있는 것이 전혀 없습니다. 그렇기에 철저하게 준비해야 하는 부분입니다. 예를 들어 키워드 3개를 다 모른다 하는 경우에 낭패를 볼 수 있습니다.

PT 면접의 경우 전공지식 분야에 한해서 나옵니다. 따라서 알고 있는 지식이 많을수록 문제를 제대로 파악해서 풀 확률이 높아집니다. 예를 들어 A 지원자는 디스플레이 관련 전공지식을 100만큼 알지만 B라는 다른 지원자는 50만큼의 지식을 알고 있다고 할 때, 누가 더 전공PT를 잘 풀게 될 것인가는 자명한 일일 것입니다.

또한 면접이라는 것은 기본적으로 비즈니스 상황 하에서 진행되기 때문에 말하는 법과 판서하는 법 등 기본적인 부분에 대해서도 준비가 필요합니다. 아무리 내가 많은 지식을 갖고 있다고 하더라도 제대로 전달하지 못한다면, 듣는 입장에서 나는 아무것도 모르는 사람이 되기 때문입니다. 또한 회사라는 곳은 커뮤니케이션 능력이 가장 중요하기 때문에 이러한 능력도 PT 면접을 통해 캐치해 낼 수 있습니다. 따라서 실전과 같은 연습상황을 여러 번 만들어서 PT 면접 상황 자체를 내 것처럼 편하게 만드는 노력이 반드시 필요합니다.

3 창의성 면접

창의성 면접은 앞선 PT 면접이나 인성 면접에 비해서는 비중이 높지 않습니다. S사에서 다양한 면접을 진행해 보기 위한 파일럿 방식의 테스트입니다. 예를 들어 아래와 같이 말도 안 되는 답변만 피해도 기본 이상은 될 수 있습니다.

Q: "교통체증을 줄이려면 어떻게 해야 하는가?"
A: "하늘을 날아다니면 될 것입니다."

이런 식의 답변은 절대적으로 지양해야 합니다. 같은 질문에 대한 좋은 점수의 답변을 알아보자면,

Q: "교통체증을 줄이려면 어떻게 해야 하는가?"
A: "한정된 자원인 도로만을 이용하는 것이 문제이므로, 대체재이며 더 넓은 공간인 하늘을 사용하면 효율적일 것으로 보입니다. 최근에 유행하는 UAM이라는 무인항공기를 이용하는 것이 실제적인 대안이 될 수 있다고 생각합니다."

아래의 답변이 더욱 논리적이며 듣는 사람도 수긍이 가고 실현 가능한 기술을 앞세워 말하고 있습니다. 따라서 **창의성 면접이라는 틀에 갇혀 오히려 너무나 창의적인 답변을 해야 하나 망설이지 말고, 일반면접이라 생각하고 상식선에서 답변을 하면 좋은 점수를 받을 것이라 생각됩니다.**

추가적으로 대부분의 취준생의 경우 디스플레이 공정개발업무가 정확히 무엇을 하는지 알지 못합니다. JOB Description에 나와 있는 수율향상, 공정관리 등에 대해 표면적인 내용만을 알 뿐입니다. 따라서 실제 면접장에서 면접관분들이 물어보는 직무에 관한 내용에 당황하는 상황도 빈번하게 발생합니다. **이에 대한 해결책으로 사설 공정실습을 진행하는 것도 대안으로 추천합니다. 디스플레이 공정실습은 사설 또는 학교주관으로 진행하는 곳이 있습니다.**

- 1차 과제: 주어진 Data를 활용하여, 각 공정 Parameter와 공정 결과의 상관관계에 대해 분석하기
- 2차 과제: 실제 특정 Issue가 발생하였을 때의 다양한 해결 방안 제시
- 3차 과제: 박막의 Quality를 향상하기 위한 Item 제시
- 4차 과제: 주어진 Recipe를 통해 발생할 수 있는 Issue 제시

디스플레이 공정실습은 위와 같은 절차로 실제 공정 Trouble을 마주하고 극복하는 방법에 대해 배울 수 있으므로 면접단계에서 큰 도움이 될 수 있습니다.

MEMO

09 미리 알아두면 좋은 정보

1 취업 준비가 처음인데, 어떤 것부터 준비하면 좋을까?

1. 1학년

● **많은 경험이 필요한 시기, 취업과 상관없이 다양한 경험 필요**

대학교에 첫 입학한 1학년은 정말 다양한 경험이 필요합니다. 내가 설사 '대기업을 가겠다.'라고 1학년 때부터 마음먹었다 해도, 아직 무언가 타겟팅하고 시작할 필요는 없습니다. 그것보다 동기들을 사귀고 인간관계에 대해 배워가며 동아리 활동과 사회활동을 통해 내가 고등학생 때 알고 있었던 사회의 지평을 넓히는 노력이 필요합니다. 이런 활동을 통해 궁극적으로 내가 좋아하는 것이 무엇인지, 앞으로 유망한 산업, 직업군이 어떤 것인지, 사회에서 나의 위치는 대충 어디쯤인지, 사회 속에서 나를 파악하는 시간이 바로 대학교 1학년 시기입니다. 비록 이 내용의 주제는 대기업 입사지만 반드시 대기업에 갈 필요는 없습니다. 여러분의 상황과 가치관에 따라 공기업에 갈 수도 있고 공무원 시험을 칠 수도 있습니다. 욕심이 더 있다면, 변리사나 의학전문대학원같은 전문직을 노릴 수도 있고 4차 산업을 기반한 스타트업을 창업할 수도 있습니다. **최대한 많은 경험을 하면서 이 시기를 보냈으면 합니다.**

2. 2학년

● **유효기간이 없는 컴퓨터 활용능력, 한국사 등 기본자격증 취득**

내가 회사를 가야겠다고 마음을 먹었으면 이제 스타트 라인에 선 것입니다. 무리할 필요는 없습니다. 숨을 가다듬고 옆 선수는 어떻게 준비하는지, 달리기가 시작되면 나는 어떻게 뛸 것 인지 준비하면 됩니다. 이 시기에는 크게 두 가지 관점으로 준비를 하면 좋습니다.

첫 번째, 학점 관리를 본격적으로 시작해야 합니다. 생각보다 3, 4학년 때 다른 준비를 한다고 학점이 잘 나오지 않는 학생들이 많습니다. 저 또한 그랬었습니다. 따라서 2학년 때 머리가 가장 잘 돌아가는 이 시기에 웬만하면 4.0 이상을 목표로(4.5점 만점인 경우) 학점을 취득하는 것을 추천합니다. 그러면 이후 3, 4학년 때에 학점이 잘 나오지 않더라도 2학년 학점으로 어느 정도 만회가 되는 경우를 많이 봤습니다.

두 번째, 유효기간이 없는 자격증을 취득합니다. 컴퓨터활용능력 1급, 한국사 1급, MOS 1급 등 유효기간이 없는 자격증을 취득하는 것을 추천합니다. 2학년이면 아직 취업에 있어서 전체적으로 여유 있는 시기이기 때문에 앞서 말했던 1학년 시기처럼 여러 가지 사회활동을 하면서 지평을 넓혀가며 기본적인 학교 공부와 유효기간이 없는 자격증을 따두는 것을 추천합니다.

3. 3학년

- **공모전, 대외활동 한 개 내지 두 개 섭렵**
- **학부 랩실 또는 사기관을 통한 디스플레이 직간접 직무 경험 생성**

본격적으로 취업 준비를 시작할 때입니다. 총성은 울렸고 모든 주자들이 뛰기 시작했습니다. 이 시기에는 대외활동을 통해 자기소개서 거리를 만들고 학부 랩실이나 사설 기관을 통한 업무 경험을 키우는 것을 추천합니다. 반도체나 디스플레이, IT개발과 같은 분야의 공모전에 도전하거나, 대기업에서 주최하는 봉사활동에 참여하여 나중에 자기소개서에 적을 수 있는 여러 에피소드들을 만드는 것이 중요합니다.

예를 들어 '자기의 이익이 아닌 남을 위해 봉사해 본 적이 있습니까?'와 같은 질문 항목이 있을 때, 억지로 소설을 쓰는 것보다 경험을 기반으로 한 내용을 작성했을 때 심사위원의 마음을 더욱 움직일 수 있습니다. 그리고 **가능하면 학부 랩실에서 직무 관련 경험을 키우는 것을 추천합니다.** 한 가지 팁이 있다면 모교가 학교가 괜찮은 경우(일반적으로 서울대, 카이스트, 포항공대 등) 랩실에 인기가 많아 들어가기가 쉽지가 않습니다. 이 경우 지원서를 제출할 때 '앞으로 대학원 생활을 여기서 하고 싶은데 미리 실험기구 등을 만져 보며 적응해 보고 싶다' 정도로 언급하면 랩실에 들어갈 수 있는 확률이 굉장히 높아집니다.

> 자동차 H사 자기소개서 질문 내용 중 하나입니다.

이때는 웬만하면 반도체나 디스플레이 성형 장비들이 실제로 있는 랩실에 들어가는 것이 좋은데, 실제 랩실에서 성형 장비를 조작한 경험이 결과물로 남아 자기소개서나 면접을 준비할 때 유용한 소스가 될 수 있습니다.

4. 4학년

- **대기업 인턴**
- **영어 자격증 취득(OPIC)**
- **GSAT 공부, 취업스터디 진행**

취업이라는 결승선을 향해 달려가고 있을 때입니다. 우선 유효기간이 있는 영어 자격증을 먼저 따두는 것이 좋습니다. 유효기간이 없는 컴퓨터활용능력 같은 자격증은 1~2학년 때에 미리 따두었지만, OPIC이나 TOEIC과 같은 영어 자격증은 유효기간이 시험 점수 발표일로부터 2년이기 때문에 보통 4학년 초에 따두는 것을 추천합니다. **일반적으로 삼성이나 SK하이닉스 등을 목표로 한다면 OPIC은 IM2 정도, 토익스피킹은 레벨 5 정도는 따두는 것이 좋습니다.** 다만 토익스피킹은 삼성 입사 이후에 사내 어학점수로는 인정되지 않으니, 이왕 영어공부 할 때 OPIC으로 준비하는 것이 입사 이후에도 좋습니다. 취업 스터디를 하는 것도 많은 도움이 될 수 있습니다. 스터디를 하게 되면 어느 정도 준비에 강제성이 생겨서 의지가 부족한 경우 준비하는 데에 큰 도움이 될 수 있습니다. 또한 **아무리 꼼꼼하게 준비한다 해도 놓치는 부분이 있기 마련인데 스터디를 통해 내가 미처 생각하지 못한 부분에 대한 도움을 받을 수도 있습니다.** 보통 요새는 네이버 카페나 에브리OO과 같은 사이트에서 같은 지역스터디를 쉽게 찾아서 진행할 수 있습니다. GSAT이나 SKCT 같은 대기업 인적성 시험도 최소한 4학년 1학기에는 준비해 두는 것이 좋습니다. 인적성 시험은 내가 살아 오면서 쌓은 기본적인 독해, 수리능력을 측정하는 것이기에 사실 단기간에 점수를 올리기가 쉽지 않습니다. 따라서 미리 문제를 구해서 한 번 풀어 보고 점수를 채점해 봤을 때 50점을 넘기지 못한다면, 미리 인적성 스터디를 구해서 여러 문제를 접하며 최소 1년 정도 실력을 키우는 노력이 필요합니다. **시간적 여유가 있다면 인턴을 하는 것도 추천합니다.** 공공기관과 대기업 상관없이 인턴을 한 번이라도 해봤다면 자기소개서에도 적을 수 있는 스토리가 생기고, 면접에서도 분명 한 번 이상 언급할 기회가 생깁니다. 따라서 바로 취업하기가 조금 부담스럽거나 여유가 있다면 내가 원하는 직종이 아니더라도 공공기관도 상관없습니다. **1회의 인턴 경험을 할 수 있다면 다른 자격증 하나를 따는 것보다는 큰 도움이 됩니다.**

2 현직자가 참고하는 사이트와 업무 팁

1. 유용한 사이트

(1) 한국반도체산업협회

데일리 반도체 리포트를 발행하므로 취업 준비를 할 동안 매일매일 정독한다면 자기소개서 및 면접 때 빛을 발할 수 있습니다.

(2) 반도체 설계 교육센터

국내 반도체 직무 관련 사기업 기준 가장 좋다고 생각합니다. 직무경험이 필수 요소가 된 지금 관심을 가져야만 하는 사이트입니다.

(3) LG디스플레이 블로그

디스플레이 업계에 취업하려는 사람들에게 필수 블로그, OLED, 나노셀, Flexible 등이 어떻게 실제 제품에 쓰이는지 공부할 수 있습니다.

(4) 잡코리아 디스플레이 기업분석 보고서

잡코리아에서는 국내 유명 디스플레이 업계와 관련하여 디스플레이 분석보고서를 출간하고 있습니다. TOWS 분석을 통해 기업의 장점과 약점, 기회요인에 대해 자세히 분석하고 있으므로 면접을 보러 가기 전에 꼭 한 번 읽는 것을 추천합니다.

(5) KIDS 디스플레이스쿨

KIDS 디스플레이스쿨은 디스플레이 연구개발에 필요한 기초지식을 강의하고 있습니다. 공정실습 등도 해마다 진행하고 있으므로 디스플레이 관련 대기업 취업에 희망한다면 공정실습을 진행해 보는 것이 좋습니다.

디스플레이와 반도체는 기본적으로 같은 제조 공정의 개념을 갖기 때문에 앞서 여러 번 말한 것처럼 반도체 관련 교육과 경험이 디스플레이에서도 소중하게 쓰일 수 있습니다. 상대적으로 디스플레이보다 반도체 관련 정보가 구하기 쉽고 양질의 자료가 많기 때문에 한국반도체산업협회의 자료나 반도체 설계교육센터의 자료가 디스플레이 업계를 준비하는 데 도움이 될 수 있습니다.

3 현직자가 전하는 개인적인 조언

공정개발 직무는 디스플레이 공정 진행에 대한 해박한 지식과 공정 불량에 대해 분석하고 해결을 위해 끊임없이 노력하는 집념이 동시에 필요한 직무입니다. 분명히 한가하거나 일이 없는 부서는 아닙니다. 편한 업무를 위해 오는 곳도 아닙니다. 개인적으로 생각하기에 공정개발 업무를 진행하게 된다면, 개발과 실제 공정진행 양면으로 크게 성장할 수가 있습니다. 일반적으로 연구개발 직무와 설비 또는 공정 엔지니어 직무는 업무 프로세스가 크게 다르지만, 공정개발 직무의 경우 간접적으로 설비 및 공정 엔지니어의 업무도 경험할 수가 있습니다. 따라서 **개발업무를 경험하며 실전과도 같은 공정업무에도 강한 디스플레이 실무 전문가로 성장할 수 있다고 생각합니다.** 다만 앞서 말씀드린 것과 같이 끊임없는 불량에 대한 Trouble Shooting과 공정 진행의 최적 Flow를 위한 여러 번의 시행착오 등을 겪을 수 있어 결코 쉬운 업무는 아닙니다. 본인이 대학교에서 배운 전공 지식을 활용하여 정말 더 나은, 양질의 디스플레이를 직접 개발하고 싶은 친구들이라면 정말 환영하는 업무입니다.

10 현직자가 많이 쓰는 용어

1 익혀두면 좋은 용어

1. PA 주석 1

'Process Architecture'의 줄임말로, 반도체 · 디스플레이를 만들어 나가는 적층 구조에서 비롯된 용어입니다.

2. OLED 주석 2

Organic Light Emitting Diode의 약자로, 유기물(Organic)이 증착된 자발광 디스플레이, LCD와 다르게 백라이트가 필요 없어 부피와 무게가 LCD보다 훨씬 적고, 더 밝으며 효율이 좋습니다.

3. 패널 주석 3

쉽게 말해 빛을 내는 유리면 부분을 패널이라고 합니다. 전기신호를 입력해주는 모듈단과 분리된 상태를 의미합니다.

4. 디자인 룰 주석 4

디자인할 때 반드시 지켜야 하는 규칙을 말합니다. 이를 지키지 않으면 트랜지스터 동작에 문제가 생기거나, 후공정의 경우 부품끼리 제조 공정 중에 간섭을 일으켜 제조에 중대한 문제를 야기할 수 있습니다.

5. TFT 주석 5

Thin Film Transistor의 약자로, 박막 트랜지스터라고 부릅니다. 트랜지스터는 전류의 흐름을 조정하는 밸브역할을 하며, 박막트랜지스터는 얇은 필름형태의 트랜지스터를 의미합니다.

6. 모듈 주석 6

DDI와 같이, 전기신호를 입력해 줄 수 있는 회로를 모듈이라고 합니다. 패널과 결합되어 디스플레이 반제품이 됩니다.

7. 수율 주석 7

투입된 수량 대비 양품의 비율을 말합니다. 반도체, 디스플레이 같은 첨단 제조 산업의 경우 생산성과 수익성에 큰 영향을 줍니다.

8. IDM 주석 8

Intergrated Device Manufacturer의 약자로, 반도체 관련 설계와 파운드리(제조), 테스트와 패키징까지 모두 할 수 있는 초거대 반도체회사를 뜻합니다.

9. Recipe 주석 9

최적 공정 조건이라고도 하며, 각 공정별로 시간, 압력, 사용물질 등을 최적화하여 제조 방법을 목록화한 것입니다. 해당 회사와 기술력의 집약체라고 할 수 있습니다.

10. DDI 주석 11

Display Driver IC의 약자로, LCD나 OLED 등의 디스플레이를 구성하는 수많은 화소들을 직접 구동하는 데 쓰이는 전자 Chip을 의미합니다.

11. 공정제어 주석 12

산업공학 기술용어인 Process Control에서 나온 말로, 공정에서 선택한 변수를 조절해 공정을 원하는 상태로 유지하는 데 필요한 일련의 제어과정을 말합니다.

12. 귀책 주석 13

불량의 원인을 찾아 특정 공정으로부터 기인함을 '귀책'이라고 표현합니다.

13. 개발 Flow

Design Drill 단계에서부터 최종 양산 이관까지의 전체 개발 흐름을 개발 Flow라고 말합니다.

14. 프로토 타입

양산 이관품이 아닌, 개발 중에 생산된 모든 제품은 프로토 타입이라고 명칭합니다.

15. 데드라인

고객이 출시 요청한 일자로부터 보통 한 달 이내를 데드라인이라고 칭합니다. 해당 기간까지 개발 업무가 완료되어야 합니다.

16. 제조설명서

제조설명서를 작성하여 양산 이관 시에 단위공정기술에게 배포하면, 해당 설명서에 스펙대로 제조하게 됩니다.

17. 개발 Run

개발 단계에서 공정의 처음부터 끝까지 테스트로 1회 진행시키는 것을 개발 Run이라고 합니다.

18. 공정최적화

불필요한 공정을 제거하고, Lead Time이 오래 걸리는 공정은 시간을 단축시키는 일련의 과정을 말합니다.

MEMO

11 현직자가 말하는 경험담

1 저자의 개인적인 경험

공정개발은 책에서 배우는 이론보다 실무가 더 중요한 직무입니다. 당장 학교에서 배운 7 transistor 2 capacitor의 OLED 회로도보다 개발라인에서 실제 진행되는 설비를 보면서 문제점을 파악하고 트러블 슈팅하는 능력이 필요합니다.

공정개발 업무에 투입되기 전, 처음 생각했던 공정개발 업무는 제가 맡게 된 신규 개발 디스플레이의 구동 특성 및 물리적 특성을 파악해서 최적의 공정 조건을 시뮬레이션하고 합리적인 공정 Routine을 짜는 것이라고 생각하였습니다. **하지만, 막상 실전에 투입되고 난 뒤에는 물론 가장 주요한 업무는 개발모델의 수율 최적화를 위한 공정 최적화가 많았지만, 대부분은 공정의 투입과 산출되는 불량을 근거로 집요하게 공정불량의 원인을 찾아내는 업무가 주였습니다.** 한 번은 Flexible 디스플레이가 최초로 개발 모델에 합류하게 되며 이전에 없던 신규 공정을 기획부터 실행까지 진행하게 되었습니다. 해당 모델의 모든 스펙과 예상되는 불량을 기반으로 공정조건과 Routine을 짜고 개발모델을 투입하였지만, 매번 불량률이 높아지기만 하였습니다. 결국 실제 해당 설비 공정 엔지니어와 라인에 같이 투입되어 몇 날 며칠 동안 진행되는 RUN 상황을 분석하였습니다. 분석 결과 트레드밀의 속도와 공기 유압이 과해서 해당 문제가 발생된다는 문제점을 파악할 수 있었고, 이후 설비 엔지니어와의 협업으로 해당 공정을 무사히 진행하게 될 수 있었습니다.

이렇듯 공정개발은 디스플레이 제조의 모든 공정을 이론적으로 완벽하게 아는 것도 물론 중요하지만, 현장에서의 대처 능력과 설비 엔지니어와의 협업 능력 또한 매우 중요한 업무능력입니다.

2 지인들의 경험

Q1 처음 직무를 수행하면서 실수를 했다거나 사고를 친 적은 없었어?

반도체 S사
설비엔지니어
지인

음... 난 사고쳤던 게 기억이 나는데...
라인에 들어가서 작동했어야 했는데 전산으로 대충 하려다가 투입될 웨이퍼 수십 장을 깨뜨려버린 적이 있어. 다행히 잘 넘어갔지만 지금 생각하면 너무 아찔해.

Q2 지금까지 직무 수행하면서 겪었던 경험 중에 가장 기억에 남는 경험이 뭐야?

반도체 S사
A개발실 동료

가장 처음으로 인정받았던 게 생각이 나. 내가 하는 업무는 회로개발 쪽이었거든. 디스플레이와 IC칩을 연결하는 DDI를 개발하는 업무인데, 처음으로 내가 온전히 한 개 모델 개발을 맡아서 런칭까지 성공했을 때 파트장님이 칭찬해 주시던 게 아직까지 생생해

Q3 상상했던 회사생활이랑 실제 회사생활이랑 가장 달랐던 점은 뭐야?

외국계 A사
CS 엔지니어
지인

미생이 곧 회사 생활인 줄 알았어. 위아래 서열이 확실하고 업무와 회의로 스케줄이 빡빡한 회사생활. 근데 현실은 전혀. 생각보다 굉장히 수평화 되어있고, 업무는 바쁘긴 하지만 드라마에서만큼은 절대 아니야. 만족스러운 것 같아!

Q4 다시 취준생으로 돌아간다면 어떤 준비에 가장 집중할거야?

반도체 S사
엔지니어 지인

전공 공부를 정말 열심히 할 거야. 다들 전공 공부 생각보다 현업에서 안 쓰인다길래 그렇게 열심히 하지 않았었는데, 내가 하는 소재개발의 경우 화학실험에서 배웠던 것들이 정말 많이 쓰여. 그때 반응식 좀 더 열심히 공부할걸. 후회하고 있어.

Q5 직무를 선택할 때 어떤 기준으로 고민하면 좋을까?

반도체 S사
A개발실 동료

내가 가장 "재밌게" 할 수 있는 일을 찾는 게 중요한 거 같아. 전공 공부하며 계산식 하나를 해냈을 때 재미를 느꼈던 친구들은 연구개발 쪽을, 졸업작품을 하며 실제 기계공작에서 흥미를 느꼈던 친구들은 설비 엔지니어를 가면 좋겠다는 식인 거지.

Q6 CS 엔지니어는 현장일이 많다고 들었는데, 어떤 점이 가장 힘들어?

반도체 S사
A개발실 동료

아무래도 밤낮 없는 콜이 가장 힘들지. 우리는 CS 엔지니어라 고객사에서 부르면 바로바로 달려 나와야 하거든. 한 번은 주말에 상견례가 잡혔는데 내가 아니면 안 돼서 달려 나간 상황도 있었다니까! 밤낮 없는 연락이 가장 힘든 것 같아.

MEMO

12 취업 고민 해결소(FAQ)

Topic 1. 공정 개발 엔지니어 직무에 대해 궁금해요!

Q1 R&D 공정 개발 연구와 제조 공정 엔지니어와는 어떤 차이가 있나요?

A 우선 다루는 제품이 다르다는 차이가 있습니다. 공정개발의 경우 양산제품이 아닌 개발모델에 대해 다루고, 제조 공정 엔지니어는 실제 양산되는 제품을 다룹니다. 또한 공정 개발은 개발모델이 여러 공정을 지나면서 문제점이 발생하지 않을지 통합적으로 여러 공정에 대해 고민을 하지만, 제조 공정 엔지니어는 포토면 포토, 에칭이면 에칭, 하나의 단위 공정에 대해 양산 제품의 수율이 잘 나올 수 있도록 설비를 개선하고 공정조건을 관리하는 업무를 진행합니다.

Q2 개발 직무이다보니 학사생으로 입사하는 것이 어려울 것 같다는 생각입니다. 학사로 지원하기 힘든지, 석박사가 압도적으로 많은지 궁금합니다! 실제 내부적으로 학사/석사/박사 비율이 어느 정도 되나요?

A 많은 학사 출신 친구들이 하는 고민입니다. 결론만 말하면, 일반적으로 공대생이 대기업에 입사하고 업무를 하는데 학위는 크게 중요하지 않습니다. 실제 R&D 부서를 봐도 학사 출신이 50% 내외로 정말 많습니다. 삼성의 경우 석사로 입사 시에 책임(과장급) 진급이 2년 빠르다는 장점 외에는 진급이나 여러 심사 시 순전히 실력으로 평가받습니다.

Q3 아무래도 전자, 재료, 소재 쪽 전공이 많을 것 같은데 팀원 분들의 전공은 어떻게 되나요? 혹시 주된 전공 외에 다른 전공으로 입사하기 어려운지 궁금합니다!

A 전공은 다양한 편입니다. 물리학과도 있고 화학공학과도 있습니다. 다만 문과 쪽 출신은 거의 없는 편이고요. 물론 전자전기공학이나 기계, 화학공학의 경우 비교적 디스플레이나 반도체 쪽 대기업에 입사가 수월한 것은 맞으나, 일반적인 자연, 공학 계열 전공으로 입사가 힘든 전공은 없습니다. 자신의 전공과 진입하고자 하는 분야에서 어필할 수 있는 부분을 최대한 매칭해서 준비한다면 좋은 결과가 있을 것입니다.

Q4 입사 전 했던 경험 중, 공정 개발 엔지니어 직무를 수행하는데 도움이 된 수업이나 지식, 활동 등이 있으신가요?

A 저 같은 경우는 오히려 학교 수업에서 큰 힌트를 얻은 편이었습니다. 디스플레이 공학과 반도체고집적 공학에서 우선 A+ 학점을 받았고, 자기소개서에서도 자신 있게 어필하였습니다. 실제 면접에서도 면접관이 그 과목을 통해 무엇을 배웠는지 물어보았고, 준비한 내용으로 잘 대답할 수 있었습니다. 여러분이 학부생이라는 걸 잊지 마시기 바랍니다. 여러분 수준에서 잘 할 수 있는 것을 잘 하는 것이 가장 중요합니다.

Q5 중국 출장이 잦다는데 진짜인가요?

A 현재 디스플레이와 반도체는 모두 중국에 개발 라인이나 생산라인을 많이 가지고 있습니다. 부서에 따라서 출장이 잦은 부서는 1년에 절반 혹은 1년 내내 중국에 가는 경우도 있습니다. 다만, 어디까지나 확률적인 문제입니다. 제가 생각했을 때 여러분이 중국 출장을 자주 가는 부서에 배치될 확률은 10% 미만이라고 생각합니다. 혹시 그렇게 됐을 때, 내 생활에 문제가 될 정도라면 어느 정도 기간이 지난 후 면담을 통해 충분히 출장을 조정할 수 있으니 크게 미리부터 걱정은 하지 마시기 바랍니다!

Topic 2. 어디에서도 듣지 못하는 현직자 솔직 대답!

Q6 현직자 입장에서 공정개발 직무에서 가장 중요한 역량이 어떤 것이라고 생각하시나요?

A 문제점을 꼼꼼하게 생각하고 집요하게 파고드는 능력이 가장 중요하다고 생각합니다. 물론 공학적 지식을 바탕으로 논리적으로 추론하는 능력도 중요하겠지만 결국 집요하게 여러 각도로 문제를 풀어내려는 노력이 수반되어야 가능한 일입니다. 문제를 앞두고 해결하지 못하면 잠을 못 자는 당신, 공정개발 직무가 딱입니다!

Q7 현직자 입장에서 신입사원이 들어왔을 때, 인성이나 역량 등 이랬으면 좋겠다라고 생각하시는 것이 있으신가요?

A 신입사원의 경우 큰 능력을 바라지는 않습니다. 다만, 선배의 이야기를 귀 기울여 듣고 조직에 잘 융화되어, 침체된(?) 조직에 활기를 불어넣어 주는 역할 정도만 해줄 수 있으면 충분합니다! 예를 들어, '아침마다 인사만 잘하고 다녀도 반은 먹고 다닌다'라는 말이 있을 정도죠. 선배들에게 인사 잘하고, 시키는 것만 잘해도 100점짜리 신입사원이 되실 수 있습니다.

Q8 공정 개발 엔지니어로 지원한다면, 디스플레이 관련해서 꼭 알고 왔으면 하는 지식이 있으신가요?

A 8대 공정에 대해서만큼은 완벽하게 숙지하고 오셨으면 합니다. 유튜브에서 간단하게 소개해주는 정도의 지식이 아니라, 예를 들면, 포토 공정에서 현재 몇 나노 수준까지 노광하는 장비가 있고, 어떤 벤더가 삼성이나 SK하이닉스에서 가장 선호하는지. 현재 PVD 방식과 CVD 방식 중 어떤 방식이 실제 현업에서 많이 사용되는지 수준의 지식까지 알고 온다면, 현업에 매우 빨리 적응할 수 있을 것입니다.

Q9 연구 개발 직무에 지원하는 학사생으로써 자기소개서나 면접에서 어떻게 어필하셨나요? 학사 입장에서 어떻게 어필을 하면 좋을지 고민이 됩니다.

A 앞서 말한 것처럼, 여러분이 학사라는 것을 잊지 않았으면 합니다. 학부를 갓 졸업한 학생에게 거창한 지식이나 경험을 요구하지 않습니다. 여러분이 4년 동안 공대 생활을 하며 쌓아온 배경지식들을 자기소개서와 면접에서 차분히 풀어내면 충분히 합격할 수 있습니다. 고리타분한 이야기 같다고 할 수 있지만, 저 또한 그랬고 지금 들어오는 신입들이 그렇고, 지금 이 순간 취업 멘토링을 진행하며 합격시킨 수강생들 대부분이 특별한 경험 없이 학부 때의 경험을 차분히 녹여내어 합격하는 걸 봐왔습니다.

Q10 연구 개발에 대한 경험이 없다면, 학부시절 교내 연구실이나 수업을 통해 실험했던 경험도 도움이 될까요?

A 9번과 마찬가지로, 학부생 수준에서 교내 랩실을 경험한 이야기나 수업을 통해 실험한 내용을 적으면 아주 훌륭합니다. 사실 이외에 더 특별한 경험이 있는 친구들이 몇 명이나 있을까요? 기껏해야 인턴 경험이나 사설 랩실 경험 정도일 것입니다. 랩실에서 Si 증착을 해보면서 레이저 어닐링과 열 어닐링의 차이점을 알아보기 위해 비교 실험을 해보았다. 수준의 스토리를 풀 수 있는 정도라면 매우 훌륭한 지원자라고 생각이 됩니다.

Chapter

03

공정 엔지니어, 설비 엔지니어

들어가기 앞서서

이번 챕터에서는 공정/설비 엔지니어의 실제 직무경험이 없는 여러분들도, 마치 현직자처럼 직무를 이해하고 경험할 수 있도록 작성하였습니다. 앞의 공정개발에 이어 공정/설비 엔지니어 직무의 주요 업무와 이를 수행하기 위해 필요한 역량 그리고 자기소개서를 어떻게 작성하고 면접은 어떻게 보면 좋은지 배워가실 수 있습니다. 마찬가지로 개인적인 조언과 동료들과의 문답 내용을 통해 공정/설비 엔지니어 직무를 준비하는 여러분에게 많은 도움이 되길 바랍니다.

01 저자와 직무 소개

1 저자 소개

박프로

전자과 학사 졸업

現 디스플레이 S사 공정개발 연구원
前 디스플레이 S사 공정 · 설비 엔지니어

H사 해피 무브 봉사활동
S사 드림클래스 봉사활동
KAIST 학부 연구실
S사 반도체관련 인턴
공기업 발전사 송배전 인턴

저는 현재 디스플레이 개발업무를 맡기 전, 3년간 설비 엔지니어와 공정 엔지니어 업무를 진행하였습니다. **양산설비를 유지, 보수하는 일을 기본적으로 진행하였고, 연차가 어느 정도 쌓인 뒤에는 설비 파츠 개선업무도 맡게 되었습니다.**

입사 직후에 신규 라인이 Set-up[1]되게 되면서 설비반입, 이설 관련 업무가 많아 당장 설비 엔지니어가 많이 필요해서, 연구개발 신입 사원임에도 불구하고 설비 엔지니어로 회사생활을 처음 시작하게 되었습니다.

[그림 3-1] 실제 라인에서 Set-up이 이루어지는 장면 (출처: WECO)

1 [10. 현직자가 많이 쓰는 용어] 1번 참고

설비 엔지니어의 가장 중요한 업무는 설비의 상태가 항상 디스플레이를 생산하는 데 부족함이 없도록 유지, 보수, 그리고 개선하는 업무입니다. 기본적으로는 반복적인 업무라 큰 스트레스가 없지만, 설비 고장 등의 긴급사태가 발생했을 때 단시간 내에 정상 상태로 만드는 것이 굉장히 어렵고 도전적인 일들이었습니다. 설비 고장은 예고 없이 갑자기 찾아옵니다. 한번 고장이 크게 발생하면 밤낮없이 작업해도 고쳐지지 않는 경우도 많았습니다. 그래서 다음 근무자에게 그대로 고장난 설비를 넘기기가 어려워 퇴근 시간이 지체된 적도 여러 번 있었습니다. 또한 설비가 고장 났을 때 해당 설비에서 제조되던 디스플레이에 문제가 생기면 공정 관련 조치를 해야 하는데 어떤 디스플레이에서 불량이 난지 확인하기 어려워 공정 엔지니어와 협업하는 과정에서 많은 마찰이 발생하기도 합니다. 하지만 실제 업무들이 디스플레이 생산에서 정말 중요한 일들이며 회사에 기여도도 높은 업무였기 때문에 뿌듯함과 사명감을 가지고 엔지니어 업무를 수행했습니다.

2년간의 설비 엔지니어 업무를 마치고 이어서 같은 공정의 공정 엔지니어로 1년간 근무하였습니다. 다루는 분야가 크게 달라지지는 않았지만, 공정 관련 Recipe를 짜고, 설비의 설계도를 직접 보면서 공정개선 아이디어를 찾는 등, **공정 엔지니어 직무를 하면서 공정 지식과 전공 지식을 활용하여 수율 개선 활동을 해 나갈 수 있었습니다.**

3년간의 설비, 공정 엔지니어를 하며 겪은 경험과 직무 지식을 아래에 차근차근 작성해 보았습니다. 꿈의 디스플레이 설계와 제조, 개발을 꿈꾸는 여러분들에게 면접과 실제 직무에서 도움이 되었으면 하는 마음으로 적어 나가고자 합니다.

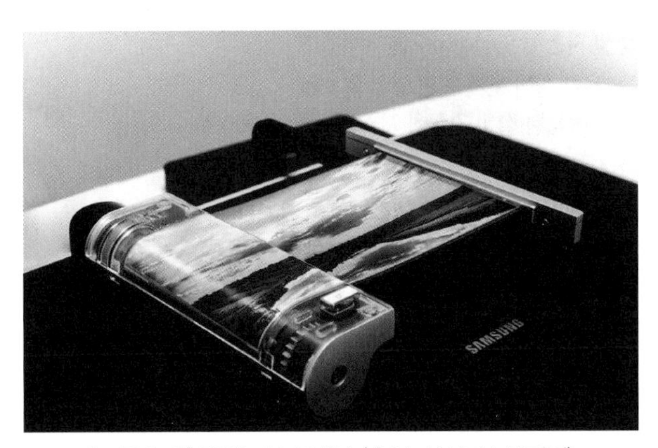

[그림 3-2] 꿈의 디스플레이 (출처: 삼성디스플레이)

02 현직자와 함께 보는 채용 공고

1 설비 엔지니어

채용공고 설비기술

주요 업무
• **설비 유지보전 및 예방조치** - PM (Preventive Maintenance)를 통한 설비 가동률 및 성능 향상 - BM (Break Maintenance)를 통한 설비 고장 분석 및 개선 - 설비부품 관리 및 정비를 통한 원가 절감 및 생산성 향상 • **설비 문제 분석 및 자동화 System 구현** - 분석 Tool을 활용한 설비 문제 원인 분석 및 해결 - 빅데이터 분석을 활용한 설비 자동화 시스템 구축 및 최적화 • **신설비 / 응용기술 개발** - 신설비 최적화를 위한 조건 확보 및 기술 개발 - 차세대 제품 공정 대응을 위한 설비 응용기술 개발 및 적용 - 차세대 설비 및 부품 연구를 통한 설비기술 로드맵 수립

[그림 3-3] 삼성디스플레이 설비기술 채용공고

1. 설비유지보전 및 예방조치

설비 엔지니어의 가장 중요한 업무는 라인 내에 설비가 24시간 중지되지 않고 돌아가게 하는 것입니다. 주기적인 PM[2] 작업을 통해 설비의 고장을 사전에 예방하여 기본적인 설비 가동률을 향상시킬 수 있습니다. 설비의 고장 발생 시에는 BM[3] 작업을 통해 설비의 문제를 가장 빠른 시간 내에 진단하고 수리하여 라인 가동에 문제가 없도록 해야 합니다.

---

2 [10. 현직자가 많이 쓰는 용어] 2번 참고
3 [10. 현직자가 많이 쓰는 용어] 3번 참고

[그림 3-4] 실제 설비 PM 모습 (출처: Cleanroom Technology)

2. 설비 문제 분석 및 자동화 System 구현

설비는 기본적으로 설비와 이를 구동하기 위한 전자장치로 구성되어 있습니다. 현재 구동하는 설비는 대부분 PLC[4]로 구성되어 기계 간 소통을 하고 있습니다. 설비에 문제가 발생하였을 때, PLC와 같은 TOOL을 이용하여 설비의 문제 원인을 분석하고 해결할 수 있습니다. 또한 설비에 부착되어있는 센서를 통해, 실시간으로 설비의 중요 생산인자들에 대한 모니터링이 가능합니다. 이렇게 모여진 빅데이터를 가공, 분석하여 설비 자동화 시스템을 구축하고 최적화할 수 있습니다.

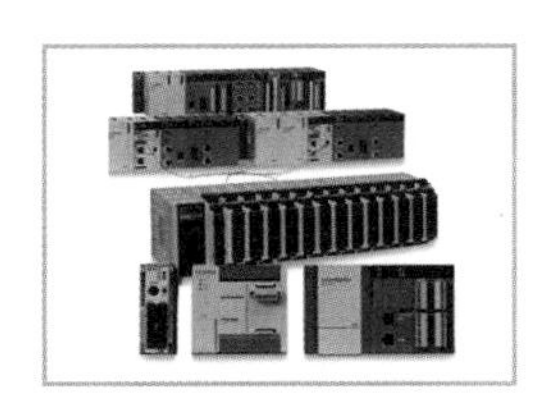

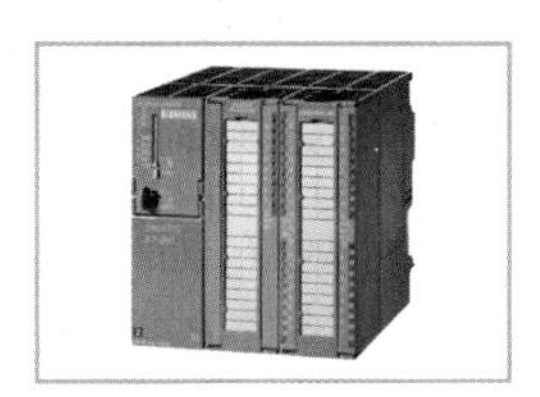

LS ELECTRIC

SIEMENS

OMRON

[그림 3-5] 다양한 브랜드의 PLC (자료: 각 사)

4 [10. 현직자가 많이 쓰는 용어] 4번 참고

3. 신규 설비 개발 및 응용 기술 개발

제품의 성능이 고도화됨에 따라 이를 제조하기 위한 설비도 고도화되어야 합니다. 기존에 OLED 디스플레이의 경우 픽셀 하나당 40μm 정도로 설계되었지만 현재는 20μm 이하로 작아지는 추세입니다. 이를 위해 현재 파장보다 더 작은 파장의 빛을 조사할 수 있는 노광장비[5]가 필요합니다. **이렇듯 설비 엔지니어는 신제품을 위한 신설비의 최적화 조건 및 기술개발도 진행할 수 있습니다.**

또한 차세대 제품 공정 대응을 위한 설비 응용기술 개발도 필요합니다. 예를 들어 폴드 제품의 경우 디스플레이를 접는 혁신적인 공정이 적용되어 있습니다. 이를 위해 기존에 Rigid 제품에는 사용되지 않았던 새로운 공정들이 대거 생겼고 이를 위한 차세대 설비도 수십 대 도입되었습니다.

[그림 3-6] 접는 스마트폰의 출현 (출처: 삼성전자)

5 [10. 현직자가 많이 쓰는 용어] 5번 참고

2 공정 엔지니어

채용공고 공정기술

주요 업무
• **디스플레이 공정기술 개발** - 디스플레이 공정 기술 개발 및 고도화 - 공정별 계측 Data를 모니터링하고, 공정별 불량이슈 해결 및 수율 개선 - 수율 향상을 위한 Transistor의 전기적/물리적 특성 개선 • **Defect(불량) 개선 Engineering** - Defect 발생원인 규명 및 개선 활동 - 제품에서 발생하는 불량의 구조적, 물질적 특성 분석 • **계측기술 개발, 소재 품질 개선** - 디스플레이 검사/계측을 위한 Solution 제공, 정밀계측기술 개발 및 신규장비 도입 - 양산소재 품질 개선, 차세대 소재 확보, 공정한계 극복 Solution 제공

[그림 3-7] 삼성디스플레이 공정기술 채용공고

1. 디스플레이 공정기술 개발

공정 엔지니어의 가장 주요한 업무는 공정 기술을 개선해나가는 것입니다. 디스플레이의 성능은 결국 얼마나 효율적이고 정밀하게 공정을 컨트롤 할 수 있냐는 데에서 나옵니다. 또한 생산 공정 중에 발생하는 계측 Data를 모니터링하고 공정별로 불량이슈를 해결하여 수율을 높일 수 있도록 노력합니다. 디스플레이의 수율 향상을 위해 Transistor[6]의 전기적/물리적 특성을 개량하기도 합니다.

2. Defect(불량)[7] 개선 Engineering

공정을 진행하다 보면 여러 공정에서 불량이 발생하게 됩니다. 이때 공정 엔지니어가 적극적으로 개입하여, 생산 공정 어디에서 불량이 발생하게 되었는지 Defect의 발생 원인을 규명하고 개선 활동을 펼치게 됩니다. 이후 해당 제품의 특성에 따라 불량이 발생하는 Trend를 정밀하게 추적해 나가며 불량의 구조적, 물질적 특성 분석을 계속하여 불량을 최소화하는 업무를 수행합니다.

6 [10. 현직자가 많이 쓰는 용어] 6번 참고
7 [10. 현직자가 많이 쓰는 용어] 7번 참고

3. 계측기술 개발, 소재 품질 개선

검사/계측도 공정 엔지니어의 주요한 업무입니다. 매 공정이 끝난 뒤에 반복적인 검사와 계측을 통해 이상 없이 이전 공정을 마쳤는지 확인할 수 있습니다. 디스플레이 공정 엔지니어는 검사, 계측을 위한 솔루션을 제공하고 정밀 계측 기술 개발 및 신규 장비 도입 업무도 진행합니다. 또한 수율 향상을 위해 양산되는 소재의 품질을 개선하는 업무를 진행하고, 미래를 위한 차세대 소재확보, 불량 제로화를 위해 공정 한계를 극복할 수 있는 새로운 솔루션을 도출하는 업무도 진행합니다.

MEMO

03 주요 업무 TOP 3

1 설비 엔지니어

1. 설비의 Trouble Shooting 업무

디스플레이 생산 공정은 24시간 연속공정이기 때문에, 1년 365일 24시간 내내 공정이 Shut Down 되지 않고 안정적으로 운영되어야 합니다. 이와 관련하여 설비 엔지니어는 다양한 Trouble 발생 상황을 막기 위해 사전에 Guide를 제공하고, 만약 예기치 못한 문제가 발생했을 때 적절한 Trouble Shooting을 진행합니다. 이러한 **안정적인 공정 운전 달성은 설비 엔지니어의 가장 중요한 역할**입니다.

디스플레이 공정 장비는 다양하고 복잡하며 당연히 그 장비의 에러 형태 또한 수십 가지입니다. 장비가 발산하는 전기 신호가 Fail이 될 때도 있고 밸브나 모터가 오작동하는 경우도 있습니다. 그러한 장비의 에러(Trouble)를 보수(Shooting)하는 것이 장비 엔지니어의 주요 업무입니다. 물론 쉬운 일이 아닙니다. 일전에 Blower(공조 설비)가 고장이 났을 때, 천장에 박혀있는 수십 킬로그램의 부품을 교체하기 위해 밤새 고생하던 일이 아직도 기억에 남습니다.

2. PM(Pre-Maintenance) 업무

PM의 경우, 문자 그대로 예방점검을 하는 활동입니다. 마치 우리가 자동차를 오래 타기 위해 주기적으로 부품을 교체하고 케미컬류들을 교체해주는 것처럼, 디스플레이 제조설비도 이와 마찬가지로 세정이나 적절한 관리를 통해 오래 쓸 수 있도록 엔지니어가 관리해야 합니다. **설비의 유통기한을 늘리는 활동**이라고 생각하시면 좋을 것 같습니다. 각 공정별로 이 PM 때문에 정말 정신없이 돌아가는 부서들이 많이 있습니다. 특정 파트의 경우 24시간 내내 PM이 진행되는 경우도 있습니다. 실제 해당 업무는 협력사가 먼저 Cleaning이나 주요 부품에 대한 교체를 진행하고 이후에는 본사의 현업 엔지니어들이 부가적인 업무와 설비의 Back up을 책임지게 됩니다. 중요한 업무지만 난이도만 보면 사실 평이한 수준입니다.

3. OPLS(One Point Lesson) 업무

OPLS는 Trouble Shooting과 PM 업무를 진행하면서 터득하는 노하우들을 문서화하는 작업입니다. 한마디로 업무 매뉴얼을 만드는 활동입니다. 에러와 에러의 메커니즘을 잘 정리해 두면 본인뿐만 아니라 신입, 선배 사원들에게도 아주 큰 힘이 됩니다. 장비 엔지니어의 특성상, 실제 에러가 발생하기 전까지 업무에 대한 밑그림을 그리는 것이 힘듭니다. OPLS는 이러한 어려움을 해결해 줄 수 있습니다.

OPLS 업무를 잘하기 위해서는 두 가지 능력이 필요합니다. 첫 번째는 설비의 구동 원리에 대한 완벽한 이해입니다. 설비 안에는 전자 장비, 공압 장비, 기계 장비 등 여러 형태의 구동 장비들이 있습니다. 이에 대한 완벽한 이해가 이루어져야 Trouble Shooting의 메커니즘을 따라가며 업무 매뉴얼을 작성할 수 있습니다. 두 번째로 워드 능력입니다. 아무리 완벽한 Trouble Shooting 메커니즘을 발견했다고 하더라도, 이를 문서로 명확하고 깔끔하게 남길 능력이 없다면 도로 아미타불이 될 수 있습니다.

2 공정 엔지니어

1. Defect을 효과적으로 개선하여 불량 이슈를 해결하는 업무

공정 엔지니어의 가장 주요한 업무는, 공정 과정에서 발생하는 Defect을 효과적으로 개선하여 불량 이슈를 해결하고 수율을 개선하는 업무입니다. 이 과정에서 협력이 매우 중요하게 작용합니다.

FAB에서 디스플레이가 단위 공정을 거치는 과정에서 불량이 발생하게 되면 단위 공정 내에서만 답을 찾고 개선하는 것이 아니라, 각 단위 공정, PA팀 등 여러 부서와 협업하게 됩니다. 이때 많은 동료들이 아이디어를 내고 이를 평가하기 위한 구체적인 계획을 수립해 원인을 찾고 불량이 발생하지 않도록 문제를 해결해 나갑니다. 이 과정에서 생각하지 못한 아이디어와 노하우, 디스플레이 지식이 중첩되면 문제를 해결할 수 있습니다.

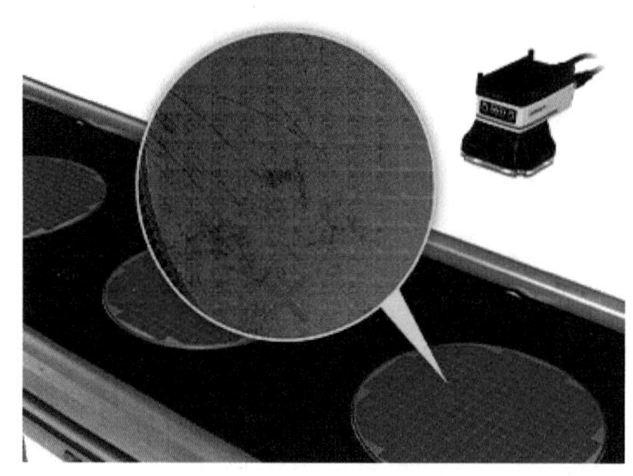

[그림 3–8] 디스플레이, 반도체 제조간 검출되는 Defect (자료: COGNEX)

2. 데이터 모니터링

공정 엔지니어의 또 다른 주요 업무는 '데이터 모니터링'입니다. 매일 쏟아져 나오는 수많은 데이터 속에서 유의미한 정보를 찾아내고 정리해 최적의 공정을 찾아야하기 때문입니다.

모니터링을 할 때 불량이 발생한 Zone은 물론, 그 전 단계에 있는 공정까지 불량은 없었는지 데이터를 꼼꼼하게 살펴야 합니다. 이를 위해서는 먼저 데이터를 관리하는 프로그램을 능숙하게 다룰 줄 알아야 하고 데이터를 일목요연하게 정리해 필요한 정보를 찾을 수 있어야 합니다.

모니터링 업무는 공정기술 엔지니어로서 실무 능력을 키워나가는 데에 큰 도움이 됩니다. 이를 잘 수행하기 위해서 부서 내에서 공유하는 데이터와 파일들을 틈틈이 찾아보는 것이 큰 도움이 됩니다. 데이터를 통해 불량의 원인부터 해결 방법까지 파악할 수 있어서 실제 공정 중 발생한 에러를 해결하는 데에 많은 도움이 됩니다.

3. 재료 개발 및 설비투자

이윤을 극대화하기 위해 가장 저렴한 재료를 사용하여 동일한 품질을 유지하는 것은 제조 기업에서 가장 기본적이고 가장 큰 효과를 볼 수 있는 방법입니다. 디스플레이 제조에서 가장 최전선에 있는 공정 엔지니어는 공정 진행 간 새롭게 사용될 수 있는 재료에 대한 적용 테스트도 진행하며, 더 효율적인 공정 진행을 위한 설비 투자에도 간접적으로 도움을 줍니다. 실제적인 설비 투자는 설비 개발 및 설비 엔지니어가 진행하겠지만, 그 과정에서 중요한 의사결정과 조언을 해주는 역할을 하고 있습니다.

04 현직자 일과 엿보기

1 설비 엔지니어의 하루 업무 시간표

출근직후 (09:30~10:30)	오전 업무 (10:30~12:00)	점심 (12:00~13:00)	오후 업무 (13:00~17:30)
• 설비 장애 확인을 위한 시스템 로그 확인	• 부서회의를 통해 이슈사항과 Set-up 진행사항을 공유 • 유관 부서와 시스템 자동화 test 일정을 조율	• 12가지 메뉴가 구비되어 있는 구내식당에서 점심식사 • 사내 헬스장 이용	• 현장에서 설비 자동화를 위해 PC 세팅 • 자동화 Test 진행 후 정상 진행 시 해당 과정을 기록

(1) 출근 직후

디스플레이 라인은 24시간 돌아가기 때문에, 아침에 출근하면 전날 설비의 계측 Data가 축적되어 있습니다. 간밤에 내가 관리하는 설비가 이상은 없었는지, 설비 장애 확인을 위한 시스템 로그 확인 작업을 출근과 동시에 제일 먼저 진행합니다. 계측 Data상에 일관되지 않은 Data가 쌓이거나 오류 Data File이 발견되면 해당 설비에 대한 Trouble Shooting 계획을 세워 진행합니다.

(2) 오전 업무

데이터 확인이 다 끝나면 오전 회의에 참석합니다. 부서 내 회의를 통해 주요 설비의 이슈 사항과 부서 전체의 KPI[8]달성에 문제가 없는지에 대하여 토의합니다.

오늘은 시스템 자동화 관련 설비 Test가 있어서 물류팀과 오후 Test를 언제 진행할지 시간 조율을 진행하였습니다.

(3) 점심

회사 점심시간은 언제나 즐겁습니다. 12가지 메뉴가 구비되어 있는 구내식당에서 내가 먹고 싶은 메뉴를 골라 점심식사를 합니다. 회사에 인도인이 많아 카레 등 인도 요리에 특화된 것들이 자주 나오는데, 카레를 좋아하는 저로서는 참 감사한 일입니다. 30분 정도 시간이 남아 사내 헬스

8 [10. 현직자가 많이 쓰는 용어] 8번 참고

장에 들러 전속력으로 러닝머신을 뛰고 옵니다. 하루 종일 일만하면 몸이 쑤실 만도 한데 이렇게 한 번씩 풀어 주면 참 좋은 것 같습니다.

(4) 오후 업무

설비 자동화란, 사용자가 입력한 Data를 기반으로 PLC 등을 활용하여 일련의 동작을 자동으로 수행하게 하는 것을 말합니다. 오늘은 디스플레이 제조 glass가 들어오고 나가는 물류의 자동화 업무 Set-up이 예정되어 있어 물류팀과 함께 서버PC 세팅을 진행하였습니다. 이후에 물류가 자동으로 잘 진행되는지 TEST를 진행하였고 해당 과정을 영상으로 남기고 Data 또한 기록 및 분석용으로 수집하였습니다.

2 공정 엔지니어의 하루 업무 시간표

출근 직후 (08:00~09:00)	오전 업무 (09:00~11:30)	점심 (11:30~13:00)	오후 업무 (13:00~17:00)
• 신규 양산모델 Recipe 회의 참석	• 개발된 공정 Recipe의 양산 가능성 검토 • 신규 Recipe의 공정 트렌드 분석	• 12가지 메뉴가 구비되어 있는 구내식당에서 점심 식사 • 사내 헬스장 이용	• 오전 작업을 끝낸 설비의 변경점 관리 • 신규 Recipe • 개선, 분석 업무 진행

(1) 출근 직후

차주부터 개발이 끝나 양산이 시작된 디스플레이 신규 모델이 라인에 투입될 예정이라고 합니다. 따라서 양산을 위한 Recipe 최적화가 필요합니다. 기존 모델과 유사한 점이 많으므로 동일한 Recipe로 진행을 하되, 최소 픽셀이 작아진 것을 감안하고 검사 설비의 민감도 수치를 지금의 1.5배 정도로 설정하여 Recipe를 진행하는 것으로 확정 지었습니다. 이번 회의는 Recipe 공정 엔지니어 담당자뿐만 아니라 품질 부서도 참석하여 큰 관심을 보였습니다.

(2) 오전 업무

오전 회의를 바탕으로 신규 모델에 대한 Recipe 검증을 진행하였습니다. Test용 Lot[9]을 제공받아 오전 회의 내용대로 Recipe를 작성하여 검사 진행 시 오류가 발생하지 않는지 확인하였습니다. 또한 해당 Recipe 투입 시, 전체 검사 Tact 및 특이 Data는 발생하지 않는지 전체적인 공정 Trend를 분석하였습니다. Test 결과 이상 없이 검사 Data가 추출되었고 검사 Tact도 크게 문제가 없는 것으로 파악되었습니다. 차주 신규 양산모델은 해당 Recipe로 진행되어도 상관없을 것으로 보입니다.

9 [10. 현직자가 많이 쓰는 용어] 9번 참고

(3) 오후 업무

점심 직후, 설비 엔지니어들이 자동화 업무를 위해 설비 PC의 여러 Setting값을 변경하였습니다. 이후 우리 쪽으로 설비 정상 가동 시 문제가 없는지 Double Check 요청이 들어왔고 확인 시 설비 가동에 전혀 문제가 없었습니다. 이렇게 설비가 변경이 된 것들은 '변경점'이라 하여 MES[10] 전산상에 따로 기록하게 되어 있습니다. **변경점 기록은 매우 중요합니다. 설비 에러 발생의 거의 90% 이상은 인위적인 설비 변경점에 의한 것이기 때문입니다.**

이후 퇴근 시간까지 신규 Recipe 개선점에 대해 가설을 세우고 다음 주까지 테스트 일정을 잡았습니다.

PROFESSIONAL
데이터 수집시간 감소
정보분석시간 감소

IMPROVENMENT
생산성 향상
품질 향상
생산주기 감소

MES

SATISFACTION
서류작업 감소
예측정확도 향상
고객만족도 개선

[그림 3-9] MES시스템의 장점 (출처: 스마트공장장)

10 [10. 현직자가 많이 쓰는 용어] 10번 참고

에피소드 신입사원 때 있었던 일

입사 1년차쯤 설비 엔지니어로 한참 여기저기 뛰어다니느라 바쁘던 시절, 회사 또한 새로운 라인 Set-up으로 바쁘던 시기가 있었습니다. 당시에 설비 반입이 한참이었는데, 이게 생각보다 엄청나게 단위가 크고 어려운 업무였습니다. 설비가 보통 최소 수십 톤부터 시작을 하는데, 설비반입계획서를 몇 주 전부터 제출하고 당일이 되면 수십 톤의 설비를 옮겨다 줄 파워 크레인과 수십 명의 작업 인부들도 통솔해야 합니다.

당시 어느 정도 업무가 손에 익어가는 터라 제가 담당해서 해당 업무를 진행하게 되었는데, 의도치 않게 실수를 연발하게 되었습니다. 파워 크레인 대여 시간에 착오가 있어서 오전 내내 해당 행정 문제를 해결하느라 라인 밖에서 시간을 다 쓰게 된 것입니다. 그래도 오후에는 끝낼 수 있을 것 같아 다시 재충전하여 라인에 들어갔지만, 생각지도 않게 설비가 반입된 후 지나가는 통로가 전혀 정리가 되어 있지 않았습니다. 여러 번 협업 부서에 관련 공문을 보내고 전화까지 해서 두 번 세 번 확인했지만, 해당 부서에서는 아마 라인 정리를 하라는 지시만 하고 실제 실무자가 확인하지 않은 것이었습니다. 부랴부랴 다시 협업 부서에게 연락하여 라인 진입로 개척을 요청하였고 밤늦게 되어서야 겨우 설비가 원래 자리로 갈 수 있도록 길이 생겼습니다. 결국 인부들도 야간작업을 진행하게 되었고 저는 하루가 어떻게 갔는지 모르게 라인을 나와 보니, 시간은 새벽 네 시를 가리키고 있었습니다. 집에 들어가지도 못하고 샤워실에서 잠깐 샤워만 하고 다시 사무실로 나와 30분정도 쪽잠을 자니 업무 시작 시간이 되었던 것이 지금도 기억에 선합니다. 어떻게든 익일 근무일 전까지 반입은 마쳐서 다행히 큰 사고로 남지는 않았지만, **정말 업무는 하나부터 열까지 스스로 챙기지 않으면 안 되는구나 하는 것을 배운 날이었습니다.**

05 연차별, 직급별 업무

1 설비 엔지니어

1. 신입사원 업무(CL1)

● **기본적인 장비 PM 및 설비 유지/보수업무, 설비의 Trouble Shooting업무 진행**

설비 엔지니어의 가장 주요한 업무는 설비가 라인 내에서 24시간 문제없이 가능하도록 하는 데에 있습니다. 각 단위 공정별로 설비가 다르므로 세부적인 업무는 다르지만, 기본적으로 장비의 PM을 통해 설비의 가동성을 향상시키고 신뢰성을 유지하는 데에 많은 시간을 할애합니다.

설비의 유지보수는 직접 라인에 들어가 작업을 하게 됩니다. 기본적으로 협력업체와 같이 진행하고 설비 내에 진입하여 물리적으로 청소를 하는 등의 육체적인 업무가 필요합니다. 저연차 엔지니어의 경우 이러한 작업에 자주 투입되어 Maintenance를 진행하다 보면 설비에 보다 더 익숙해질 것입니다.

디스플레이 공정 장비는 매우 다양하고 복잡하며 여러 가지 원인으로 고장이 발생합니다. 라인에서 설비 한 대당 24시간 내에 수십 번의 오류로 인한 Stop이 발생하는 경우도 빈번합니다. 설비 엔지니어는 이러한 오류가 발생했을 때, 적절하게 Trouble Shooting을 진행하여 설비가 다시 정상 가동되도록 하는 데에 큰 역할을 합니다. 보통 **현장에서 간단한 조치로 해결되는 경우가 생각보다 많으므로 저연차가 이 업무를 맡아서 진행합니다.**

2. 대리급 업무(CL2)

● **OPLS 업무 및 신규 FAB 건설 시 장비 Set-up 대응, 장비 성능 향상을 위한 설비 Parts 검토**

OPLS는 Trouble Shooting과 PM 업무를 진행하면서 터득하는 노하우들을 문서화하는 작업입니다. 한마디로 업무 매뉴얼을 만드는 활동입니다. 이러한 문서를 적절하게 작성하기 위해서는 수백, 수천 번의 설비 조치 노하우 경험이 필요합니다. 단순히 문제점만을 발견하여 해당 부분을 고치는 데에 그치는 것이 아니라 **설비 전체적인 관점에서 원인을 분석하여 솔루션을 도출해내야 해당 문서가 OPLS로 의미가 있게 됩니다. 따라서 어느 정도 숙련된 엔지니어인 대리급에서 해당 업무를 진행합니다.**

신규 Line 건설 시에 수백 대의 설비가 라인 내에 설치됩니다. 이 경우 단순하게 설비를 반입하여 전원만 올리면 가동되는 것이 아니라, 수십 가지의 Set-up 절차가 필요합니다. 대부분 협력업체와 진행하게 되지만, 라인 내에 생산 특성에 맞춰서 전체적인 Set-up Flow와 인접 설비와의 TTTM[11]을 하기 위해서는 대리급의 숙련된 엔지니어가 필요합니다. 보통 Line Set-up은 짧으면 6개월에서 길게는 안정화 단계까지 2년 이상 필요한 경우도 있습니다.

또한 설비 성능 향상을 위해 부분적인 Parts의 업그레이드가 매 분기별로 필요합니다. 설비 구동의 전체적인 메커니즘을 이해해야 해당 업무를 진행할 수 있기 때문에 대리급에서 해당 업무를 책임지고 진행합니다.

3. 과장, 차장급 업무(CL3)

● 신규 공정 대응을 위한 설비 개발, 신규 설비 응용 기술 개발, 인력 관리 업무 수행

신규 공정이 도입되면 이에 상응하는 신규 설비가 필요합니다. 설비의 도입은 정확한 설비의 수준과 추후에 필요한 모델의 스펙 및 소요까지 정확한 예상이 필요합니다. 따라서 간부급 인원의 경험과 결단력이 필요합니다.

같은 공정 내에서도 혁신적인 설비의 도입은 디스플레이 수준의 향상과 더 나은 수율로 인한 제조효율 향상으로 이어집니다. 따라서 주기적인 설비의 리모델링이 필요합니다. 실제적인 설계와 제작 등은 설비를 생산하는 협력업체에서 이뤄지게 되지만, 결국 사용자는 대기업 생산 라인에 위치한 기술팀입니다. 따라서 각 기술팀의 간부급들은 연초와 연말에 설비 도입 계획을 세웁니다. 이때 경영계획에 따른 디스플레이의 라인별 연간 생산량 규모를 기반으로 필요한 신규설비의 대수를 산정합니다.

CL3는 과장, 차장급으로 중견 간부의 역할을 수행합니다. 따라서 인력관리 또한 CL3의 주요 업무 중에 하나입니다. 개발 인력들의 Career 개발 수준이나 직급, 성향에 맞게 업무를 배분해야 하며, 부서 내에 부조리함은 없는지, 갈등이 생길 경우 적절히 중재도 해야 하고 팀원들의 연차 사용 등 전체적인 근태관리도 진행하게 됩니다. 따라서 **업무능력과 별개로 리더십을 발휘하여 모든 직원들이 불만 없이 쾌적하게 개발 업무를 수행해 나갈 수 있도록 인력을 관리할 수 있는 능력이 필요합니다.**

11 [10. 현직자가 많이 쓰는 용어] 11번 참고

2 공정 엔지니어

1. 신입사원 업무(CL1)

● **공정 진행 간 발생하는 모든 이슈에 대해 대응하는 업무**

공정 엔지니어의 주니어 시절에는 디스플레이를 FAB에서 생산하는 데 필요한 모든 작업을 진행한다고 봐야 합니다. **디스플레이 제조에서 가장 중요한 것은 생산 물량과 수율인데, 이 두 가지를 완벽하게 달성하도록 하는 것이 공정 엔지니어의 업무**입니다. 보통 공정 신입의 경우 교대근무를 하고 근무시간 동안 디스플레이 해당 단위 공정 간 문제가 생긴 경우 원인을 파악하며 조치하는 일까지 합니다.

트러블 슈팅 과정에서 잘못된 일 처리를 하게 되면 원장 Glass를 작게는 수 매에서 크게는 수십 매를 출하하지 못할 수준으로 만들게 되는데 이러한 경우를 '라인 사고'라고 부르며 근무 중 빈번하게 발생합니다. 신입 사원의 경우 이러한 사고를 잘 대처할수록 있도록 많은 경험을 쌓아야 합니다. 사고 수습은 빠르게는 몇 시간 안에 끝나지만 길게는 끝까지 그 원인을 규명하지 못하는 경우도 있기 때문에, 신입 기간 동안 최대한 많은 경험을 쌓으며 활발하게 엔지니어링 활동을 해 나가야 합니다.

2. 대리급 업무(CL2)

● **공정 조건 셋업(Recipe) 및 수율 향상을 위한 공정 개선 평가 업무 진행**

새로운 제조 모델이 라인에 들어오는 경우, 해당 조건에 맞는 공정 조건을 셋업(Recipe)하는 업무를 대리급에서 주로 진행합니다.

자기가 맡은 단위 공정에서 소자가 제시한 물리적인 형태가 정확히 구현될 수 있도록 단위 공정의 세부 조건을 정확히 결정하는 업무를 통해 효율적인 Recipe를 작성할 수 있습니다. 예를 들어 포토 공정에서는 마스크의 패턴을 정확하게 디스플레이 원장 위에 찍어내기 위해 빛의 강도는 어떻게 할 것이며, 몇 초간 노광을 할 것인지를 정해야 합니다. 이러한 조건들을 여러 번의 테스트 공정을 통해 최적 조건을 찾아내 Recipe를 세팅합니다. 또 다른 예로는 세정공정이 있습니다. Glass 위에 Particle을 효율적으로 제거하기 위해 어떤 화학 용액을 써서 얼마의 시간 동안 세정할지 조건 등을 결정할 수 있습니다.

[그림 3-10] 국산 디스플레이 노광장비 (출처: 필옵틱스)

디스플레이 제조의 각각의 단위 공정마다 정확한 결과물을 내놓기 위해 대리급의 공정 엔지니어는 화학적, 물리적, 공정상에서 전문가가 되어야 하며, **자기가 다루는 단위 공정의 설비와 작동 원리, 스펙에도 전문가가 되어야 합니다.**

3. 과장, 차장급 업무(CL3)

● 단위 공정 간 이슈 해결 및 생산목표를 채우기 위한 KPI 활동

단위 공정부서에서 과장, 차장급은 부서 간 이슈 해결이 가장 중요한 업무입니다. 제조공정에서 수많은 불량이 발생하는데, 귀책 부서를 서로 미루다가 싸움이 나는 경우가 자주 있습니다. **이 경우 부서장(과장, 차장급)들이 나서서 기술적 또는 부서장 간의 대화로 최대한 공정 불량 귀책 부서 문제를 해결해야 합니다.** 각 부서의 팀원들끼리 부딪히게 되는 경우 보통 각자의 의견만 내세우다 결국 기분이 상하고 업무처리만 늦어지는 경우가 많으므로, 부서장은 이러한 상황에서 공정 불량의 귀책 부서 문제를 서로 간의 합의로 원만하게 해결하려는 노력이 필요합니다.

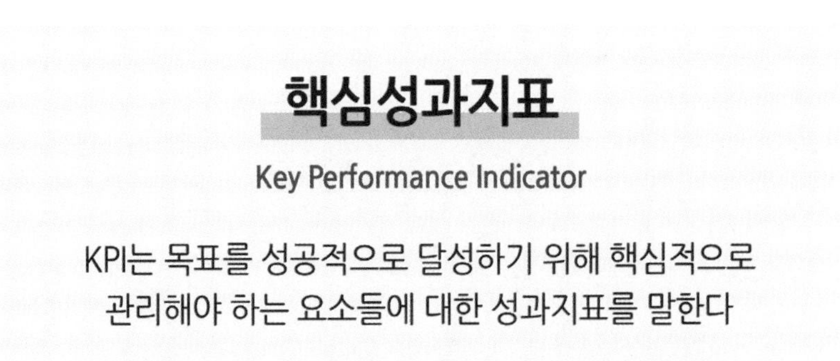

핵심성과지표

Key Performance Indicator

KPI는 목표를 성공적으로 달성하기 위해 핵심적으로
관리해야 하는 요소들에 대한 성과지표를 말한다

[그림 3-11] KPI의 사전적 정의 (출처: 네이버 시사경제용어사전)

또한 수율 개선이나 사고 원인 파악을 위한 공정 전체 평가, 해당 공정에 새롭게 필요한 재료나 소모품의 대한 판단과 개선에 대한 평가 등도 과장, 차장급에서 진행합니다. 이를 통해 개선 목표나 ITEM을 상부에서 내려오는 지시에 맞게 단위 공정 내에서 구현할 수 있도록 KPI를 제시하고 팀원들이 해당 목표를 달성할 수 있도록 지금까지의 공정 경험과 노하우를 바탕으로 이끌어나가게 됩니다.

CL3는 과장, 차장급으로 중견 간부의 역할을 수행합니다. 따라서 인력관리 또한 CL3의 주요 업무 중에 하나입니다. 개발 인력들의 Career 개발 수준이나 직급, 성향에 맞게 업무를 배분해야 하며, 부서 내에 부조리함은 없는지, 갈등이 생길 경우 적절히 중재도 해야 하고 팀원들의 연차 사용 등 전체적인 근태관리도 진행합니다. 따라서 **업무능력과 별개로, 리더십을 발휘하여 모든 직원들이 불만 없이 쾌적하게 개발업무를 수행해 나갈 수 있도록 인력을 관리할 수 있는 능력이 필요합니다.**

MEMO

06 직무에 필요한 역량

1 직무 수행을 위해 필요한 인성 역량

1. 대외적으로 알려진 인성 역량

(1) 어느 정도의 체력이 뒷받침 되는 지원자

공정 엔지니어와 설비 엔지니어는 모두 라인에서의 업무시간이 굉장히 깁니다. 기본적으로 교대근무는 필수적으로 이루어지고 설비 고장 시 몇 시간씩 설비 앞에서 설비를 고치는 경우가 생길 수도 있습니다. 물론 라인의 99%가 스마트 팩토리 및 자동화 공정이 진행되고 있지만, 결국 문제가 생기면 인력으로 해결하는 수밖에 없습니다. **디스플레이 라인은 24시간 돌아가고 24시간 돌아가는 라인과 함께할 수 있는 체력이 기본적으로 필요합니다.**

[그림 3-12] 바쁘게 굴러가는 디스플레이 생산 라인 (출처: 삼성전자)

(2) 다른 사람과의 원활한 협업이 가능한 지원자

공정 엔지니어와 설비 엔지니어는 서로 협업이 필수입니다. 공정 엔지니어가 Set-up한 Recipe가 목적을 다할 수 있게 설비 엔지니어가 장비와 설비를 Set-up 해야 합니다. 반대로 공정 엔지니어가 개발한 것이 실제 양산에 부적합하다면, 설비 엔지니어가 공정 엔지니어에게 이슈를 던지기도 합니다. 양산 도중 문제가 발생했을 때에도 공정Recipe가 문제인지, 설비가 문제인지로 싸우기도 합니다. 따라서 **원활한 협업이 업무 성공에 가장 중요한 핵심이라고 할 수 있습니다.**

2. 현직자가 중요하게 생각하는 인성 역량

(1) 문제가 발생하였을 때 냉철하게 집어낼 수 있는 지원자

디스플레이 엔지니어는 다양한 Parameter들과 Output 값을 확인하고 Trend나 Defect 관점에서 문제가 생겼을 때 이를 Define하고 Solution을 제시할 줄 알아야 합니다. 이를 위해서 어떤 문제가 발생하였을 때, 이를 찾아내는 능력은 매우 중요하다고 할 수 있습니다. 어떤 현상에서 문제점을 파악해서 원인을 재빠르고 명확하게 찾아내는 역량이 반드시 필요합니다.

(2) 끝까지 포기하지 않는 끈기를 가진 지원자

공정 불량은 쉽게 해결되지 않습니다. 여러 부서가 머리를 맞대고 어떤 단위 공정의 문제인지 알아냈다고 하면 이제 겨우 Trouble Shooting의 첫 단계를 지난 것입니다. 불량 귀책 부서를 알아냈다면, 이제 원인은 무엇인지, 어떻게 해당 공정 불량을 해결할 것인지, 가설을 세우고 여러 Test를 통해 불량을 해결하고 나면 다시 문서로 전 과정을 기록해 두어야 합니다. 공정 불량이든 설비 불량이든 쉽게 조치로 끝나는 경우도 많지만, 어떤 불량은 몇 달, 길게는 1~2년이 걸려서야 해결되는 경우도 있습니다. 따라서 포기하지 않고 끝까지 매달릴 수 있는 집념과 끈기가 필요합니다.

2 직무 수행을 위해 필요한 전공 역량

1. 설비 엔지니어

(1) 프로그래밍 언어와 관련된 역량

설비 통신 장애나 보고 누락 등을 점검하기 위해서는 시스템 로그를 확인해야 합니다. 이때 해당 로그 대부분이 컴퓨터 언어인 경우가 많습니다. 때문에 C언어 등과 같은 컴퓨터 언어를 익혀 두면 업무를 익히는 데 많은 도움이 됩니다. 그리고 전산 업무가 주를 이루는 만큼 꼼꼼함도 필요로 합니다.

(2) 학부 수준의 공학실험 수업 수강

공정 불량이 발생했을 때, 해당 상황을 관찰해 문제 원인을 찾아내고 조치하는 일련의 과정들이 필요합니다. 그래서 공학적인 문제 해결 능력을 기를 수 있는 실험 과목을 많이 듣는 것이 도움이 됩니다. 여기에 모터, 실린더 등 기본적인 기계적인 지식에 대한 이해가 더해진다면 업무에 빨리 적응할 수 있습니다.

2. 공정 엔지니어

(1) 각종 소재, 재료와 관련된 지식

신소재공학과를 나오지 않은 대부분의 공대생의 경우, 디스플레이 소재에 대해 생소할 수가 있습니다. 기본적인 FET 구조에서 필수적인 Si나 알루미늄과 같은 기본적인 물질부터 OLED에서 가장 중요한 발광체인 유기소자 등, 공정을 진행하다 보면 재료적인 지식이 큰 도움이 되는 경우가 많습니다. 예를 들어, Ag가 불필요하게 석출되는 불량이 발생했을 때 Ag의 특성을 이용해 귀책 공정을 잡아내는 등의 수준 높은 업무를 진행할 수가 있습니다. 학부 수준의 재료공학 정도의 지식을 갖추면 업무에 훨씬 도움이 됩니다.

(2) 디스플레이 구동 원리와 기본적인 회로도(레지스터, 커패시터, 트랜지스터의 역할 등)를 읽고 해석할 줄 아는 능력

기본적인 OLED 회로의 구동 원리를 알고, 회로도를 보고 신호의 흐름을 해석할 수 있는 능력이 필요합니다. 현재 대세로 이용 중인 OLED 7 Transistor 2 Capacitor의 기본 회로 동작 원리를 이해하고 더 나아가 OLED 보상 회로의 해석에 대해 이해할 정도의 회로 리딩 능력이 필요합니다. 대학 과정에서 전자회로과정을 수강한다면 해당 회로 리딩 능력 정도는 확보할 수 있습니다.

3 필수는 아니지만 있으면 도움이 되는 역량

추리력을 갖춘다면 보다 훌륭한 설비, 공정 엔지니어가 될 수 있습니다. 추리력이라고 하면 셜록홈즈와 같이 미제사건을 풀어내는 거창한 추리력을 말하는 것이 아닙니다. **산출된 Data의 Trend를 읽고 불량 발생의 흐름을 파악해 귀책 공정을 파악하거나 불량의 원인을 찾아낼 수 있는 수준의 '논리적인 추리력'을 말하는 것입니다.** 이를 위해서는 평소 뉴스를 통해 사건을 들으며 왜 해당 사건이 발생했는지 원인에 대해 생각해 보고 이것을 통해 어떤 영향을 미치게 되는지 후속 사건들의 흐름에 대해 생각해 보는 훈련을 계속한다면 추리력을 높이는 데에 도움이 될 수 있습니다. 설비 엔지니어는 끊임없는 추리를 통해 설비의 문제를 해결하고 24시간 고장 나지 않는 설비를 만들어야 하며, 공정 엔지니어 또한 끊임없는 추리를 통해 공정 불량의 원인을 파악하여 보다 높은 수율을 달성해 제조 효율화를 만들어내는 것이 가장 큰 임무입니다.

MEMO

07 현직자가 말하는 자소서 팁

자기소개서 작성 팁은 앞의 Chapter 2. **공정개발**에서 작성한 내용과 말하고자 하는 내용이 동일합니다. 직무에 따라 작성하는 자기소개서 내용의 차이가 크지 않다고 생각합니다. 따라서 자세한 내용은 Chapter 2를 참고 부탁드리며, 그럼에도 불구하고 직무에 따라 어필하면 좋은 내용의 차이는 어느 정도 있기 때문에 차이점이 있는 부분만 언급하도록 하겠습니다.

이 부분 또한 실제 과거 삼성디스플레이 자기소개서 질문을 바탕으로 자기소개서 작성 꿀팁에 대해 알아보겠습니다.

Q1 존경인물 및 존경하는 이유를 자유롭게 작성하여 주시기 바랍니다.

* Chapter 2. **공정개발** 부분 참고

Q2 삼성디스플레이를 지원한 이유와 입사 후 회사에서 이루고 싶은 꿈을 기술하십시오.

설비 엔지니어의 경우 현재 EUV 기술력으로 세계를 선도하는 ASML을 언급하며 해당 업체와 같은 설비 기술의 명장이 되도록 노력하겠다! 정도의 포부면 충분합니다. 공정 엔지니어의 경우 수율과 품질 어느 것도 놓치지 않은 공정 분야의 전문가가 되겠다는 포부를 적는 것이 좋습니다.

Q3 본인의 성장 과정을 간략히 기술하되 현재의 자신에게 가장 큰 영향을 끼친 사건, 인물 등을 포함하여 기술하시기 바랍니다.

공정과 설비 엔지니어의 경우 성실성을 어필하는 것이 좋습니다. 따라서 학창 시절에 부단하고 성실히 노력한 결과물에 대해 작성하고 어필한다면 좋은 인상을 줄 수 있을 것입니다.

Q4 최근 사회 이슈 중 중요하다고 생각되는 한 가지를 선택하고 이에 관한 자신의 견해를 기술해 주시기 바랍니다.

* Chapter 2. **공정개발** 부분 참고

Q5 본인의 경험 중 대상의 니즈를 파악하고 상황을 분석하여 전략적으로 해결방안을 제시한 경험에 대해 기술해 주시기 바랍니다.

공정과 설비 엔지니어의 경우 공학적인 측면을 어필하는 것이 좋습니다. 학부 시절 수행한 프로젝트도 좋고 졸업 작품도 좋습니다. 공학적인 문제 해결을 통해 어려움을 극복한 사례를 한 개 이상 제시하는 것을 추천합니다.

08 현직자가 말하는 면접 팁

면접 또한 앞의 Chapter 2. **공정개발**에서 작성한 내용과 말하고자 하는 내용이 동일합니다. 인성 면접은 직무에 따른 큰 차이가 없으며, PT 면접은 직무에 따라 물어보는 질문의 차이가 분명 있을 순 있지만 앞에서 말한 기본적인 태도에 대한 내용은 동일합니다. 다만, S사 기준 창의성 면접에서 말하고 싶은 내용이 있어 이 부분에서 설비와 공정 엔지니어를 준비한다면 도움이 될 만한 내용들을 알려드리겠습니다.

이 부분 또한 S사 면접을 기준으로 인성 면접, PT 면접, 창의성 면접에 대한 대응 방안에 대해 알아보겠습니다.

1 인성 면접

* Chapter 2. **공정개발** 부분 참고

2 PT 면접

* Chapter 2. **공정개발** 부분 참고

3 창의성 면접

설비 엔지니어와 공정 엔지니어 직무의 경우 수율과 관련된 질문이 결코 빠질 수 없습니다. 디스플레이 업계에서 수율은 결함이 없는 합격품의 비율을 의미합니다. 즉 투입한 글라스 대비 제조되어 나온 양품 디스플레이의 비율을 수율이라고 할 수 있습니다. 수율 자체가 생산성을 의미하고 이는 기업의 수익성과 직결되기 때문에 디스플레이 산업에서 수율은 어떻게 보면 가장 중요하다고 할 수 있습니다. 디스플레이는 미세한 회로로 구성이 되기 때문에 아주 작은 부분의 결함도 치명적인 영향을 미칠 수 있습니다. 따라서 높은 수율을 얻기 위해서는 공정 설비의 높은 정확도와 클린룸의 청정도 그리고 정확한 공정 조건 등 여러 상황들이 완벽하게 맞아야 합니다.

수율에 대해 조금 더 전문적인 이야기를 하자면, 디스플레이의 수율은 보통 EDS 수율을 의미하게 됩니다. YMS System[12]으로 추출한 데이터를 통계적 분석 방법으로 디스플레이 영역별로 상태를 분류하게 됩니다. 보통 수율이 우수한 디스플레이는 Bin1+Bin2에 한정하며 이외에 Bin 분류들은 Fail 디스플레이로 구분합니다. EDS 수율 계산 방식이 가장 합리적인 방식으로 산업계에서 쓰이기 때문에 보통 제조센터에서의 역량을 EDS 수율 향상에 집중한다고 볼 수 있습니다.

면접에서 자주 나오는 질문인 수율 향상과 생산성의 관계에 대한 질문에 답을 해 보자면, 디스플레이 산업에서 생산성과 가장 직결된 최적의 방안은 수율을 향상시키는 것입니다. 수율을 향상시키면 양품 디스플레이의 증가로 매출에 직접적인 상승을 가져오고, 원장 Glass, Chemical, Gas 등과 같은 원료 비용도 절감할 수 있습니다. 또한 수율의 향상은 인건비와 전기, 설비의 Tact time 감소 등 여러 가지 기본 비용을 절감함으로써 생산성을 향상시키는 간접 효과를 가져옵니다. 따라서 **이러한 수율 향상은 생산성에 반드시 비례하게 되어 디스플레이 산업 및 설비, 공정 엔지니어 직무에서 가장 우선순위가 되는 것입니다.** 이 정도의 수율 관련 지식을 가지고 있다면, 면접에서 관련 질문이 나왔을 때 충분히 면접관 마음에 들 만한 답변을 할 수 있을 것입니다.

PART 02 현직자가 말하는 디스플레이 직무

Chapter 03 공정 엔지니어, 설비 엔지니어

12 [10. 현직자가 많이 쓰는 용어] 12번 참고

09 미리 알아두면 좋은 정보

1 취업 준비가 처음인데, 어떤 것부터 준비하면 좋을까?

1. 취업에 기본적인 스펙 준비하기

디스플레이 관련 대기업 취직을 위해서 기본적으로 필요한 스펙들이 있습니다. 학교, 학점, 어학, 직무 경험입니다. 이 글을 읽는 여러분의 입장에서 현재 학교와 학점은 바꾸기 쉽지 않기 때문에 기본적인 어학과 직무 경험을 우선 키워 놓아야 합니다. 어학의 경우 삼성 기준으로 OPIC과 토익스피킹이 필요합니다. 엔지니어 직군의 경우 OPIC은 IM2 정도, 토익스피킹은 Level 5 이상이 필요합니다. 영어를 유별나게 못하지 않는다면, 학원에서 1~2주 정도만 공부해도 어학 점수는 보통 맞출 수 있으니 대학교 3학년을 마칠 시점 전까지는 반드시 어학점수를 준비하는 것이 좋습니다. 직무 경험은 아래에 이어서 설명하도록 하겠습니다.

2. 설비, 공정 관련 실무경험 키우기

설비, 공정 엔지니어 취업을 위해서 사실 가장 중요한 부분이라고 할 수 있습니다. **먼저 간접적으로 학교 전공 수업에 대한 대비가 필요합니다.** 물론 이 시점에서 이미 전공 수업은 지나간 경우겠지만, 면접에서 반드시 반도체 공정이나 물리전자 과목 등에서 면접 질문이 나올 수 있습니다. 따라서 물리전자, 전자회로, 반도체고집적공학, 디스플레이공학 등 공정 관련 대학 전공은 유튜브나 온라인 강의 등을 통해 다시 한 번 면밀하게 공부해 두어야 합니다. **직접적인 방법으로 사설 공정실습이나 LAB실 경험이 있습니다.** 우선 LAB실을 먼저 경험하는 것이 가장 좋은 방법입니다. LAB실에 들어가기 전 반드시 해당 LAB실에 전화해서 반도체 공정 실습을 할 수 있는 에칭장비나 노광장비 등이 있는지 확인하고 들어가는 것이 좋습니다. 다만, 요새 학업 분위기가 석사생 이외에는 LAB실 인원을 잘 받아주지 않는 학교가 많으므로, **정식으로 LAB실 경험이 힘들다면 사설 공정실습을 진행하는 것도 좋은 방법이 될 수 있습니다.** 다만 이 경우, 내가 단순히 공정실습 인증서를 받기 위해 실습을 한다는 마음가짐을 가지면 안 됩니다. 실제 디스플레이 공정 실습을 진행하면서, 특정 공정에서 어떤 어려움이 있었는지, 실습과정에서 어떻게 이 과정을 극복했는지 나만의 스토리 라인을 가져가며 실습을 하는 것이 중요합니다. 나중에 이 경험들이 자기소개서에 녹아들어 면접이나 서류 전형에서 좋은 결과로 여러분에게 돌아올 것입니다.

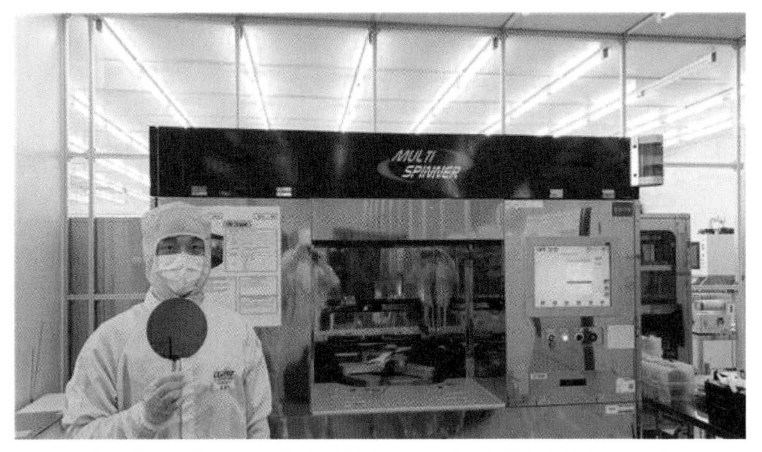

[그림 3-13] DIGIST에서 진행된 CMOS 공정 실습 (출처: DGIST)

3. 인적성 및 직무면접 대비하기

인적성 인터넷 강의를 적극 활용하는 것을 권장합니다. 삼성이나 SK, LG 인적성은 생각보다 엄청 큰 시장이기에 그만큼 양질의 강사와 강의가 포진되어 있습니다. 따라서 최소 3학년 겨울방학부터는 인터넷 강의를 병행하여 인적성 공부를 하는 것을 추천합니다. 직무 면접의 경우 각 전공별 주요 과목을 마스터하는 것이 중요합니다. 예를 들어 기계과의 경우 4대 역학(재료, 열, 유체, 동역학)을 모두 시험 전에 공부한다는 것은 물리적으로 불가능합니다. 따라서 **산업 특성과 직무 특성에 맞게 우선순위를 잡고 준비하는 것이 중요합니다.** 설비 엔지니어의 경우 재료역학보다는 열, 유체역학이 더 중요하므로 해당 분야 전공 공부에 더 많은 시간을 집중하는 노력이 필요합니다. **특히 설비, 공정 엔지니어 분야에 지원한다면 반도체 8대 공정과 최대한 관련된 전공 공부를 주로 하는 것이 중요합니다.** 기본적인 8대 공정에 대한 개념 숙지는 기본 사항이며, 최근 화두가 되고 있는 **퀀텀닷 디스플레이**나, 가장 주요한 사업모델인 OLED 공정에 대해 추가적으로 심도 있는 학습이 필요합니다.

2 현직자가 참고하는 사이트와 업무 팁

1. OLED NET

OLED 관련 산업 동향 보고를 가장 확실하고 최신 방법으로 알 수 있는 사이트입니다. OLED 국가별 산업 전망, 최신 기술 개발 동향 보고서와 각종 OLED 관련 최신 뉴스를 확인할 수 있습니다.

2. SID, MRS, SPIE

디스플레이 관련 논문, 리서치 자료를 총망라한 곳입니다. 디스플레이 관련 신기술은 세 학회 사이트에서 최소 한 곳에서 반드시 찾을 수 있습니다. 다만 최신 기술 관련 자료를 열람할 때 어느 정도 유료의 비용이 발생합니다.

3. 협력사 사이트 내 설비 스펙 참고

자주 있지는 않지만, 협력사 설비에 대한 자세한 스펙이 필요한 경우 협력사 사이트 내에 보통 설비에 대한 기술 소개를 자세히 해놓은 경우가 많아 기술 영업 사원에게 직접 연락하기 전에 먼저 찾아보는 편입니다.

4. 전자신문, 디지털타임즈

디스플레이 관련 대기업 소식이나 협력사 소식, 소부장 관련 뉴스를 가장 쉽고 전문적으로 찾아볼 수 있는 사이트입니다.

3 현직자가 전하는 개인적인 조언

설비 엔지니어와 공정 엔지니어의 목표는 같습니다. 바로 '공정 안정화' + '수율 향상'입니다. 하지만 방법이 다릅니다. 공정 엔지니어는 공정 Recipe, 진행 방식의 수정을 통해서 그리고 설비 엔지니어는 생산 장비와 그 설비의 수정을 통해서 앞서 말한 목표를 달성하게 됩니다. 신규 FAB 건설이나 증설 시에도 마찬가지입니다. 공정 엔지니어는 Recipe를 Set-up 하고 설비 엔지니어는 장비와 설비를 Set-up 합니다.

다만 라인 내의 설비를 기반으로 수율을 높이기 위한 전반적인 업무를 진행한다는 큰 공통점이 있습니다. 따라서 앞으로 설비 또는 공정 엔지니어 직무를 맡을 때, 아래 세 가지를 중점적으로 생각하면서 업무를 진행한다면 분명 선배들에게 인정받는 엔지니어가 될 수 있을 것입니다.

첫 번째, 수많은 Trouble의 패턴을 익혀야 합니다. 설비, 공정 엔지니어는 라인에서 겪는 경험이 가장 소중한 자산입니다. 불량이나 설비 에러가 발생하는 여러 가지 패턴을 익힐수록, 파생해서 발생하는 새로운 불량이나 에러의 원인과 해결책을 빠르게 도출해 낼 수 있습니다. 따라서 경험이 가장 중요한 덕목이라고 할 수 있습니다. 엔지니어는 제품과 설비의 문제를 해결하는 해결사로서 문제점을 빠르게 파악하고 해결할 수 있어야 하는데, 가장 중요한 능력이 패턴을 익히는 경험으로부터 나옵니다.

두 번째, 경험을 데이터화할 수 있어야 합니다. 이제 경험을 단순히 아날로그적으로 몸으로 익히는 시기는 지났다고 생각합니다. 최근에 설비들은 FDC[13]를 통해 설비에서 발생하는 수없이 많은 정보들을 하나도 흘리지 않고 취합하고 있습니다. **따라서 과거에 설비 엔지니어들이 소리나 육감적으로 파악했던 내용들이 지금은 데이터화 되어 서버에 차곡차곡 쌓여있습니다.** 이러한 빅데이터의 흐름을 이해하고 가공하여 유의미한 정보로 만들어낼 수 있는 역량도 엔지니어에게 중요하다고 할 수 있습니다. 이러한 이유에서 머신러닝이나 파이썬, SQL같은 소프트웨어 역량도 중요하다고 할 수 있습니다.

제조 빅데이터 분석

① 운영최적화	② 상황예측	③ 원인분석
• Recipe 추천/자동보정 • 자동보정 • 불량패턴 분류 • 최적경로 • CTP/CTQ 이상	• 설비 예지보전 • 실시간 품질 • 실시간 수율	• 품질불량 원인 • 수율저하 원인 • CTQ 변동 원인

[그림 3-14] 빅데이터 분석을 통한 제조 업무

세 번째, 리더십입니다. 설비, 공정 엔지니어는 보통 조를 이루어서 근무를 하게 됩니다. 루키일 때는 상관없지만, 생각보다 빠르게 관리자의 자리에 오르는 경우가 엔지니어에서는 쉽게 있습니다. 따라서 일찍부터 리더십을 키워 조직 운영에 대해 생각하고 준비하지 않으면, 막상 내가 관리자의 자리에 섰을 때 여러 시행착오를 겪을 수 있습니다.

지금까지 말한 세 가지 역량 강화에 힘쓰며 업무를 진행한다면, 여러분이 맡은 분야에서 최고의 엔지니어가 될 수 있을 것입니다.

13 [10. 현직자가 많이 쓰는 용어] 13번 참고

10 현직자가 많이 쓰는 용어

1 익혀두면 좋은 용어

1. Set-up 주석 1

디스플레이, 반도체 제조 분야에서 건물이 지어진 후 각종 배관 설치, 설비의 반입 및 설치, 반도체 웨이퍼나 디스플레이 초도 생산까지 기간의 업무를 말합니다.

2. PM 주석 2

'Preventive Maintenance'의 약자로 설비고장이 발생하기 전에 주기적으로 예방 정비 작업을 진행하여 설비의 오류 발생을 사전에 방지하는 작업을 뜻합니다.

3. BM 주석 3

'Break Maintenance'의 약자로 설비 고장 발생 시, 정상 상태로 복귀시키기 위한 설비 고장분석 및 조치사항을 뜻합니다.

4. PLC 주석 4

설비가 수행할 동작과 순서나 고장일 때의 처치 등을 제어장치에 입력해 두고, 제어장치가 내보내는 각 명령 신호에 따라 운전을 진행하는 제어를 말합니다.

5. 노광장비 주석 5

디스플레이나 반도체 위에 회로를 그리는 데에 사용되는 장비로 복잡한 광학계가 설치되어 있어, 광원을 통과한 빛이 광학계를 지나 반도체나 디스플레이 위에 빛으로 미세한 회로를 그려줍니다. 포토 설비라고도 부릅니다.

6. Transistor 주석 6

전류와 전압의 흐름을 조절하여 신호를 증폭하고 스위치 역할을 수행하는 반도체 소자로, OLED 디스플레이 구동회로의 경우 보통 7개의 Transistor가 구조적으로 사용됩니다.

7. Defect 주석 7

디스플레이 제조 공정 중에 발생하거나 여러 오염원으로부터 발생하는 모든 오염을 일컫습니다.

8. KPI 주석 8

'Key Performance Indicator'의 약자로 '핵심 성과 지표'라고 불립니다. 부서별로 달성해야 하는 목표의 기준점으로, 연말에 평가하는 대상이 됩니다.

9. Lot 주석 9

제조 용어로 같은 조건에서 생산된 물품의 집합으로, 디스플레이에서는 보통 원장 Glass 24개를 묶어 동시에 배송하며 이를 Lot이라고 합니다.

10. MES 주석 10

'Manufacturing Execution System'의 약자로, 디스플레이나 반도체뿐만 아니라 제조업과 관련된 회사라면 모두 가지고 있는 시스템으로 생산에 대한 계획, 실행, 제어가 가능한 프로그램을 말합니다.

11. TTTM 주석 11

Tool To Tool Matching의 약자로, 여러 대의 동일한 설비가 실제 라인 내에서 동일한 제조 퍼포먼스를 나타내게 하기 위해, 각 설비별로 보정 값을 주어 모두 같은 설비처럼 동작하게 만들기 위한 설비 사전 Setting 작업을 말합니다.

12. YMS System 주석 12

'Yield Management System'의 약자로, 양산품의 수율을 관리하는 시스템을 말합니다.

13. FDC 주석 13

'Fault Detection and Classification'의 약자로 반도체와 같은 제조업에서 장비에 센서를 부착해 데이터를 실시간으로 모니터링하고 분석함으로써 제조 이상 여부를 감지하는 시스템을 말합니다.

11 현직자가 말하는 경험담

1 저자의 개인적인 경험

신규 개발 모델의 라인 테스트 기술지원을 하기 위해 중국 출장을 나갔을 때였습니다. 첫 출장이라, 비행기 예약부터 현지 법인에 출근하는 것까지 모두 처음 겪는 일이라 낯설고 쉽지 않았습니다. 우여곡절 끝에 무사히 법인 출장자 사무실까지 잘 출근하였지만, 오자마자 설비에 큰 이슈가 있었습니다. 디스플레이의 편광판을 부착시켜 빛 투과도를 향상시키고 야외 시인성을 개선시켜 주는 POL이라는 부착품이 있는데, 설비를 이용해 자동으로 부착하는 것입니다. 일반적으로 설비를 이용한 자동 부착이기 때문에 큰 이슈가 없는 편인데, 신규 개발 모델에서 자꾸만 디스플레이 모듈 반제품에 스크래치 이슈가 발생하는 것이었습니다.

현지에 도착하자마자 맞닥뜨린 큰 이슈였고 하필 팀에서도 처음 보는 이슈라 저 같은 루키뿐만 아니라 선배 엔지니어도 골머리를 싸매고 있던 상황이었습니다. 설비 엔지니어는 이러한 상황에서 가용한 모든 방법을 동원하여 설비를 정상화시켜 불량품이 발생하지 않게 해야 합니다. 저를 비롯한 모든 팀원은 그때부터 라인에서 24시간 상주(교대하면서)하며 해당 문제의 원인을 분석하기 시작하였습니다. POL 부착설비의 압력, 부착시간, 부착열 등의 모든 조건을 바꿔보며 공정을 진행해 보았습니다. 단순히 PLC 모니터를 이용하여 설비의 조건을 바꿔 보면 되는 가장 간단한 방법부터 시작했습니다. 하지만 방법을 찾지 못했고, 조금 더 복잡한 방법인 이동 시 컨테이너 벨트 조사와 반제품 디스플레이 모듈 투입 간 스크래치 발생 가능성에 대해 면밀히 조사하였습니다. 하지만 여기서도 방법을 찾지 못했습니다. 이틀이 지나도 실마리는 전혀 보이지 않았고 가장 복잡한 방법인 부착 TOOL 교체와 탈부착 방향 변경 등 설비 자체를 물리적으로 변형해야 가능한 방법들도 시도해 보았습니다. 현지 공정 엔지니어와 협업으로 설비의 물리적 조건까지 변경해 가며 작업해 보았지만 불량률은 그대로였습니다.

그때 미처 생각하지 못한 부분이 갑자기 떠올랐습니다. 미온수를 이용해 POL 부착 전 잠시 Cleaning하는 공정이 있었는데, 해당 샘플 검사 시에는 크게 불량품이 없어서 귀책 공정에서 배제하였었습니다. 하지만 Cleaning 공정과 POL 부착 공정은 즉시로 이루어지므로, Cleaning 후 몇 분이 지난 상태의 샘플 검사에선 당연히 불량이 나오지 않았던 것이었습니다. Cleaning 직후 부착이 이루어지는 케이스와는 다른 경우였습니다. 해당 문제점을 파악한 저를 포함한 우리 설비 엔지니어 팀은 Cleaning에 사용되는 DI Water의 압력과 시간을 변경해 가며 테스트를 진행하였고, 생각지 않게 불량을 잡게 되었습니다. 원인은 강력하게 분사된 DI Water가 디스플레이 표면에 미세한 굴곡을 만들게 되었고 시간이 조금 지난 상태에서 POL을 부착한다면 다시 엠보싱처럼 표면이 올라와 문제가 없었지만, 실제 설비는 수초 이내에 바로 부착되기 때문에 굴곡이 있는 표면에 부착이 되다 보니 기포 등에 의해 발생한 스크래치였던 것이었습니다.

이렇듯 설비 엔지니어는 굉장히 창의적인 방법과 생각으로 끊임없이 설비에 대한 이슈를 해결해야 하는 직무입니다. 특히 단시간 내에 해결되지 않는 문제가 하나의 모델 내에서 셀 수 없이 나오기도 합니다. 제가 언급한 에피소드는 수많은 이야기 중에 하나일 뿐입니다. 위와 같은 여러 도전 사례들이 쌓이면서 우리는 최신 스마트폰을 마주하고 대형 TV를 생활 속에서 편하게 볼 수 있는 것입니다.

2 지인들의 경험

Q1 업무를 수행하면서 윗사람과 의견 차이가 있는 경우에 어떻게 하는 편이야?

반도체 S사 설비 엔지니어

재밌는 질문이야. 내가 신입 시절에는 마냥 네네 했었지. 하지만 요새는 내 의견을 말하는 편인 거 같아. S사는 상호 존중하는 기업 문화가 확실히 널리 퍼진 편인 거 같아. 내가 자유롭게 책임님이랑 의견을 나누는 편이니까 ㅎㅎ

Q2 이제 4년차 정도 됐는데, 이직에 대해서는 어떻게 생각해? 주변에서는 많이 하는 편이야?

디스플레이 S사 A개발실 동료

이직 요즘에 정말 많이 하지. 다만 회사가 안 좋다기보다 뭔가 다른 꿈을 찾아서 가는 친구들이 많은 거 같아. 내 동기는 공기업으로 이직한 친구 두 명. 행정고시 합격한 친구 한 명. 대학원 간 친구 한 명 이렇게 있는 거 같아.

Q3 네가 생각하는 디스플레이 대기업의 장점은 뭐야?

디스플레이 S사 엔지니어 지인

내가 생각했을 때 가장 큰 장점은 "보람"인 거 같아. 디스플레이는 정말 여기저기서 안 쓰이는 곳이 없거든. 내가 열심히 만든 제품을 스마트폰, OLED TV로 잘 쓰고 있는 지인이나 가족들을 보며 솔직히 뿌듯함을 많이 느껴.

Q4 학사, 석사, 박사 출신의 차이점은 뭘까? 학사가 회사생활에서 크게 불리한 점이 있어?

반도체 S사 설비 엔지니어

석사는 책임 진급이 2년 빠르고, 박사는 책임급으로 업무를 시작한다는 차이점이 있어. 개발실에서 학사 비율이 결코 낮지 않고 승진에 큰 차이점은 없으니 학사라고 연구개발직을 지원할 때 너무 겁내지 않았으면 해.

Q5 해외출장을 많이 다녀본 걸로 알고 있는데, 어때? 장점과 단점에 대해 얘기 해 줄 수 있어?

디스플레이 S사
A개발실 동료

나는 중국 개발 라인에 기술지원으로 출장을 많이 갔어. 장점은 아무래도 한국에서 할 수 없는 해외 고객사 대응이나, 현지 대응능력을 키울 수 있는 거고, 단점은 출장을 한번 나가면 한 달, 두 달 정도 너무 길어서 한국이 그리워진다는 거겠지?

Q6 회사에서 가장 마음 들었던 복지는 어떤 게 있어?

디스플레이 S사
엔지니어 지인

나는 기숙사가 제일 좋았던 거 같아. 3만원만 내면 회사 바로 옆에 내 집처럼 편한 집이 생기는 거니까. 그리고 에버랜드 티켓이랑 캐리비언베이 티켓도 쏠쏠했어!

12 취업 고민 해결소(FAQ)

Topic 1. 공정 엔지니어 직무에 대해 궁금해요!

Q1 반도체 공정 엔지니어가 포토, 에치, 식각 등 공정별로 나뉘는 것처럼, 디스플레이 공정 엔지니어도 공정별로 나누어서 업무를 수행하게 되나요?

A 네. 반도체 공정 엔지니어와 동일하게 공정별로 분업화되어 업무가 진행됩니다. 다만 반도체 공정과 달리 OLED 화소를 프린팅하는 공정이 추가되고, 패널 생산 후 IC 칩과 부착하여 반제품 상태로 출하하기 위한 모듈 공정이 추가되는 등 반도체와 다른 공정만큼 공정업무가 다르게 분화되어 있다는 차이점이 있습니다.

Q2 혹시 공정 엔지니어도 설비 엔지니어와 마찬가지로 교대근무를 하나요?

A 네. 공정 엔지니어도 교대근무를 많이 하게 됩니다. 보통 단위공정에서의 설비 엔지니어는 필수적으로 교대근무를 돌게 되지만, 공정 엔지니어의 경우 공정 특성상 필수인 곳도 있고 아닌 곳도 있습니다. 예를 들어, 포토공정 엔지니어의 경우 설비 엔지니어와 마찬가지로 교대근무가 거의 필수록 진행되지만, 검사기술 공정 엔지니어의 경우 대부분 사무실(9 to 6) 근무를 하게 됩니다.

Q3 공정 엔지니어로 일을 할 때 협업을 하면서 상대를 설득해야 하는 일이 많은 것으로 알고 있습니다. 실제로 그러한지 궁금하고, 멘토님만의 상대방을 설득하는 노하우가 있으신가요?

A 공정 엔지니어와 설비 엔지니어는 같은 라인에서 같은 설비로 업무를 진행하기 때문에 당연히 여러 가지 일을 협업하게 됩니다. 같은 부서에서 일하는 동료라고 말해도 과언이 아닐 정도입니다. 관계에서 가장 중요한 것은 '모범'이라고 생각합니다. 평소에 도움을 잘 주는 모범적인 엔지니어로 보였다면, 내가 업무가 필요해서 요청할 때 흔쾌히 역으로 도움을 주게 됩니다. 반대로, 평소 행실이 좋지 않았다면 업무 요청했을 때 좋지 않은 피드백을 받게 되겠죠?

Q4 공정 엔지니어와 설비 엔지니어라도 데이터 분석이나, 소프트웨어 관련 지식이 있으면 좋다고 알고 있습니다. 실제로 현업에서는 어떤 언어를 사용하고 이를 어떠한 방식으로 사용하는지 궁금합니다. 그리고 어느 정도 수준으로 다룰 수 있으면 업무에 도움이 될 수 있는지에 대해서도 알고 싶습니다!

A 실제 현업에서 프로그래밍 언어를 직접 알아서 쓰는 경우는 벤더사에 입사해서 설비 자체를 개발하는 경우가 아니라면 거의 없다고 보는 게 맞습니다. 현업에서는 이미 완성되어 있는 프로그램을 가지고 사용을 하는 게 일반적인 형태입니다. Spot-Fire라는 데이터 가공 프로그램을 통해 라인 공정률 분석이나 불량 Trace 업무 등을 진행하게 됩니다. 다만 이 경우 프로그래밍 언어를 공부한 사람의 경우 프로그램 동작이나 고급기능을 좀 더 원활하게 사용할 수 있는 장점이 있습니다.

Q5 입사 전 했던 경험 중, 공정 엔지니어 직무를 수행하는 데 도움이 된 수업이나 지식, 활동 등이 있으신가요?

A S사에서 인턴을 한 경험이 있습니다. 거기서 반도체 8대 공정에 대해 완벽하게 학습하고 동영상까지 제작한 경험이 있는데, 이 경험이 면접이나 실제 현업에서 공정업무를 진행할 때 여러 방면에서 도움이 되었습니다.

Topic 2. 설비 엔지니어 직무에 대해 궁금해요!

Q6 방진복을 입고 교대근무를 하다보니 업무 강도가 매우 세다는 글을 많이 보았습니다. 실제로 경험해보셨을 때, 업무 강도가 어떤지 궁금하고 설비 엔지니어 직무의 장단점이 어떤 것이 있는지 궁금합니다!

A 기본적은 라인은 고기압으로 유지됩니다. 라인 안이 고기압으로 유지되어야 안에 있는 파티클들이 밖으로 빠져나가는 환경이 조성되기 때문입니다. 고기압에서 사람은 쉽게 피로감을 느낍니다. 또한 상온보다 높은 상태로 유지되어 있으므로 라인 안은 비교적 덥게 느껴집니다. 이런 환경이기 때문에 라인 업무가 육체적으로 쉬운 업무는 아닙니다. 다만 자기 업무시간이 끝나면 정확히 퇴근할 수 있다는 것과, 비교적 머리를 심하게 써야하는 골치 아픈 일은 공정 엔지니어나 개발실 근무자보다 적다는 장점(?)이 있다고 생각합니다.

Q7 설비 엔지니어로 가면 어느 정도의 연차에 오피스로 빠질 수 있을까요? 거의 10년 정도는 교대근무를 한다고 생각해야 할까요?

A 부서마다 다르겠지만, 일반적으로 의지만 있다면 5년 차 정도만 돼도 오피스 업무로 빠질 수 있습니다. 다만 어디까지나 부서 TO에 따라 천차만별로 다르다는 것을 알아두었으면 합니다.

Q8 입사 전 했던 경험 중, 설비 엔지니어 직무를 수행하는 데 도움이 된 수업이나 지식, 활동 등이 있으신가요?

A 개인적으로, 공대에서 했던 작품 실습 경험이 도움이 되었습니다. 저희 학교의 경우 공학 실습 일환으로 실제 모델링부터 제품 제작까지 완성해 보는 수업이 있었는데, 이때 가공실에서 처음 보는 기계를 다뤄보며 제품을 만들었던 기억이 있습니다. 처음으로 공압 장치나 리니어 모터 등을 직접 보고 작동시켰었는데, 이때 경험이 처음 설비 업무를 진행할 때 도움이 되었었습니다.

Q9 여러 직무에 대한 경험이 있으신데, 설비 엔지니어에서 다른 직무로 이동하는 것이 수월한 편인가요? 설비 같은 경우에는 연구개발에 비해 이동이 어렵다는 말을 많이 들어서, 잡포스팅이나 그 외 이직을 통해서 직무 변경이 가능할지 궁금합니다.

A 굉장히 날카로운 질문입니다. 아무래도 연구개발 직무가 직무 이동이 비교적 쉬운 편은 맞습니다. 지극히 개인적인 생각이지만, 아무래도 연구개발 직무가 일반적으로 '인서울 공대 출신'이라고 하는 쉽게 말해 스펙 좋은 친구들이 들어오는 경우가 많고, 전통적으로 설비는 고졸/초대졸을 주로 뽑다보니 아무래도 인력 이동에 조금 제한을 두는 것으로 생각됩니다. 하지만 삼성의 경우 잡포스팅이 누구에게나 열려있으므로, 약간의 패널티는 있으나 불가능하다고는 생각하지 않았으면 좋겠습니다.

> 현재는 학력 인플레가 진행되면서 대졸까지 확대가 되었습니다.

Q10 설비 엔지니어에서 기사 자격증을 어필하는 것이 도움이 될까요?

A 설비 엔지니어의 경우 일반 기계기사 자격증을 어필하면 도움이 됩니다. 공정이나 개발업무와 달리 기사 업무가 실제 설비엔지니어 업무와 맞물려 있는 것이 많기 때문입니다.

Topic 3. 어디에서도 듣지 못하는 현직자 솔직 대답!

Q11 최종적으로 공정 엔지니어 쪽으로 취업하는 것을 희망하는데, 현실적으로 경험이나 학과, 학점 등을 보았을 때 공정보다는 설비 엔지니어로 지원하는 것이 합격률이 더 높을 것 같다고 생각합니다. 혹시 설비 엔지니어의 경험이 공정 엔지니어에 지원할 때 도움이 될까요?

A 설비 엔지니어를 현업에서 경험해 봤다면 당연히 공정 엔지니어를 지원할 때 엄청난 강점이 있습니다. 제 생각에 다른 지원자가 특별한 경험이 없다면, 면접관은 반드시 설비 엔지니어 경험이 있는 지원자를 뽑을 것으로 생각됩니다. 요새 취업시장에서 가장 강력한 것은 경력과 경험입니다.

Q12 요즘 디스플레이 산업의 성장이 둔화하면서 디스플레이 쪽으로 취업하는 것이 고민이 됩니다. 실제 해당 산업에 종사하고 있는 현직자로서 앞으로의 디스플레이 산업에 대해 어떻게 생각하시나요?

A 국가적 차원에서 봤을 때, 중국 정부의 전폭적인 지원으로 중국은 열심히 한국을 쫓아오고 있습니다. 하지만 한국은 Micro-LED, 퀀텀닷 디스플레이 등 차세대 디스플레이로의 이동을 착실하게 준비하고 있으며, 현재 OLED 디스플레이도 아직은 한국이 종주국으로서의 역할을 충실히 하고 있습니다. 또한 디스플레이 산업 자체의 파이는 4차 산업혁명 도래와 플랫폼의 지속적인 발전으로 더 커질 수밖에 없습니다. 단순히 중국과의 치열한 경쟁이 예상될 뿐이지, 산업 자체의 전망은 좋다고 생각합니다.

Q13 위와 연결되는 질문인데, 현재 디스플레이 산업의 발전 가능성보다 반도체 산업의 발전 가능성이 더 높다고 생각되어, 일단 디스플레이 산업 쪽으로 취업한 후에 반도체 쪽으로 중고신입이나 경력으로 이직하려고 합니다. 혹시 디스플레이에서 반도체로 이직하는 것이 수월한 편인가요?

A 디스플레이 업계에서 반도체 업계로 이직하는 것은 수월한 편입니다. 실제 삼성디스플레이에서 SK하이닉스로 이직하는 사례도 정확한 숫자를 거론할 수 없으나 매우 많은 케이스가 실제 주변에서 있었습니다.

Topic 4. 반도체 VS 디스플레이

Q14 반도체 위주로 취업을 준비하면서 디스플레이에도 지원을 하려고 합니다. 그런데 학교나 외부에서 디스플레이 관련 교육을 받은 적이 없다보니 디스플레이 관련 내용을 쓸 수 있는게 거의 없습니다. 혹시 반도체 관련 수업이나 경험을 적어도 괜찮을까요? 멘토님께서도 반도체를 준비하다가 디스플레이로 취업을 하셨는데, 반도체 경험을 자기소개서나 면접에서 어떻게 어필하셨는지 궁금합니다!

A 기본적으로 반도체 8대 공정은 디스플레이에서도 그대로 적용됩니다. 특별하게 다르다는 생각 자체를 접고, 반도체 연구 경험이나 수업 때 들었던 것들을 차분히 디스플레이에 적용해서 설명하면 됩니다. 저 같은 경우 반도체 꿈의 소재로 불리는 그래핀에 대해 열심히 공부하고 연구한 경험을 디스플레이 TFT에 그대로 적용하여 자소서를 적었고, 이 점이 합격에 주요하게 작용했던 것으로 생각됩니다.

Q15 반도체와 디스플레이 공정이 비슷하다보니 반도체 공정 실습을 한 것을 어필하고 싶은데, 공정실습을 활용하여 어필하면 마이너스 요소가 될까요?

A 반도체 공정실습 경험을 어필하는 것은 매우 좋습니다. 특히 어떤 공정 하나를 선택해 자세히 풀어주는 것이 좋습니다. 예를 들어 랩실에서 Si 증착을 해보면서 레이저 어닐링과 열 어닐링의 차이점을 알아보기 위해 비교 실험을 해보았고, 어떤 점을 배울 수 있었는지 자기소개서에 정확히 적을 수 있다면 분명 좋은 점수로 평가받을 수 있을 것입니다.

Chapter

04

안전관리

들어가기 앞서서

안전이라는 분야는 법적 사항 및 동향, 진단 등 여러 분야가 있으며 각 회사 특성에 따라 중점적으로 다뤄지는 부분들이 조금씩 다릅니다. 이번 챕터에서는 취업 전략과 취업 후 생활 등 전반적인 내용을 공유함으로써 간접적인 경험을 통해 다양한 지식을 얻게 될 것입니다.

01 저자와 직무 소개

1 저자 소개

용책임

안전공학과 학사 졸업

現 자동차 K사 안전환경

前 디스플레이 L사 안전진단
1) 협력사 안전관리 기획/관리
2) 대관업무(법적 준수사항)

前 중공업 H사 안전환경
1) 특수선, 일반선 Dock 건조 시 현장 안전관리

前 태양광/파워트레인 사업 H사 안전환경
1) 태양광, Rack 빌딩 설치 현장 안전관리(법적 선임)

안녕하십니까.

안전공학과를 졸업 후 신입으로 울산에 있는 중공업 안전 경험을 시작으로 현재는 디스플레이 업종에 근무하고 있으며 앞으로는 자동차 업종에서 근무 예정인 용책임이라고 합니다. 저는 현재 대기업 L사에서 전반적으로 안전관리 업무를 수행하고 있습니다.

요즘 중대재해로 인한 이슈가 많다보니 사람들이 안전직무에 대해 많은 관심을 갖고 있습니다. 이 도서를 통해 안전직무에 대해 관심은 있으나 실제 회사에서 어떤 업무를 하고 무엇을 준비해야 하는지에 대한 막연함을 가지고 있는 분들은 궁금증이 많이 해소되었으면 합니다. 그리고 제가 안전직무에 대해 경험했던 것들을 여러 가지 관점으로 설명하고자 하니 신입 또는 경력으로 취업 준비를 하는 분들에게도 많은 도움이 되었으면 합니다.

2 안전관리의 3가지 키워드

1. (안전) 직무 지식 VS (안전+타분야) 복합직무 지식

중대재해 발생률이 높은 업종인 조선소를 시작으로 기계업종(태양광, 파워트레인)을 거쳐 국가산업인 디스플레이 업종까지 다양한 환경 및 다양한 사람들과의 소통을 통해 안전관리자[1]로서 전공지식뿐만 아니라 업무(직무)에 필요한 스킬을 습득하였습니다. 9년 이상 다양한 환경 속에서 겪었던 안전 경험 공유를 통해 안전관리 직무가 자신의 적성에 맞는지 생각해 보는 계기가 되었으면 합니다.

개인적인 의견으로 안전관리는 안전관리 방향성, 안전 인식, 안전운영체계 순서로 3가지 키워드로 구분지어 설명할 수 있습니다.

첫째, '안전관리의 방향성입니다. 21세기 IT회사에서는 전기자동차를 생산하는 등 산업 간 경계가 무너지며 융합되는 빅블러(Big Blur, 경계융화가 일어나는 현상)가 더욱 활성화되고 있습니다. 안전 분야도 다양한 업종의 특성에 맞는 직무 수행 경험을 융합하여 남들과 차별화된 생각으로 한 발자국 앞서 나갈 필요성이 있습니다. 즉 안전 지식 하나만이 아니라 여러 분야에 대한 접목을 고려해 봐야 합니다. 이 부분은 '21년도에 경험했던 저의 사례를 들어 뒤에서 설명하겠습니다.

2. 안전 의식이 변함에 따라 안전관리자의 사명감 및 책임감 필요

둘째, '안전의 인식입니다. 근로자 생명에 대한 중요성이 커짐에 따라 국가에서는 중대사고(사망)가 발생하지 않도록 중대재해처벌법[2] 등 정책을 강화하고 있으며 이에 대한 국민들의 관심도 커지고 있습니다. 이러한 상황 속에서 대학교에서 배운 내용만으로는 안전관리자로서의 대응이 어렵습니다. 안전관리자의 역할은 단순하게 서류(인허가, 점검일지 등)만 관리하는 것이 아니라 작업을 하는 모든 사람들에게 중대사고가 발생하지 않고 가족들 품으로 안전하게 돌아갈 수 있게 하는 역할이기 때문에 무엇보다도 사명감과 자부심이 필요한 직업입니다.

3. 회사가 필요로 하는 인재는 단순 안전관리자의 요건에 해당하는 사람일까?

셋째, '안전운영체계'입니다. 대부분의 회사들은 안전에 대해 종이 형태로 출력하여 관리 및 운영하고 있습니다. 하지만 대기업은 다른 기업들보다 앞서서 시스템 전산화를 통해 효율적으로 관리를 하고 있습니다. 이러한 변화에 대비하여 안전에 대한 전문지식과 IT지식을 접목하여 전산화해서 고도화하는 방법을 생각하고 고민할 필요가 있습니다.(예 사고체험을 위한 VR 체험 등)

저의 경우 안전관리자로 취업하기 위해서는 많은 경험이 필요하다고 생각하여 대학 시절부터 다양한 분야에 도전했습니다. 한 예로 특허를 진행하여 특허권을 취득한다든가 봉사활동을 하더

1 [11. 현직자가 많이 쓰는 용어] 1번 참고
2 [11. 현직자가 많이 쓰는 용어] 2번 참고

라도 공중파 TV 출연을 통해 비용을 마련하는 등 남들과는 다른 관점으로 접근하였습니다. 이후 울산에 있는 중공업에 취업을 하게 되었습니다. 취업 후 들었던 생각은 흔히 말하는 취업 스펙은 선택과 집중이 필요하다는 것이었습니다. 취업 당시 취업정보가 없어 단순히 많은 경험, 특별한 경험 등이 많은 도움이 되겠다고 생각했습니다. 하지만 실제로는 회사에 적합한 인재상의 기준에 맞춰야 취업이 된다는 것을 입사하고 나서 깨달았습니다.

이 도서를 읽고 있는 분들에게도 우선 원하는 회사를 선정하고 회사 문화, 인재상 등을 고려하여 맞춤형 취업 준비를 하는 것을 추천합니다. 또한 앞서 설명한 문화, 인재상 등이 회사별로 유사하다면 묶어서 준비하는 것이 좋습니다. 이에 대한 상세 설명은 뒤에서 설명하겠습니다.

그리고 특허 출원보다는 저처럼 평범한 일상에서 도전하여 성공하거나 성취한 차례를 자기소개서에 녹여서 표현하면 좋을 것 같습니다. 제가 처음 취업 후 느낀 점은 특별함보다는 평범함을 강조하라는 것입니다.

하지만 입사 후부터는 경쟁 속에서 살아남기 위해 나만의 강점을 마련해야 합니다. 입사 후 나만의 강점이 필요한 이유에 대해서 간략히 설명하겠습니다.

처음 중공업에 취업했을 때 자기소개서에 썼던 안전관리 내용과 경력으로 이직하면서 쓴 내용에 차이가 있습니다. 신입으로 취업했을 당시에 쓸 수 있는 내용은 대학시절에 경험했던 것과 학업시절에 배운 내용이었습니다. 신입으로 자기소개서에 썼던 내용은 08 **현직자가 말하는 자소서 팁**에 예시로 추가했으니 참고 바랍니다.

기존 취업도서를 보면 경력으로 이직 시 이에 대한 내용은 많이 들어있지 않은 것 같아 조금 구체적으로 풀어서 설명하겠습니다. 경력의 경우 안전에 대한 전문 지식 및 경험에 대한 비중이 높습니다. 그렇기 때문에 독자분들은 정기적으로 자신의 주요 업무 이력을 작성하여 관리하는 것을 추천합니다.

저의 경험을 예로 들어 설명하자면, 첫 직장이였던 중공업에서 경력으로 이직했던 기계설치 회사의 경우 설치현장에 투입되어 안전관리자 법적 선임 후 안전점검일지, 위험성평가[3], 교육 등 모든 법적 사항을 챙기는 업무를 했습니다. 대기업의 경우 안전 직무를 세분화하여 집중 관리(예 교육 담당자 1명, PSM[4] 담당자 1명 등)하는 형태이지만 물론 예외인 사업장도 있습니다. 기계설치 회사에서는 안전관리자로서의 전반적인 안전업무를 직접 진행하면서 많은 경험을 쌓을 수 있었고 이후 디스플레이 업종으로 이직을 하게 되었습니다. 앞서 설명한 대로 디스플레이 업종으로 이직 당시 안전직무의 세분화를 통해 회사 쪽에서 어느 부서(보건, 방재, 안전, 관리)든 투입이 가능한 것으로 판단하여 채용하게 되었다고 직속 팀장을 통해 전해 들었습니다. 경력으로 이직을 할 때에는 회사에서의 업무 이력 및 이직하는 회사에 바로 투입이 가능한 역량을 갖췄는지를 많이 보게 됩니다.

다음 장부터는 저의 경험을 구체적으로 설명하려고 합니다.

---

3 [11. 현직자가 많이 쓰는 용어] 3번 참고
4 [11. 현직자가 많이 쓰는 용어] 4번 참고

MEMO

02 현직자와 함께 보는 채용 공고

1 채용공고 리뷰

저 역시 LG디스플레이에 입사를 하기 위해 아래와 같은 사항들을 보며 준비를 했습니다. 주변에 아는 사람이 없어서 많은 고생을 했지만 직접 입사를 하여 경험해 본 결과 LG디스플레이는 크게 안전/환경으로 구분됩니다.

우선 안전의 경우 법에서 준수해야 하는 것들을 챙기는 부서, 안전 기획 및 관리를 하는 부서, 법을 누락하는지 모니터링하는 정책 및 진단부서까지 총 3개의 부서로 나눌 수 있습니다.

환경의 경우 안전과 비슷한 맥락으로 보면 됩니다. 저는 안전 쪽 업무를 수행했기 때문에 안전에 대해 구체적으로 설명하겠습니다.

채용공고 안전/환경_안전/소방/보건

우대 사항	자격 요건	근무지
• 안전공학, 보건, 소방 등 전공자 • 영어/베트남어 구사 역량 보유자 (Business) • 산업안전기사 등 안전관련 자격 보유자 • 산업위생관리기사 보유자 • 소방설비(전기,기계)기사 보유자 • RI면허 보유자	전공무관	경기도 파주 경상북도 구미

채용공고 안전/환경_환경

우대 사항	자격 요건	근무지
• 환경공학 등 환경관련 학과, 기계공학 전공자 • 대기/수질환경기사 보유자 • 공조냉동기사 보유자	전공무관	경기도 파주 경상북도 구미

[그림 4-1] LG디스플레이 채용 공고 ①

첫 번째, 법에서 말하고 있는 사항들은 크게 3가지로 안전, 소방, 보건입니다. 안전의 경우 PSM, 안전교육, 유해위험기계기구, 안전검사 등의 업무는 안전공학과 혹은 산업안전기사 및 산업안전산업기사를 취득 시 알아야 하는 지식들이 있어야만 업무수행이 가능합니다. 소방의 경우 소방설비기사, 위험물 관련 기사를 갖고 있어야 하며 방사선 관련 업무도 있어서 방사선 관련 자격증이 있는 사람들을 우대합니다. 마지막 보건의 경우 산업위생기사 등 보건 관련 자격증을 갖고 있는 사람들을 선호합니다.

두 번째 안전 기획 및 관리부서는 기본적으로 첫 번째에서 필요로 하는 역량과 더불어 사람들과의 소통을 잘하는 사람을 선호합니다. 왜냐하면 관리 및 기획을 하기 위해서는 많은 사람들 앞에서 리딩하는 부분들도 필요하며 전반적인 관리를 위해서는 사람 간의 협업이 중요하기 때문입니다.

세 번째 안전 관련 정책 및 진단의 경우에는 산업안전보건법[5] 외에 소방법[6], 고압가스법, 원자력법 등 법에 관심 있는 사람들을 선호합니다. 큰 범위에서 안전 분야는 소방, 보건도 포괄하고 있다는 점 참고하여 자기소개서와 면접을 준비하는 게 좋습니다. 후배들의 사례를 들면 처음 지원했던 부서가 있었으나 면접 과정에서 부서가 바뀌어 배치되었다는 점이 가장 큰 반전이었습니다. 하지만 자주 일어나는 상황은 아닙니다.

마지막으로 공통사항이 있습니다. LG디스플레이는 베트남과 중국에 해외법인 사업장이 있기 때문에 영어, 베트남어, 중국어를 구사할 수 있으면 많은 가점을 받습니다. 기회가 된다면 주재원으로 나갈 수도 있기 때문에 앞서 말한 언어를 구사할 수 있다면 더 큰 방향성을 갖고 자기소개서 혹은 면접을 준비하면 좋을 것 같습니다. 물론 바로 해외로 나가지는 않지만 업무를 하다보면 일부 해외법인과의 소통을 하는 사례가 발생할 수 있기 때문에 외국어를 유창하게 하는 분들이 좀 더 유리하다고 생각합니다.

5 [11. 현직자가 많이 쓰는 용어] 5번 참고
6 [11. 현직자가 많이 쓰는 용어] 6번 참고

2 구체적인 인재상

해마다 강화되는 법으로 인해(중대재해처벌법 등) LG디스플레이에서는 안전/환경 분야에 더욱 상세한 인재상을 요구하고 있다고 생각합니다. 안전 분야의 경우 중대사고(1명 이상 사망 시)에 대한 규제가 많이 강화되었습니다. 특히 22년 1월 27일 중대재해처벌법이 시행됨에 따라 많은 회사들이 대응을 위한 여러 검토를 하고 있습니다. 타 업종의 비해 디스플레이의 경우 화학물질을 취급하다보니 더욱 강화된 기준을 내부적으로 수립하여 운영 중에 있습니다. 저의 경험을 빗대어 LG디스플레이에서 제공하는 항목별 기준을 공유하고자 합니다.

먼저 우리 구성원이 안전하고 건강하게 일할 수 있는 안전한 사업장 조성의 경우 안전 분야, 소방 분야 중점으로 표현되어 있습니다. 공통점은 기준입니다. 안전/소방 모두 법적으로 되어 있는 사항들보다 강화된 수준으로 운영되고 있기 때문에 법적사항에 대한 기본적인 지식은 충분히 숙지하고 이해하는 것이 좋습니다. 비상대응의 경우 피해를 최소화하기 위해 빠른 대응으로 운영하고 있습니다. 최악의 상황에 대비하기 위한 비상훈련 시나리오 등을 수립하여 해마다 진행하고 있습니다. 여기서 비상훈련의 경우 비상대피도 포함입니다. 혼동이 되지 않도록 비상훈련과 비상대피에 대한 간략한 정의를 설명하겠으니 면접 시 참고하면 좋을 것 같습니다. 비상훈련의 경우 화재 시 화재를 진압하는 인원, 대피를 시키는 인원, 대피를 하는 인원 등 세부적으로 나눠 진행하는 것을 말합니다. 비상대피의 경우는 사고 발생 시 집결지에 즉시 대피하는 훈련만을 말합니다. 비슷하면서도 약간의 차이점이 있습니다.

다음 환경 분야의 경우 공장 내 화학물질 취급으로 인한 처리시설 등이 있으며 대기, 폐수 등으로 오염물을 제거하여 배출하고 있습니다. 법적으로 규제한 기준을 초과하지 않도록 시스템으로 배출량 등을 모니터링하고 있습니다. 환경 분야와 안전 분야의 조금 다른 부분은 안전 분야에서는 인적(근로자)사항에 대한 관리가 중요하지만 환경 분야의 경우 인적사항보다 시스템 상으로 컨트롤 되는 시스템 관리에 대한 비중이 더 큽니다.

다음 LG디스플레이에서 말하고 있는 국내외 환경패러다임 대응의 경우 디스플레이 업종뿐만 아니라 자동차, 중공업 등 모든 회사들이 해당하는 부분입니다. ESG[7]가 세계적으로 대두되면서 제품 생산 및 판매를 위해 준수해야 하는 항목으로 사업주 입장에서는 중요한 영역 중 하나입니다. 그러니 ESG에 대한 정보를 충분히 숙지하고 세계 흐름에 대해 분석해보는 것을 추천합니다.

---

7 [11. 현직자가 많이 쓰는 용어] 7번 참고

채용공고 안전/환경

우대 사항
• 기계, 안전, 화학, 생물학, 소방, 환경공학 관련 전공자 • 영어/베트남어 구사 역량 보유자 (Business) • 가스 산업안전기사 등 안전관련 자격 보유자 • 대기/수질환경기사 보유자 • 공조냉동기사 보유자 • 산업위생관리기사/RI면허 보유자 • 소방설비(전기, 기계) 기사 보유자

주요 업무
• **우리 구성원이 안전하고 건강하게 일할 수 있는 안전한 사업장을 조성합니다.** - LG Display 및 협력사 전 구성원의 안전한 사업장을 위한 기준 수립, 점검, 계도 활동을 수행하고, 비상대응역량 향상을 기획하고 관련 업무를 수행합니다. - 산업안전보건법, 중대재해처벌법 등 관계 법령의 법규 Compliance 대응 업무를 수행합니다. - 정부의 보건 지침을 바탕으로 자사 구성원이 건강하게 일할 수 있도록 제도, 방침을 검토합니다. - 소방 설비의 최적 Condition을 위한 유지보수 및 설비 Upgrade, 신기술 적용 업무를 수행합니다. • **국내 환경법규 및 국제 협약 준수를 통한 친환경 사업장을 만들어갑니다.** - 환경오염 방지시설 운영/관리를 통해 지역사회 환경영향을 최소화합니다. - 환경오염 물질 부하를 최소화하기 위한 조사 및 대책 수립과 설비 운영을 합니다. - 오염물질 배출 실시간 측정 시스템 구축 및 운영을 통한 법적 기준을 준수합니다. • **변화하는 국내·외 환경 패러다임에 따라 자원순환형 사회 구축을 만들어갑니다.** - ESG 등의 국제환경 협약 확대 및 선진국 환경규제 강화에 대한 선행 대응을 합니다. - 폐기물 등의 자원 선순환 체계 구축 및 폐기물 발생량 저감을 통한 ESG 경영 실천을 합니다.

[그림 4-2] LG디스플레이 채용 공고 ②

위의 내용은 LG디스플레이에 입사하여 업무 수행 시 필요한 최소한의 내용들을 표현하였다면 아래 내용은 추가 역량 및 향후 발전 가능한 사항들이 표현되어 있습니다. 하나씩 설명을 하자면 법에 대한 해석입니다. 사업장의 운영 시 가장 기본은 법 준수입니다. 그러니 입사를 하여 업무를 맡을 경우 그 법에 대해서는 누구보다도 전문가가 되어야 합니다. 예를 들어 입사 시 안전검사 영역을 맡게 되면 안전검사에 해당하는 법규와 현재 회사에서 이뤄지고 있는 절차 및 이슈사항을 파악하는 것이 중요합니다. 이 부분은 입사하고 회사생활을 하면서 업무적으로 필요한 사항이라고 생각합니다. 본인이 맡은 법적 사항에 대한 빠른 대응은 결국 다양한 업무를 수행할 수 있는 조건이 되기 때문에 회사 안에서도 다양한 직무를 하는 것을 추천합니다. 그 이유는 향후 해외 근무를 할 수 있는 기회가 올 수도 있기 때문입니다.

다음은 환경 문제를 규명하고 오염물질의 발생 및 처리 메커니즘의 이해력 부분입니다. 기존 시스템을 통해 환경에 대한 부분을 대응했다면 다양한 관점에서의 관리를 요구하는 부분이 있습니다. 취업을 하지 않으면 회사의 시스템을 모르기 때문에 환경을 전공한 사람들 중 취업 전에 입사해서 하고 싶었던 것이 있었다면 적극적으로 어필해 보는 것도 좋습니다. 어필한다고 하여 모든 부분이 반영되는 것은 아니지만 다양한 관점으로 접근한 부분에 대해서는 긍정적인 점수를 받을 수 있습니다.

마지막으로 '이런 역량이 있으면 좋겠다.'라는 부분은 맨 앞부분에서 설명한 사항과 겹치는 부분이 있다고 생각합니다. 앞서 말했듯이 기본적인 지식 외 소통에 대한 스킬이 필요한 부분이 있습니다. 안전은 환경과 다르게 사람과의 대인관계가 중요하기 때문에 소통에 대한 기술이 많이 필요합니다. 그렇기 때문에 회사 입장에서는 사람과의 관계 형성을 잘하는 인재 혹은 혼자보다는 집단을 선호하는 인원들을 좋아합니다. 그렇기 때문에 직무의 특성을 정확히 파악하고 준비를 해야 합니다. 제가 회사에 재직할 당시에도 후배들 중 자신의 성격과 맞지 않아 이직 혹은 퇴사를 하는 것을 많이 보았습니다. 앞서 말한 사항들을 종합하여 진정으로 본인에게 맞는 회사인지 혹은 잘 적응할 수 있는 회사인지를 많이 고민해 보면 좋겠습니다.

채용공고 안전/환경

■ 안전환경 직무에서는 이런 역량이 필요합니다

- **안전 및 환경과 관련된 법령, 지침 등에 대한 이해와 해석 역량이 필요합니다.**
  - 사고, 직업병 발생 등 중대재해를 예방하기 위해서는 산업안전보건법, 중대재해처벌법, 위험물 법규, 보건 지침 등 관련 법규를 이해하고 기본 지식을 갖추어야 하며, 이를 기반으로 사업장 내 위험을 예측하고, 측정, 평가, 관리할 수 있는 Insight 가 필요합니다.
- **환경 문제를 규명하고 오염물질의 발생 및 처리 메커니즘 이해력이 필요합니다.**
  - 환경 문제의 원인을 규명하고 이를 창의적이고 논리적으로 해결하는 수 있는 능력이 필요합니다.
  - 환경오염 방지시설을 원활하게 운영하기 위해 환경 메커니즘을 이해하는 능력이 필요합니다.

■ 이런 역량이 있으면 더 좋습니다

- **원활한 Communication 능력이 있으면 더 좋습니다.**
  - 구성원의 의견이 반영된 가장 효율적인 비상대응역량을 확보하고, 구성원의 이해 향상을 위한 소통 역량이 있으면 업무에 도움이 됩니다.
- **사고 동향을 분석하여 Insight 를 발견할 수 있으면 좋습니다.**
  - 대내외 사고 동향 분석을 통해 제도 및 지침을 보완하고, Global 관점의 선행 비상대응 정책을 수립할 수 있는 역량이 있으면 더 좋습니다.
- **안전/환경과 관련된 지식이 있으면 더 좋습니다.**
  - 환경/안전보건/소방 설비에 대한 이해도가 높고 안전보건 업무에 일정이 있으며 관련 자격 사항이 있다면 더 좋습니다.
  - 안전/환경 관리 업무의 기반인 환경 관련 전공 지식(생물, 보건, 화학 등)과 법률은 업무를 더 잘 이해하는 데 도움이 됩니다.

■ LG 디스플레이에서 이런 전문가로 성장할 수 있습니다

- **디스플레이 공정 최적의 안전보건 지도/조언을 하는 전문위원**
- **안전보건정책 및 선행 안전보건활동 수립 등 능동적, 자율적 기획 수립이 가능한 Global Insight 전문가 및 안전보건 컨설턴트 (안전보건 관련 자격 확보 : 기술사, 지도사 등)**
- **Global 관점의 법규 적용 및 선행 비상대응 수립이 가능한 방재 전문가**
- **안전/환경을 총괄하는 CSEO(Chief Safety & Environment Officer)**
- **환경컨설턴트**

[그림 4-3] LG디스플레이 채용 공고 ③

03 안전관리자의 법적 의무

1 「산업안전보건법」으로 보는 안전관리자의 법적 의무

이 책을 읽는 분들 중 안전에 대해 생소함을 갖고 있는 분들이 있을 것 같아 법에서 말하고 있는 안전관리자의 직무에 대해 실무 경험을 빗대어 말하고자 합니다. 수많은 법적 사항이 있지만 안전관리자의 법적 선임 및 업무는 안전 업무의 첫 시작이라는 점 참고 바라며 앞에서 추가적으로 말했듯이 산업안전보건법 기준으로 보건 분야도 있기 때문에 포함하여 안내하고자 합니다.

1. 안전관리자란?

안전보건관리책임자[8]의 지휘 아래, 사업장 내의 안전에 관한 기술적 사항을 관리하는 사람을 말합니다. 법적 내용은 다음과 같습니다.

✔ 「산업안전보건법」으로 보는 안전관리자 업무

1. 산업안전보건법 제17조(안전관리자)
   ① 사업주는 사업장에 제15조제1항 각 호의 사항 중 안전에 관한 기술적인 사항에 관하여 사업주 또는 안전보건관리책임자를 보좌하고 관리감독자[9]에게 지도 · 조언하는 업무를 수행하는 사람(이하 "안전관리자"라 한다)을 두어야 한다.
   ② 안전관리자를 두어야 하는 사업의 종류와 사업장의 상시근로자 수, 안전관리자의 수 · 자격 · 업무 · 권한 · 선임방법, 그 밖에 필요한 사항은 대통령령으로 정한다.

2. 산업안전보건법 시행령 제16조(안전관리자의 선임 등)
   ① 법 제17조제1항에 따라 안전관리자를 두어야 하는 사업의 종류와 사업장의 상시근로자 수, 안전관리자의 수 및 선임방법은 별표 3과 같다.
   ② 법 제17조제3항에서 "대통령령으로 정하는 사업의 종류 및 사업장의 상시근로자 수에 해당하는 사업장"이란 제1항에 따른 사업 중 상시근로자 300명 이상을 사용하는 사업장

---

8 [11. 현직자가 많이 쓰는 용어] 8번 참고

3. 산업안전보건법 시행령 제18조(안전관리자의 업무 등)

① 법 제24조 제1항에 따른 산업안전보건위원회[10](이하 "산업안전보건위원회"라 한다)운영
② 법 제36조에 따른 위험성평가에 관한 보좌 및 지도 · 조언
③ 법 제84조 제1항에 따른 안전인증[11]대상기계등(이하 "안전인증대상기계등"이라 한다)과 법 제89조 제1항 각 호 외의 부분 본문에 따른 자율안전확인대상기계등(이하 "자율안전확인대상기계등"이라 한다) 구입 시 적격품의 선정에 관한 보좌 및 지도 · 조언
④ 해당 사업장 안전교육계획의 수립 및 안전교육 실시에 관한 보좌 및 지도 · 조언
⑤ 사업장 순회점검, 지도 및 조치 건의
⑥ 산업재해 발생의 원인 조사 · 분석 및 재발 방지를 위한 기술적 보좌 및 지도 · 조언
⑦ 산업재해에 관한 통계의 유지 · 관리 · 분석을 위한 보좌 및 지도 · 조언
⑧ 법 또는 법에 따른 명령으로 정한 안전에 관한 사항의 이행에 관한 보좌 및 지도 · 조언
⑨ 업무 수행 내용의 기록 · 유지

법적 사항에 따라 회사에서는 안전관리자를 고용해야 하며, 직무 관련하여 3번의 ①~⑨번 내용을 실무와 매칭하여 설명하겠습니다.

① 법 제24조 제1항에 따른 산업안전보건위원회(이하 "산업안전보건위원회"라 한다)운영

산업안전보건위원회는 분기별 진행하며 노사 측과 사측 각각 동일 수로 구성되어 안전관련 사항들에 대한 심의 및 의결을 한다고 생각하면 됩니다. 실제 회사 기준 변경/추가 건에 대한 공유라든지 안전이슈 등이 다뤄지고 있으며 많은 인원들이 참석하다 보니 담당을 하게 되면 안내부터 결과 공유까지 전반적인 사항들을 챙겨야 한다고 생각하면 됩니다.

② 법 제36조에 따른 위험성평가에 관한 보좌 및 지도 · 조언

위험성평가는 중대재해처벌법에도 있는 사항으로 매년 1회 정기 위험성평가를 진행합니다. 디스플레이에서는 4M기법으로 위험성평가를 진행하며 일부 화학물질을 취급하는 부서에서는 화학물질위험성평가를 진행하고 있습니다. 위험성평가의 목적은 작업 절차별 위험요소 발굴 및 강도와 빈도를 정하여 개선대책을 수립하기 위함입니다. 작업자들은 위험성평가의 안전대책을 준수해야합니다. 추가적으로 공정 변경 혹은 사고 발생 시 수시 위험성 평가를 통해 위험성평가를 다시 해야 한다는 점이 있습니다.

9 [11. 현직자가 많이 쓰는 용어] 9번 참고
10 [11. 현직자가 많이 쓰는 용어] 10번 참고
11 [11. 현직자가 많이 쓰는 용어] 11번 참고

③ 법 제84조 제1항에 따른 안전인증대상기계등(이하 "안전인증대상기계등"이라 한다)과 법 제89조제1항 각 호 외의 부분 본문에 따른 자율안전확인대상기계등(이하 "자율안전확인대상기계등"이라 한다) 구입 시 적격품의 선정에 관한 보좌 및 지도 · 조언

디스플레이의 경우 크레인, 리프트, 압력용기를 취급하고 있기 때문에 각 종류별 점검주기에 맞춰 법에서 요구하는 안전검사를 진행합니다. 앞서 말씀드린 크레인, 리프트, 압력용기 안전인증대상기계등 혹은 자율안전확인대상기계등 두 가지 중 한 가지를 만족해야 하기 때문에 별도 담당자가 지역기준으로 사업장 전체를 운영관리하며 공장에 있는 부분들은 별도 현업부서[12]에서 운영관리 하고 있습니다.

④ 해당 사업장 안전교육계획의 수립 및 안전교육 실시에 관한 보좌 및 지도 · 조언

안전교육의 경우 채용 시 교육을 시작으로 정기교육, 특별교육, 작업내용 시 변경교육, 비전리파교육, 관리감독자 교육 등이 있으며 안전교육에 대한 전반적인 운영관리 한 명의 담당자가 진행하고 있습니다. 채용 시 교육은 시스템을 통해 운영이 되고 있으며, 정기교육의 경우 매월 교육자료를 만들어 전사적으로 공지하고 교육하게 가이드하고 있습니다. 특별교육 및 작업내용변경 시, 비전리파교육 등은 대부분 현업에서 진행하는 빈도가 높은 편입니다.

⑤ 사업장 순회점검, 지도 및 조치 건의

사업장 순회점검은 2일에 1회 사업장 순회를 하면서 안전관리자가 점검하는 사항입니다. 본 사항에 대해서는 사업장에 수많은 조직이 있어 큰 사업장 전체를 관리하는 것이 어렵기 때문에 현업 안전자격이 있는 사람들이 진행을 하고 있습니다.

⑥ 산업재해 발생의 원인 조사 · 분석 및 재발 방지를 위한 기술적 보좌 및 지도 · 조언

⑦ 산업재해에 관한 통계의 유지 · 관리 · 분석을 위한 보좌 및 지도 · 조언

산업재해 발생 시 및 사고 내용에 대한 대외 기관 대응 등을 진행하는 부분이 있으며 별도 담당자 1명이 전반적인 운영을 하고 있으며 내부적인 기준을 수립하여 운영 중에 있습니다. 추가적으로 아차사고라고 하여 사고로 갈 개연성이 있는 부분들도 발굴하여 사전에 개선하는 활동도 하고 있습니다.

⑧ 법 또는 법에 따른 명령으로 정한 안전에 관한 사항의 이행에 관한 보좌 및 지도 · 조언

⑨ 업무 수행 내용의 기록 · 유지

법이 개정 혹은 제정됨에 따라 안전정책의 동향을 파악하여 선제적 대응을 하는 안전정책팀이 있으며 매월 법에서 사소한 변경이나 추가되는 건들에 대해 디스플레이에 적용되는 부분인지를 내부적으로 검토하여 전파하는 업무를 합니다.

---

12 [11. 현직자가 많이 쓰는 용어] 12번 참고

2. 보건관리자[13]란?

사업장에서 보건에 관한 기술적 사항을 관리하게 하기 위한 업무를 수행하는 전문가를 말합니다.

✔ 「산업안전보건법」으로 보는 보건관리자 업무

1. 산업안전보건법 제18조(보건관리자)
   ① 사업주는 사업장에 제15조 제1항 각 호의 사항 중 보건에 관한 기술적인 사항에 관하여 사업주 또는 안전보건관리책임자를 보좌하고 관리감독자에게 지도 · 조언하는 업무를 수행하는 사람(이하 "보건관리자"라 한다)을 두어야 한다.
   ② 보건관리자를 두어야 하는 사업의 종류와 사업장의 상시근로자 수, 보건관리자의 수 · 자격 · 업무 · 권한 · 선임방법, 그 밖에 필요한 사항은 대통령령으로 정한다.

2. 산업안전보건법 시행령 제20조(보건관리자의 선임 등)
   ① 법 제18조 제1항에 따라 보건관리자를 두어야 하는 사업의 종류와 사업장의 상시근로자 수, 보건관리자의 수 및 선임방법은 별표 5와 같다.
   ② 법 제18조 제3항에서 "대통령령으로 정하는 사업의 종류 및 사업장의 상시근로자 수에 해당하는 사업장"이란 상시근로자 300명 이상을 사용하는 사업장을 말한다. 〈개정 2021. 11. 19.〉

3. 산업안전보건법 시행령 제22조(보건관리자의 업무 등)
   ① 산업안전보건위원회 운영
   ② 안전인증대상기계등과 자율안전확인대상기계등 중 보건과 관련된 보호구(保護具) 구입 시 적격품 선정에 관한 보좌 및 지도 · 조언
   ③ 법 제36조에 따른 위험성평가에 관한 보좌 및 지도 · 조언
   ④ 법 제110조에 따라 작성된 물질안전보건자료[14]의 게시 또는 비치에 관한 보좌 및 지도 · 조언
   ⑤ 제31조 제1항에 따른 산업보건의의 직무(보건관리자가 별표 6 제2호에 해당하는 사람인 경우로 한정한다)
   ⑥ 해당 사업장 보건교육계획의 수립 및 보건교육 실시에 관한 보좌 및 지도 · 조언
   ⑦ 작업장 내에서 사용되는 전체 환기장치 및 국소 배기장치 등에 관한 설비의 점검과 작업방법의 공학적 개선에 관한 보좌 및 지도 · 조언
   ⑧ 사업장 순회점검, 지도 및 조치 건의
   ⑨ 산업재해 발생의 원인 조사 · 분석 및 재발 방지를 위한 기술적 보좌 및 지도 · 조언
   ⑩ 산업재해에 관한 통계의 유지 · 관리 · 분석을 위한 보좌 및 지도 · 조언
   ⑪ 법 또는 법에 따른 명령으로 정한 보건에 관한 사항의 이행에 관한 보좌 및 지도 · 조언
   ⑫ 업무 수행 내용의 기록 · 유지

13 [11. 현직자가 많이 쓰는 용어] 13번 참고
14 [11. 현직자가 많이 쓰는 용어] 14번 참고

보건관리자의 업무를 보시면 안전보건관리자와 겹치는 업무들이 많다는 걸 알 수 있습니다.

공통적인 부분을 제외하고 보건관리자에만 해당하는 사항에 대해 3번의 ④~⑦번 내용을 실무와 매칭하여 설명하겠습니다.

④ 법 제110조에 따라 작성된 물질안전보건자료의 게시 또는 비치에 관한 보좌 및 지도 · 조언

물질안전보건자료 게시 또는 비치 업무는 디스플레이 업종에서는 필수입니다. 취급해야 하는 화학물질이 많아 물질안전보건자료(MSDS라고 함)를 게시 혹은 비치해야 합니다. 왜냐하면 MSDS에는 다양한 정보가 들어있기 때문입니다. 아래 샘플을 참고하기 바라며 MSDS 어플을 받아 필요한 화학물질을 검색하면 1~13번까지 내용이 나옵니다. CAS.NO로도 조회 가능하니 회사에 입사하셔서 현장 점검 중 모르는 화학물질이 확인된다면 MSDS 어플을 사용하는 방법도 좋습니다. 디스플레이 업종의 경우 화학물질(MSDS) 정보가 대부분 비치되어 있으며 관련 정보 기준으로 사내 기준이 수립되니 애매한 부분들은 필히 MSDS 정보를 검색하여 확인해야 합니다.

물질명	디메탄		
CAS No.	KE No.	UN No.	EU No.
122-15-8	KE-05-0516	2757	

1. 화학제품과 회사에 관한 정보	5. 폭발·화재시 대처방법	9. 물리화학적 특성	13. 폐기시 주의사항
2. 유해성·위험성	6. 누출사고시 대처방법	10. 안정성 및 반응성	14. 운송에 필요한 정보
3. 구성성분의 명칭 및 함유량	7. 취급 및 저장방법	11. 독성에 관한 정보	15. 법적 규제현황
4. 응급조치요령	8. 노출방지 및 개인보호구	12. 환경에 미치는 영향	16. 그 밖의 참고사항

[그림 4-4] 화학물질 MSDS 정보 Sample (자료: 한국산업안전보건공단 MSDS 어플)

⑤ 제31조 제1항에 따른 산업보건의의 직무(보건관리자가 별표 6 제2호에 해당하는 사람인 경우로 한정한다)

산업보건의의 직무는 디스플레이의 경우 사내부속병원이 있고 별도 의사가 있기 때문에 산업보건의 직무에 대해서는 크게 신경을 쓰지 않습니다.

⑥ 해당 사업장 보건교육계획의 수립 및 보건교육 실시에 관한 보좌 및 지도 · 조언

보건교육계획의 수립 및 보건교육 실시에 관한 보좌 및 지도·조언의 경우 정기교육을 통해 보건 관련 내용(예 식중독, 근골격계 스트레칭 등)을 구성원들에게 전파 및 교육하고 있습니다. 이 업무는 교육 담당자가 챙겨 진행하고 있는 부분입니다.

⑦ 작업장 내에서 사용되는 전체 환기장치 및 국소 배기장치 등에 관한 설비의 점검과 작업방법의 공학적 개선에 관한 보좌 및 지도 · 조언

작업장 내에서 사용되는 전체 환기장치 및 국소 배기장치 등에 관한 설비의 점검과 작업방법의 공학적 개선에 관한 보좌 및 지도·조언의 경우, 장비 내 붙어 있는 국소 배기 장치 및 작업자가 보호구를 착용하고 직/간접적인 화학물질을 취급하는 장소에도 국소 배기 장치가 있습니다. 국소 배기[15]의 역할은 화학물질이 밀폐된 공간에 축적되지 않도록 빼내는 역할을 하며 근로자 건강에 문제가 되지 않기 위해 하는 환경적인 조치 사항입니다. 정기적으로 검사를 해야 하며 법에서 요구하는 풍속이 제대로 나오는지 정확한 측정을 해야 합니다. 풍량기준도 아래와 같이 법적으로 나와 있다는 점을 참고한다면 면접 시 많은 도움이 될 거라고 생각합니다.

■ 산업안전보건기준에 관한 규칙

관리대상 유해물질 관련 국소배기장치 후드의 제어풍속(제 429조 관련)

물질의 상태	후드 형식	제어풍속(m/sec)
가스 상태	포위식 포위형	0.4
	외부식 측방흡인형	0.5
	외부식 하방흡인형	0.5
	외부식 상방흡인형	1.0
입자 상태	포위식 포위형	0.7
	외부식 측방흡인형	1.0
	외부식 하방흡인형	1.0
	외부식 상방흡인형	1.2

[그림 4-5] 산업안전보건기준에 관한 규칙 (출처: 고용노동부)

2 시스템 개발 및 업무 수행

대부분의 회사들이 법적사항에 대해 보관을 해야 하기 때문에 종이로 기록하여 보관을 하고 있습니다. 디스플레이 같은 경우에는 종이로 기록하는 영역에서 전산화로 넘어가 있는 상태이며 법에서 요구하는 대부분의 서류들이 공정안전보고서 등 몇 가지를 제외하고 시스템을 통해 운영되고 있습니다. 그리고 전산화된 사항들을 고도화시켜 향후에는 지능화로 가는 방향성을 가지고 있기 때문에 평소 IT관련 관심이 많은 분들은 앞서 말한 내용을 참고하여 면접을 본다면 많은 가점이 있을 것입니다. 그리고 본인 자기소개서에 필요한 부분들은 아래 내용을 활용하여 반영하면 좋을 것 같습니다.

---

15 [11. 현직자가 많이 쓰는 용어] 15번 참고

1. 기록 보관 및 정기 점검

법적 사항들을 준수하는 내용 중 기록보관 및 정기적인 점검을 위한 부분입니다. 대부분의 회사들은 과거 종이로 출력하여 보관을 하였다면 요즘에는 전산화를 통해 시스템으로 관리를 하고 있는 상황입니다. 예를 들어 교육에 대한 부분도 교육실시 이력을 이수자들의 서명을 받아 스캔 후 시스템에 등록하여 관리를 하거나, 법적 점검 주기를 초과하지 않기 위해 해당 주기가 되면 시스템으로 점검하도록 담당자에게 정보를 제공하고 있습니다. 지금까지는 종이 출력에 대한 부분을 전산화시키는 초기단계이지만 향후 기능 고도화로 담당자가 제대로 이행하고 있는지 여부를 시스템 자체적으로 체크하여 누락을 사전에 예방하는 단계까지 가지 않을까 생각됩니다. 그렇기 때문에 안전에 대한 사항을 시스템에 어떻게 반영할 수 있을지 고민하는 방법도 중요한 사항이 될 것 같습니다. 다만 취업 전 신입으로 IT회사가 아니라 평범한 제조업을 목표로 한다면 입사 후 안전경력을 쌓으면서 고민해 봐도 될 사항인 점 참고 바랍니다.

2. 시스템을 통한 위기관리체계운영

시스템을 통한 위기관리체계운영입니다. 여러 회사에서 화학물질 누출 혹은 밀폐공간에서 작업을 할 때 중대사고 등이 발생한 사례들을 들어본 적이 있을 겁니다. 사업주 입장에서는 동일 사고가 발생하지 않도록 여러 개선안을 강구해야 하는데 그중 하나가 시스템으로 운영하는 방법입니다. 예를 들어 통제실에서는 화학물질 누출 시 센서를 통해 감지하고 누출원인에 대해 전문가를 파견하여 신속대응이 이뤄질 수 있도록 기준을 수립하여 운영 중에 있습니다. 또한 현장에서는 테크니션[16]이나, 오퍼레이터[17] 인원들을 활용하여 역할과 임무를 부여해 교육함으로써 실제 상황 발생 시 신속하고 정확한 대응이 가능하도록 지속적인 훈련을 하고 있습니다. 이러한 사항들은 시스템을 통해 누락된 인원이 있는지, 보완될 기능이 있는지를 검토하여 업데이트를 하고 있습니다.

3. VR체험 구축

구성원 안전교육의 인지를 향상시키기 위한 VR체험 구축입니다. 요즘 안전에 대한 정보전달은 오프라인 교육, 온라인 교육 등 여러 방법으로 제공되고 있으나 실제 구성원(직원)들이 지속적으로 인지하고 있는지 여부에 대해 간접적으로 체험하게 함으로써 사고의 위험성을 습득하여 오래 인지할 수 있도록 운영하고 있습니다.

위 세 가지 사항에 대해 자기소개서 작성 시 자신의 비슷한 경험을 반영한다면 좋은 점수를 받을 수 있을 것입니다.

구체적인 내용은 바로 뒤에 나오는 04 **주요 업무** TOP 3를 참고 바랍니다.

16 [11. 현직자가 많이 쓰는 용어] 16번 참고
17 [11. 현직자가 많이 쓰는 용어] 17번 참고

MEMO

04 주요 업무 TOP 3

디스플레이 업무 수행 시 관리감독자는 다양한 시각으로 보고서의 내용을 분석합니다. 예를 들어 22년 안전검사 실시 계획을 잡는다면 대략적인 기간을 산정하기보다 어느 업체를 선정했는지 선정한 이유는 무엇인지부터 시작합니다. 안전검사 대상별로 주기가 다르니 작년 실시 날짜를 확인하여 각 대상별로 진행을 합니다. 예상금액은 견적을 비교해주는 업체에 계획서를 요청하여 받아본 후, 어떤 곳이 제일 괜찮은지, 과거 우리 회사에서 근무했던 이력이 있어 핵심 포인트를 아는지 등 많은 고민을 하고 작성해야 합니다. 그렇다고 오랜 시간을 고민하기보다는 위 내용들을 빠르게 작성하여 파트 리더와 소통 후 팀장 보고 일정을 잡아 진행하는 것이 좋습니다. 파트 리더가 들은 이야기를 팀장에게 간략히 보고 드린 후 일정을 공유하면 일정에 맞춰서 진행하는 것이 가장 기본적인 업무 절차라고 생각하시면 됩니다.

또한 회사에서 가이드로 참고하는 보고서 양식이 있습니다. 대수롭지 않게 생각하여 본인의 글자 Point, 줄 간격 등을 사용한다면 첫 보고부터 많은 수정사항에 대한 이야기를 듣게 될 것입니다. 디스플레이 업종에서 근무를 하면서 느낀 부분은 어느 회사보다도 큰 조직이지만 보고서 작성 시 아주 사소한 부분(띄어쓰기, 줄 간격 등)부터 신경을 써야 합니다. 그리고 창의성을 강조하지만 개인적인 생각으로는 회사에서 이뤄지고 있는 과정에 대해 크게 벗어나려 하지 않는 것 같습니다. 실제 근무하면서 경험했던 것들을 반영하여 몇 가지 사례로 설명하고자 합니다.

1 공통 업무영역

봉사활동 등 행사 준비를 하는 경우가 많습니다. 단순히 봉사기관과 참석할 인원만 선정하여 준비하는 것으로 생각할 수 있겠지만 ① 봉사 기관을 어떤 근거로 선정했는지, ② 회사에서 지원 가능한 사항이 있는지, ③ 어떤 행사를 진행할 것인지, ④ 이동수단은 어떻게 준비하는지, ⑤ 임원담당은 참석할 것인지 등에 대한 다양한 관점의 검토가 필요합니다. 더불어 행사 준비의 주관자라면 진행자의 역할도 수행해야 하므로 많은 사람 앞에서 대화하는 것을 부담스러워 하지 않아야 합니다. 물론 너무 부담이 된다면 진행자를 다른 사람으로 선정해도 되지만 대부분의 사람들도 부담스러워 하기에 본인이 직접 해야 되는 사례가 많습니다. 봉사활동이 끝나면 결과보고서를 작성하여 시스템 통신문을 통해 이력을 남겨 놓아야 합니다. 결과보고서 품의 완료 후에는 별도 구성원들에게 메일 혹은 모임을 통해 공유합니다.

2 전공 직무에 대한 업무영역

생산, 품질, 안전 등 수많은 분야가 있습니다. 이 중 한 가지를 예시로 들어 설명하면 안전의 경우 법령 준수, 자사 기준에 대한 준수, 안전 시스템화를 통한 전산화 관리 등 다양한 부분이 있습니다.

이런 모든 사항들이 각각의 차이는 있지만 공통적으로는 중장기 계획을 수립하여 검토를 받고 실행을 한 후 지속적인 관리를 하며 고도화시키는 부분입니다. 그렇기 때문에 전공 직무에 대한 업무를 수행 시에는 전문지식도 중요하지만 타부서와의 협의 노하우(예 시스템 개발 시 별도 특정 부서와 협의가 되어야 함), 새로운 영역에 대한 지식 습득(예 안전강조박람회 참여, 세미나 참석 등)이 필요하며 적극적인 참여가 중요합니다.

이러한 사항들을 잘 파악하여 업무에 적용한다면 회사에 빠르게 적응할 수 있습니다. 특히 안전 시스템화의 업무를 예시로 든다면 내부적으로 시스템 개발 검토 시 담당자의 초안을 작성하게 되는데 목적, 적용범위(법적사항인지 or 자사기준적용인지), 적용대상(조직), 기대효과 순으로 작성하여 1차 파트리더의 검토를 받고 내용이 통과된다면 시스템을 개발하는 현업과의 소통을 통해 완료일정을 협의해야 합니다. 담당자들 간의 소통이 불가할 경우 팀장에게 보고하여 빠른 의사결정을 통해 진행해야합니다. 담당자 개인이 혼자서 고민하다가는 완료 기간이 늦어서 곤란한 입장이 될 수 있습니다. 이 모든 과정이 완료된다면 팀장에게 보고를 진행합니다. 담당자에서 파트리더를 거쳐 팀장까지 총 2번의 보고를 진행하면서 수많은 개선사항들이 나오게 됩니다. 물론 파트리더와 팀장 간의 생각이 달라 번복되는 경우도 있어 담당자가 억울하거나 난해한 사항이 생기기도 하지만 업무 진행의 일부분이라고 생각해야 합니다. 파트 리더가 팀장과의 생각이 다르다고 해서 건너뛰고 팀장과 소통을 한다면 파트 리더와의 관계가 틀어져 부탁을 해야 하는 상황(예 긴급휴가, 업무 인수인계 등)에서 문제가 발생할 수 있습니다. 그렇기 때문에 업무도 중요하지만 사람과의 관계를 제일 신경을 써야하며 때로는 본인이 부당하다고 느껴지는 부분이 있더라도 큰 사항이 아니라면 회식이나 별도 티타임 등을 통해 섭섭했던 사항들을 표현하는 것이 좋습니다. 이러한 의견은 제가 디스플레이에 근무하면서 느낀 주관적이 생각입니다.

다시 본론으로 들어가 팀장 선까지 보고가 완료되면 임원담당에서 최종보고를 하게 됩니다. 이렇게 해서 모든 사항들이 완료된다면 일정에 맞춰 제대로 이뤄지고 있는지 f/up해야 합니다(f/up 용어는 모든 부서에서 자주 쓰고 있음). f/up은 누가 지시를 하지 않더라도 파트 리더와 팀장이 불시에 물어보는 사항이기 때문에 사전에 챙기면 업무 수행이 수월할 것입니다.

3 기타업무

회사에 입사하면 주요 업무도 있지만 사무직 구성원들의 VOC를 수렴하여 임원담당에게 요청하는 소통창구의 역할, 총무 역할, 교육담당 역할, 자산을 관리하는 역할 등 여러 가지 부가적인 업무들이 많습니다. 모든 사항들은 해마다 진행하는 목표계획 수립 시 반영될 수 있는 사항이며 연말 고과를 받을 시 플러스 되는 부분입니다. 각 조직마다 역할 수행에 대한 중요도가 다르니 만약 업무를 맡아야 한다면 위 내용들을 간략히 설명드릴 테니 참고해서 진행하면 됩니다.

소통창구의 역할은 언급한 대로 사무직군들의 VOC를 수렴하는 역할을 합니다. 예를 들어 커피 등 다과를 먹을 수 있는 구역을 만들어 달라고 하거나 의자를 개선해 달라고 하는 등 필요로 하는 부분들을 요청할 때 취합하여 관리감독자에게 건의하는 역할입니다. 장점은 팀장, 임원담당 등 관리감독자와의 소통할 수 있는 기회가 많아 개인적으로 본인에 대해 많은 어필이 된다는 점이 있으며 향후에는 고과에도 약간 반영된다고 생각합니다. 하지만 단점은 구성원(직원)들의 VOC 수렴 등 업무가 가중될 수 있다는 점이 있습니다.

교육담당 역할은 법적으로 수행해야 하는 정기교육을 챙기는 역할입니다. 각 팀별로 필요한 인원들이며 구성원들의 교육이력을 관리합니다. 총무의 경우 회식, 경조사 등을 챙기는 역할입니다. 마지막으로 회사 자산을 관리하는 역할로 구성원들의 노트북이나 모니터 등을 정기적으로 관리하는 역할입니다. 지금까지 말한 사항 외에도 많은 것들이 있지만 대표적인 것들만 설명했으니 참고 바랍니다.

마지막으로 구성원들과의 소통업무입니다. 두 번째 예시로 든 안전시스템 관련해서 추가적인 설명입니다. 안전이라는 영역은 회사 내부적인 구성원들과의 소통을 통해 위험성평가, 교육, 안전점검이 있지만 외부적으로 대관업무가 있습니다. 법적으로 제대로 이행하고 있는지를 보는 대관업무의 경우 회사에 페널티가 부여되지 않도록 소통을 하는 것이 중요합니다. 기업의 경우 법적인 사항으로 평상시 문제가 되는 경우는 거의 없습니다. 대부분 안전관리는 사후 조치가 아닌 문제점을 사전에 발굴 및 예측하여 대응하는 관점이기 때문에 큰 문제가 없습니다. 다만 구성원의 경우 조금 다르다고 볼 수 있습니다.

앞서 언급했듯이 정보화 시대에 정보 접근이 용이해짐에 따라 구성원의 수준이 높아졌습니다. 예를 들어 '화학물질 취급 시 무조건 안전보호구를 착용해야 한다.'라고 하면 명확한 근거가 있는지를 확인하고 대안을 찾아 역으로 제시하는 사례도 있습니다. 이러한 부분들을 감안하고 구성원들과 소통하려면 더욱 많은 정보를 사전에 습득하고 적용해야하는 부분들이 있습니다.

또한 안전은 생산처럼 물건을 생산하여 이윤을 만드는 영역이 아니라서 사람들의 관심과 중요도가 많이 낮다고 볼 수 있습니다. 그러다 보니 안전보다 생산이 우선시 되는 경우가 있습니다. 하지만 시대가 변하고 안전의 중요도가 강조되고 있는 시점에서 더 이상 구성원들의 안전의식을 간과해서는 안 되며 구성원들 입장에서의 안전지식의 수준만을 생각하는 것이 아닌 안전의식을 높일 수 있는 방법도 고려하여 소통해야 합니다. 안전은 P(Plan), D(Do), C(Check), A(Action) Cycle로 이뤄지고 있습니다. 소통이라는 부분은 PDCA에 전체적으로 적용되는 중요한 사항이니 참고 바랍니다.

위에서 말씀드린 첫 번째, 두 번째, 세 번째 큰 영역에 대해 입사 전에 알고 있다면 많은 도움이 될 것입니다. 더불어 공유한 사례처럼 신입인 경우에는 빠른 적응을 위해 다양한 업무를 간접적으로 지시합니다. 물론 사수가 있기 때문에 부담은 덜 되지만 한편으로는 신입의 패기, 새로운 시각이라는 명분으로 많은 고민을 하게 하는 부분들이 있습니다. 그렇다고 너무 많은 부담을 가질 필요는 없습니다. 앞으로 우리 팀의 중장기 계획을 수립해 봐라, 회사의 자재 단가를 줄이기 위한 방법을 생각해 봐라 등 회사에서 오랜 기간 동안 생활해야 작성할 수 있는 미션을 주지는 않습니다.

물론 경력사원의 경우 과거 회사에서의 경력을 인정받아 들어왔기 때문에 실제 업무에 필요한 전문적 지식은 있다는 가정 하에 업무 챌린지가 많은 것입니다. 신입과 경력 각각의 차이점은 있습니다. 방금 언급했듯이 경험치가 있느냐 없느냐에 따라 업무에 대한 지시가 나눠지며 책임의 소지도 다르다고 생각합니다. 더불어 신입보다는 경력직에게 빠른 적응을 요구하는 경우가 많아 경력으로 입사하게 된다면 많은 스트레스를 받을 수 있습니다.

디스플레이 업종에서 경력으로 입사하고 약 5년 이상을 근무하면서 많은 신입을 보았습니다. 입사할 당시에 들리는 소문은 '많이 힘들고 근무환경이 어려워서 버티기 힘들다.'라는 말이었습니다. 하지만 실제로 근무를 해 보니 과거에는 저녁 9시까지 근무를 했다면 지금은 대부분 5시 반이면 퇴근을 합니다. 그리고 상사와 부하간의 관계에 있어 외부 컨설팅 등을 통해 교류하는 시간을 만들어가며 많이 개선되었다고 느낍니다.

회사 입장에서도 신입, 경력 모두 필요한 자원이기 때문에 이직이나 퇴사를 하지 않도록 많은 고민과 노력을 하고 있다는 것을 퇴사면담을 하면서 알게 되었습니다. 개인적으로 정보를 알 수 있는 방법이 많아짐에 따라 기능직, 사무직 등 모든 구성원들이 알고 있는 지식의 수준이 높아졌고 개선에 대한 구체적인 사항을 회사에 요청하고 있어 현 상황을 본다면 앞으로는 더욱 많은 부분(연봉 등)들이 개선될 것으로 생각됩니다.

추가적으로 안전 영역에 대해 간단히 장단점을 이야기해보고자 합니다. 안전영역은 건설업, 제조업 등 모든 영역에 법적으로 필요한 부분이기 때문에 취업시장에서 가장 많은 수요를 필요로 하고 있습니다. 물론 계약직도 많고 건설업의 경우에는 출장이 많아 선호하지 않는 경우도 있습니다.

하지만 채용공고로만 보면 가장 많은 취업의 길이 있는 것이 사실입니다. 또한 중대사고 발생을 예방하는 업무를 하고 있기 때문에 구성원(직원)들을 '안전한 작업장에서 사고 없이 가족 품으로 갈 수 있도록 한다.'라는 큰 자부심을 가질 수 있습니다. 다만 단점으로는 '업무 수행에 대한 책임감이 있다.'라는 부분이 부담감으로 작용할 수 있습니다. 또한 안전은 생산과 달리 사람을 상대해야 하기 때문에 인간관계에서 오는 스트레스도 큽니다. 그래도 안전관리자는 사람의 생명을 중대사고로부터 보호하고 지키는 최전선에서 활동하는 업무입니다. 힘든 부분이 있더라도 많은 보람을 느낄 수 있습니다. 한 예로 구성원들의 안전에 대한 VOC를 수렴하여 보호구를 개선하거나 작업환경을 개선하여 더욱 안전하고 구성원들의 안전에 대한 애로사항을 해소해 줌에 따라 고맙다는 이야기를 구두로 들을 때면 많은 보람을 느낍니다.

05 현직자 일과 엿보기

1 평범한 하루일 때

출근 (~08:30)	오전 업무 (08:30~12:30)	점심 (12:30~13:30)	오후 업무 (13:30~17:30)
• 회사 출근 후 아침 식사 *경기지역 통근 버스 운영 (일부 제외)	• 업무성 메일 확인 • 현업 간 실무자 회의 • 팀 내부 회의	• 회사 내 공원 산책 • 개인 계발 활동	• 업무 진척 현황 검토 • 주요 업무 외 활동 (예 총무, 교육 담당 등)

(1) 출근 시

회사에서 제공하는 통근버스를 이용합니다. 이동 간에도 개인적인 공부 혹은 당일 해야 할 일들을 모바일을 활용하여 사전 확인 후 우선순위를 정해 업무 진행을 하고 있습니다. 개인적으로 통근버스 안에서 간단히라도 그날 업무를 머릿속으로 정리 후 출근한다면 효율적인 업무를 수행할 수 있지 않을까 싶습니다. 가끔씩 출근하자마자 관리 감독자의 업무 지시가 있는 경우도 있다는 점 참고 바랍니다. 그렇다고 많은 시간을 할애하라는 이야기는 아닙니다. 평균적으로 40분 이상 출근시간이 걸리다 보니 본인이 평소 보고 싶었던 영상이나 개인 역량 개발에 투자하는 것도 좋은 방법이라 생각합니다.

(2) 오전 업무

출근 후 오전에는 전날 퇴근 후 받은 메일이 무엇이 있는지를 파악하여 내용을 정리하고 필요 시 메일을 보낸 담당자와 실무자 간의 회의를 진행합니다. 또한 담당자 선에서 해결되지 않는 사항에 대해서는 팀 내부 회의를 통해 팀원들의 의견 혹은 관리 감독자의 의견을 요청하고 수렴하여 업무를 진행하기도 합니다.

(3) 점심 시간

점심시간에는 한식, 중식, 양식, 다이어트 식단 등 다양한 메뉴가 준비되어 있어 본인이 먹고 싶은 음식을 선택하여 식사를 합니다. 요즘에는 코로나로 인해 도시락을 구매하여 본인 자리에서 먹는 상황들이 많아지고 있습니다. 식사 후 팀원들과 회사 내 공원을 산책하면서 기분전환을 하기도 합니다.

(4) 오후 업무

오후 업무의 경우 오전에 확인했던 사항들을 좀 더 구체화하거나 과거 진행하고 있던 사항이 있다면 진척사항을 f/up합니다. 또한 주요 업무 외에 각자마다 특정 업무를 하나씩 맡고 있습니다. 예를 들어 총무 혹은 교육 담당자 등 본인의 역할에 맞춰 업무를 수행하기도 합니다. 상세 내용은 07 **직무에 필요한 역량**, 08 **현직자가 말하는 자소서 팁**, 09 **현직자가 말하는 면접 팁**을 참고하기 바랍니다.

2 사고 발생 또는 행사 진행할 때

조기 출근 (~07:00)	오전 업무 (09:00~12:00)	점심 (12:00~13:00)	오후 업무 (13:00~18:00)
• 예 상황에 따라 다르겠지만 사고 발생 시에는 출근 시간에 상관없이 필요에 따라 출근 시간 결정	• 현장 점검 및 담당자 인터뷰를 통한 직접 원인/간접 원인 파악	• 식사 후 오전 확인 사항 Review	• 직접 원인/간접 원인에 대한 개선대책 검토 후 사고보고서 작성 • 사고보고서 팀장보고 • 전사사고 내용 공유
• 예 행사/대관 업무 수행 시 (필요시)	• 행사장소 사전 확인 • 참석자 최종 확인 등 • 외부 점검 인원(예 공단 인원)에 대한 대응(서류/현장)	• 식사 후 최종 행사 진행 test • 식사 후 오후 일정 안내	• 행사 진행 및 종료 후 정리 • 현장 확인 및 서류 검토 대응

이슈 혹은 특정 업무를 진행하게 되는 경우는 다양합니다. 대표적인 사항을 위와 같이 공유하며 입사 후 업무 진행 시 흐름을 참고해 진행하면 많은 도움이 될 것이라고 생각합니다. 지금부터는 좀 더 상세하게 추가 설명하고자 하며 입사 시 멘토가 대부분 알려 주는 내용입니다. 이슈에 대한 부분은 대부분 사고가 발생한 경우이거나 외부 정책이 변경됨에 따라 대응이 필요할 때 진행됩니다.

표에서도 설명한 사항 중 사고를 예를 들어 진행 과정을 설명하면, 장비에서 화학물질이 누출 시 현장에 있는 기능직군(테크니션)에서 초기대응을 하며 곧바로 피해가 확대되지 않도록 조치합니다. 이후 안전 소속의 인원들이 투입되어 사고 발생에 대한 직접 원인 및 간접 원인을 검토하고 사무직군(엔지니어)에서 보고서의 내용을 정리합니다. 직군별 사고 대응의 역할이 나누어져 있으며 사무직군(엔지니어)에서는 개선 방안까지 방향성을 제시하여 동일 사고가 재발하지 않도록 조치합니다. 개선 방안의 경우에는 필요시 팀원들에게 공유하여 의견 취합 및 방향성을 제시하기도 합니다. 신입/경력으로 입사를 하게 된다면 오리엔테이션을 통해 과거 회사에서의 사고 사례들을 공유 받으며 회사 현장 특성 및 필요 사항이 무엇인지 배우게 될 것입니다. 더불어 총 한 달 동안의 오리엔테이션은 1주차 서류 업무, 2주차 조직별 업무 소개, 3주차 현장체험(주간/야간), 4주차 오리엔테이션 종료 순서로 진행을 한다는 점 참고 바랍니다.

약 한 달 동안 방대한 양의 업무를 교육받으면서 디테일하게 파악하기는 어렵습니다. 다만 오리엔테이션을 통해 담당 업무에 대한 빠른 적응 및 협업이 필요한 부분에 대해 많은 도움이 된다고 생각합니다. 잠깐 오리엔테이션에 대한 몇 가지 경험을 공유하자면, 본인이 맡게 되는 주요 담당 업무에 대해 오리엔테이션 기간 중 현장 체험을 통해 운영 사이클을 확인할 수 있으며 대학 시절 책에서 배운 사항들을 실제 매칭하기 때문에 업무 수행에 많은 도움이 되었습니다. 또한 현업 인원(테크니션, 오퍼레이터)과의 소통은 업무 수행 중 현장의 협의가 필요할 때, 오리엔테이션을 통해 만난 인원에게 요청해 효율적인 업무 수행이 가능했습니다.

다시 본론으로 들어와 정기적인 업무 스케줄 및 이슈 혹은 특정 업무 스케줄 모두 공유한 예시에서 크게 다른 점은 없습니다. 큰 흐름 정도를 파악하여 입사 후 본인 업무에 참고 바라며, 제 경험상 개인 스케줄 표를 만들어 개인 역량 강화에 필요한 교육 등을 업무 수행 사이사이에 반영하여 진행하면 회사생활에 많은 도움이 될 것이라고 생각합니다.

3 다양한 회사의 일과 엿보기

디스플레이 외의 다양한 산업과 회사에서 근무했던 만큼, 제가 경험한 다양한 회사의 업무와 분위기에 대해서도 설명 드리겠습니다.

1. 현대중공업

(1) 출퇴근 시

아침 출근 시 수천 대의 오토바이가 정문을 통해 들어가며 회사 내에는 버스가 운영될 정도로 거대한 사업장입니다. 울산동구를 가면 관광 투어가 있을 정도입니다. 회사 입구에서 걸어서 현장까지 가려면 최소 20분 이상이 소요됩니다. 물론 정문에서 가장 가까운 작업장도 있습니다. 그러나 대부분 현장은 좀 더 들어가야 있습니다. 퇴근 시에도 수많은 인원이 한꺼번에 나옵니다. 중공업의 경우 중공업 직원만 있는 게 아니라 협력사 인원들도 많다는 점 참고하면 좋을 것 같습니다.

(2) 업무 시

출퇴근 시 많은 인원들이 사업장 안으로 들어오기 때문에 출근부터 안전관리가 시작되며 작업 시 몇 십 톤 되는 거대 블록을 트랜스포터(중량물 이동 장비) 혹은 골리아스(크레인의 일종)를 이용하여 업무를 진행하거나 밀폐공간에서 작업을 하다 보니 안전관리가 엄격한 편입니다. 안전 직종에 근무하는 인원들도 많이 배치되어 각자의 임무를 수행하고 있습니다. 그러다 보니 안전에 문제가 발생하면 생산보다도 가장 우선시 되는 부분이며, 다소 강한 규제로 안전이 이뤄지고 있어 중요 이슈가 아니라면 정시 출근, 정시 퇴근을 했습니다.

(3) 회사 분위기

많은 인원이 있다 보니 업무 진행 시 여러 절차가 있으나, 현장에서의 업무가 더욱 비중이 크며 상사라도 애로사항에 대해서는 바로 이야기하는 분위기였습니다. 이런 부분에 대해서 눈치를 주거나 부담을 주지 않았습니다. 물론 제가 생활하면서 느낀 주관적인 부분입니다. 추가적으로 20년 이상을 수도권에서 살다가 울산에 거주하면서 느낀 부분은 술 예절, 축의금 등 문화가 조금 다른 부분이 있다는 것입니다.

2. 한화(기계부문)

(1) 출퇴근 시

한화의 경우 기계, 방산 등 총 4가지 부문으로 나누어져 있습니다. 그 중에서 기계부분에 대해 공유하고자 합니다. 경남 창원에서 근무할 당시 사업장 안전관리자도 있지만 대부분의 인원들이 설치 현장에서 안전관리 업무를 수행했습니다. 사업장에서 안전관리를 진행할 경우 정시 출근, 정시 퇴근이 가능했으나, 현장에 가게 되면 사업장 근무시간 기준에 맞춰 운영하되 좀 더 늦게까지 하는 경우가 많았습니다.

(2) 업무 시

사업장에서의 근무 시 현대중공업 사업장 규모보다는 작아 사업장 전체를 오전 혹은 오후에 전체 점검이 가능합니다. 또한 대부분의 부서가 하나의 건물 안에 있다 보니 빠른 소통이 가능합니다. 단 현장에 나가게 될 경우 사전 미팅을 통해 직 · 간접 담당자들과 소통이 이뤄지며 현장에 가게 되면 협력사 포함하여 전반적인 업무를 수행해야 합니다. 현대중공업과 다른 점은 안전 업무가 담당자별로 세분화되어 있지 않다는 점입니다. 그렇기 때문에 현장으로 안전 업무를 수행한다면 위험성 평가, 교육, 점검, 산업안전보건위원회 운영 등 모든 업무를 수행한다고 보시면 됩니다. 물론 혼자서 하기에는 버거운 부분이 있습니다. 그래서 규모가 큰 현장이라면 추가 지원 인원이 있습니다. 현장에서 가장 중요한 것은 중대 사고가 발생하지 않도록 하는 부분입니다. 사고 발생 시 모든 상황 대응은 법적 선임자가 하기 때문에 중요한 부분 중에 하나입니다.

(3) 회사 분위기

직속 상사와의 관계에 있어서 자유로운 소통이 이뤄지는 편이며 유관 부서와의 협업 또한 잘 된다고 생각합니다. 또한 현장으로 근무를 나간다고 해도 메일 및 전화를 통해 수시로 업무에 대한 공유가 되며 결정 사항에 대해서는 빠른 결정이 나는 편인 것 같습니다. 코로나 발생 이전에는 정기적으로 전 부서 단합회를 진행하거나 사업장별 안전 환경 업무를 하는 인원들이 모여 워크숍 등을 진행하였기 때문에 업무 수행 시 빠른 진행이 될 수 있다는 점 참고 바랍니다.

3. LG 디스플레이

(1) 출퇴근 시

LG 디스플레이의 경우 통근 버스 운영으로 출근 시간 동안 잠을 자거나 본인 개인 공부 등을 할 수 있습니다. 버스에서 내리게 되면 회사에서 아침 식사를 운영하고 있습니다. 디스플레이 역시 협력사 포함 인원이 많기 때문에 출근 시 회사 Gate가 복잡할 수 있다는 점 참고바라며 앞서 공유한 현대중공업과 한화(기계부문)와는 다르게 퇴근 시 경고가 뜨면 검색대에서 추가 확인을 받습니다. 그만큼 보안 수준이 높다고 볼 수 있습니다.

(2) 업무 시

과거 다녔던 회사들과 같이 안전관리 수준이 상당히 높으며 안전에 대한 업무 세분화 및 규모도 상당히 큽니다. 그렇기 때문에 세부적인 안전 업무에 대한 수행 능력이 있어야하며 선진 안전문화 체계를 구축하는 기업이라는 생각을 했습니다. 업무를 수행함에 있어서도 전문성이 있어야 하며 상사에게 보고 시 명확한 근거가 기반이 되어야 합니다. 하나의 업무를 진행함에 있어서도 개인적으로 많은 고민을 하여 보고서를 작성했던 기억이 있습니다. 2~3번의 피드백을 받아서 작성했던 경험들이 현재 업무 수행에 있어서 계획 → 실행 → 결과 작성 순으로 해서 어떻게 진행할 것인지 구상할 때 많은 도움이 된 것 같습니다.

(3) 회사 분위기

많은 조직들이 있다 보니 조직별 분위기가 조금씩 다른 부분이 있습니다. 요즘에는 구성원들과 문화에 대한 지속적인 교류로 상사들의 업무 방식이나 구성원들을 대하는 태도가 점차 바뀌고 있습니다. 또한 영화 관람, 교류회 등 다양한 행사가 있어 유연한 분위기라고 보면 될 것 같습니다. 더불어 사원↔선임 간의 나이 차이가 크지 않으며 전체로 봤을 때 대부분의 인원이 사원, 선임에 속하기 때문에 업무 고충이나 애로사항 등을 쉽게 오픈하여 조언을 받을 수 있습니다. 다만 업무를 진행함에 있어서는 신중히 검토하고 고민해봐야 하는 부분들이 있다는 점 참고 바랍니다.

에피소드 FB활동

정기적인 업무가 아닌 특정업무에 대한 에피소드를 공유하고자 합니다.

사무직을 대변하는 FB(Fresh Board) 업무를 맡고 있을 당시 계층별 소통을 원활히 할 수 있는 방법이 무엇이 있는지 고민해 보라는 업무 지시가 있었습니다. 당시 계층별 소통 시 직급이 사원 선임 책임 3단계로 나누어져 있어 사원과 선임 간에 소통은 원활히 이루어졌지만 책임과의 소통이 어려운 점이 있었습니다.

어느 날 우연한 기회로 인터넷을 통해 속 인터뷰 콘셉트의 영상을 보게 되었습니다. 서로 간의 평소 생각을 카메라 앞에서 표현했고 편집자가 기발한 질문으로 인터뷰 인원의 속마음을 잘 이끌어 내는 내용이었습니다. 영상을 보면서 벤치마킹하여 한번 해 보는 것도 좋을 것 같다는 생각이 들었습니다.

준비 단계에서 물론 서로 인터뷰 인원으로 참석하려고 하지 않아 많은 애로사항이 있었으나 가면을 쓰고 인터뷰를 진행했으며 직급별 특히 책임과의 소통이 안 되는 부분에 대한 속마음을 들을 수 있었습니다. 반대로 책임급에 대한 인터뷰도 진행했으며 책임급이 생각하는 소통이 안 되는 문제와 사원, 선임에게 바라는 점을 듣게 되었습니다.

이후 인원 전체가 모이는 간담회를 진행했습니다. 인터뷰한 내용을 정리하고 영상을 편집하는데 편집 기술이 서툴러 배우면서 작업하느라 다른 사람과는 달리 많은 시간을 할애했습니다. 영상을 보는 동안 보이지 않는 벽이 있다는 것을 전체 인원이 공감하게 되었고 각 계층별 정말 무엇을 원하고 필요로 하는지를 명확하게 알 수 있는 계기였습니다. 영상 종료 후 모든 인원이 만족해하는 부분이었으며 '주기적으로 했으면 좋겠다.'라는 이야기가 나왔습니다.

준비 과정에서 앞서 언급한 대로 혼자서 해야 하다 보니 많이 어려운 부분이 있었으나 구성원 조직 문화가 조금씩 변하는 데 기여했다는 부분은 저 스스로에게 큰 보람이였습니다.

물론 그해 고과도 만족할 만한 결과를 받았습니다. 남들이 FB를 볼 때는 형식적인 것으로 대부분 생각합니다. 그러나 제가 FB로 있을 당시 고정관념을 깰 수 있었고 지금도 FB의 활동은 다양한 접근으로 운영이 되고 있습니다. 구성원들의 뜨거운 호응과 상사의 인정을 받는 것과 반대로 분명 힘든 점도 있지만 본인에게 득이 되는 부분들이 많습니다.

독자 분들도 저의 에피소드처럼 고정관념을 깨고 인정받을 수 있는 기회가 있다면 과감히 책임감을 갖고 도전해 보는 것을 추천합니다.

06 연차별, 직급별 업무

대부분의 경우 회사 취직 시 사원으로 입사하게 됩니다. 지금부터 사원, 선임, 책임 직급에 따라 달라지는 업무에 대해 말씀드리겠습니다. 참고로 같은 직급이라도 연차에 따라 업무의 강도 및 내용이 조금씩은 다릅니다. 예를 들어 연차가 높아질수록 한 가지 업무에 대한 책임 비중이 커지고, 한 분야에 전문가로서 전체적인 흐름을 이끌고 가는 단계까지 도달하게 됩니다. 제 경험을 토대로 연차별, 직급별 업무에 대해 공유하니 참고 바랍니다.

1 사원(~1년)

실제 호칭은 ~사원님 혹은 ~씨로 부릅니다.

1. 하는 일

처음 사원으로 입사하면 회사 특성을 알아야 하기 때문에 장비 공정, 공장 Layout, 안전관리 역할과 임무 등 수많은 교육을 받습니다. 특히 법적 사항인 채용 시 교육을 시작으로 특별 안전 보건 교육, 정기 안전 보건 교육, 보안 준수 서약서 등을 받게 됩니다. 직무와 직간접적인 교육들을 이수하고 새로운 환경과 본인의 업무에 대해 습득하는 단계로써 사람마다 특성은 다르지만 이 시기에 본인의 업무 스타일을 구축한다고 볼 수 있습니다. 업무 스타일은 팀 분위기, 상사 성향에 따라 정해집니다.

예를 들어 상사가 꼼꼼한 스타일인 경우 대부분이 상사의 스타일에 맞춰 업무를 진행합니다. 그 이유는 업무 진행 시 검토선 상에 상사가 있고 상사의 검토가 통과되어야 다음 단계로 넘어갈 수 있기 때문입니다. 물론 본인의 성향에 도저히 맞지 않는 상사와 대립할 경우 팀을 옮기거나 혹은 상사에게 본인의 업무 스타일을 납득시키는 경우도 있습니다. 그러나 이러한 경우는 드물다고 생각합니다. 대부분이 앞서 언급한 대로 상사의 스타일을 따라 본인의 업무 스타일을 만들게 됩니다. 제 경험상 1년 이상 상사와 업무로 소통을 해야 적응이 된다고 볼 수 있습니다. 상사 입장에서도 사원에게 새로운 의견을 물어보는 비중보다는 회사의 업무 문화에 대해 빠른 적응을 할 수 있도록 트레이닝을 시킵니다.

사원 시기에 최대한 많은 부분을 물어보고 사람과의 관계 형성에 집중해야 합니다. 다음 직급인 선임이 되기 전에 사원이라는 신분은 학생의 개념은 아니지만 실수를 하더라도 감안해 주는 부분들이 있습니다. 그렇기 때문에 2년, 3년, 연차가 쌓이면 업무를 수행하기 위한 역량을 최대한 많이 보고 듣고 본인 것으로 만드는 데 시간을 투자하기를 바랍니다.

다만 회사 생활에 있어서 업무에 비중을 100%로 하는 것보다는 80% 이상을 하면서 본인의 역량 개발에도 신경을 써야 합니다. 예를 들어 선임에서 책임으로 진급을 하기 위해 필요한 자격 요건에 대해 미리 준비하거나 자격증을 지속적으로 취득하는 것을 추천합니다.

이렇게 최소 6개월 정도 회사 생활을 하게 되면 본격적으로 본인의 업무에 대한 업무 비중이 커지게 됩니다. 예를 들어 교육 담당 시 멘토(상사)가 주관하여 업무를 처리를 했다면 6개월 뒤에는 멘토의 업무가 신입사원에게 넘어가게 됩니다. 물론 처음부터 비중이 큰 업무를 주는 것은 아닙니다. 업무의 중요도를 상중하로 따졌을 때 하에 해당하는 업무를 주면서 본인 스스로가 책임감을 갖도록 트레이닝을 시킵니다. 물론 담당자가 없어지거나 긴급하게 인원 추가가 필요한 경우에는 바로 중요한 업무를 받는 경우도 있다는 점 참고 바랍니다. 그러나 대부분 앞에서 언급한 대로 기간에 따라 업무 분할이 됩니다.

단, 경력으로 들어온 신입의 경우에는 조금 다릅니다. 과거 회사에서 근무했던 이력을 토대로 현 회사에 대응 가능한 부문을 찾아 업무를 할당하게 됩니다. 예를 들어 이전 회사에서 협력사 관리를 했다면 도급 합동 점검이나 협력사 운영에 대한 부분을 할당받고 일반 신입 사원과는 달리 빠른 시일 내에 업무 주관자가 되어 일을 처리하게 됩니다.

물론 공통적으로 사원 신분이기 때문에 실수에 대한 부분은 이해해 주는 부분이 있다고 앞서 말했습니다. 저는 처음 신입으로 입사할 때 신입의 패기를 보여주라는 말을 많이 들었습니다. 입사 후 몇 달간은 패기라는 의미를 잘 몰랐습니다. 1년 뒤 신입사원이 들어오면서 패기라는 의미를 알게 되었습니다. 패기란 잘 모르기 때문에 부담을 갖지 말고 얼마든지 물어보고 적극적으로 업무에 참여해서 빠른 적응을 하라는 의미라고 생각합니다.

독자 분들도 사원으로 입사해서 많이 걱정되고 부담되겠지만 지금까지 사원에 대한 설명을 토대로 빠른 적응을 하기를 바랍니다.

2. 커리어 관리 Point

사원은 기본이 되는 사항들을 빨리 본인 것으로 만드는 것이 중요하기 때문에 세 가지 Point로 나누어 설명하니 입사 후 단계별 목표 설정에 참고하면 될 것 같습니다.

첫째, 직무에 대한 이해 및 내재화입니다. 안전관리자로써 업무가 실제 책으로 습득한 내용 외에 생각하지도 못한 부분들을 추가적으로 보게 될 것입니다. 예를 들어 사람과의 소통의 중요성 등이 있습니다. 그렇기 때문에 본인이 사람과의 대화를 싫어한다면 안전관리 직무에 대해 고민을 해야 하는 부분입니다. 사원이라는 신분에서 안전에 관련된 많은 업무를 수행하면서 직무에 대한 이해를 통해 본인이 지속적인 업무로 수행할 수 있는지를 봐야 할 것입니다. 실제로 저는 디스플레이 업종에서 업무를 수행할 때 입사 후 3개월 뒤 직무가 맞지 않아 퇴사하거나 타 부서로 이동한 사례를 보았습니다. 만약 안전관리자 직무가 본인의 적성에 맞는다고 판단된다면 다양한 업무에 대해 본인만의 스타일로 내재화하는 것을 추천합니다. 사원 시절 업무에 대해 본인의 스타일을 구축한다면 향후 조기 진급을 하거나 상사에게 빠른 인정을 받는 계기가 될 것입니다.

둘째, 직무에 대한 역량 강화입니다. 대부분의 회사에서는 사원이라는 인재를 조기 전력화시키기 위해 상사들이 주체가 되어 공유회 자리를 정기적으로 진행합니다. 즉 상사가 갖고 있는 회사 노하우를 공유함으로써 사원들의 역량을 강화시키는 방법입니다. 사원 입장에서는 좋은 기회이니 형식적이라고 생각하지 말고 필요한 부분들을 캐치하여 본인 것으로 만드는 것을 추천합니다. 추가적으로 궁금한 사항들은 직속 상사뿐만 아니라 타 팀의 협업 등 소통을 통해 개인 Rawdata로 취합하는 것을 추천합니다.

셋째, 회사 인프라 활용입니다. 회사마다 다르겠지만, 제가 재직했던 회사들은 대부분 회사 대학원, 특허 출원, 석사 비용 지원 등 다양한 인프라가 있었습니다. 사원으로서 적응하는 데 집중해야겠지만 입사 후 1년 뒤 본인 미래의 목표를 설정할 때 관련 인프라를 충분히 활용하여 미리 준비하시는 걸 추천합니다.

2 선임(2년~7년)

1. 하는 일

입사한 지 2년이 되면 자동으로 선임이라는 직급으로 불리게 됩니다. 다른 회사와 비교한다면 대리 직급이라고 볼 수 있습니다. 선임이라는 직책은 본격적으로 업무를 시작하는 단계로 볼 수 있습니다. 하나의 주요 직무에 대해 사원 때보다 더욱 깊게 내용을 파악해야 합니다.

예를 들어 사원일 때는 멘토의 지시사항에 대해서만 책임지고 수행하면 되지만, 선임의 경우 직접 계획을 수립하고 실행을 통해 문제점 발생 시 보완 및 개선해야 합니다. 물론 선임이 되었다고 바로 말한 사항대로 운영되기는 어렵습니다. 다만 관리 감독자 입장에서는 서서히 선임으로써의 책임감을 느끼게끔 챌린지를 주게 됩니다.

한 예로 저는 경력직으로 입사했을 때 과거 경험을 토대로 안전 기획 업무를 맡게 되었습니다. 저는 과거 회사에서 안전관리자의 전반적인 업무를 경험해 봤지만 관리/기획이라는 업무는 생소했습니다. 회사 입장에서는 실무경험이 있다고 판단하여 다음 단계인 안전 기획 업무를 부여한 것으로 보입니다. 수기로 관리하던 법적 사항을 전산화시키는 시스템 개발 업무를 수행했는데, 타 부서와 밀고 당기는 수많은 회의를 거치며 구현 가능한 기능들을 선별하여 가상 테스트를 하는 등 여러 번의 시행착오 끝에 시스템 개발을 할 수 있었습니다. 이후 시스템 사용을 하면서 나오는 개선 사항은 한 번에 모아 단계적으로 반영함으로써 시스템을 안정화시킬 수 있었습니다.

또 다른 사례로는 안전 법적 사항에 대해 누락된 부분이 있는지 혹은 구성원(직원)들이 잘 이행하고 있는지를 점검/평가/진단하라는 지시사항이 있었습니다. 아무도 해 보지 않은 업무였기 때문에 난감했지만 안전 Task[18]가 구성되면서 운영 컨셉 수립, Pilot 운영 등을 통해 1년간 진행을 했고 1년 뒤 팀으로 승격이 될 수 있었습니다. 제 경험처럼 선임 급에는 여러 챌린지가 있을 겁니다. 그러나 당황하지 말고 본인의 업무라도 상사와 지속적인 소통을 한다면 업무 수행이 가능합니다. 어렵고 힘들어도 하나씩 업무를 성공하게 되면 책임으로 진급했을 때의 역할을 수행하는 데 많은 도움이 될 것입니다.

18 [11. 현직자가 많이 쓰는 용어] 18번 참고

2. 커리어 관리 Point

선임은 하는 일에서도 설명했듯이 본격적인 업무를 하는 단계로써 총 2가지에 대한 부분을 인지하고 업무 수행을 하면 좋을 것 같습니다.

첫 번째, 업무에 대한 전문성입니다. 입사하기 전부터 전문 지식을 많이 알고 있어도 회사에 필요한 부분이 무엇인지 파악하기는 어렵습니다. 그렇기 때문에 회사에서 인정받고 진급을 하기 위해서는 전문성을 강화해야 합니다. 사원일 때는 현장의 위치, 작업 특성만을 알았다면 선임의 경우 현장에서의 고질적인 문제점을 찾아내 근본적인 원인을 해결하는 관점으로 접근해야 합니다. 더불어 시간이 된다면 본인 업무에 대해 타 회사에서 벤치마킹할 수 있는 것들이 있는지 확인해 보는 것도 좋습니다. 대부분의 회사들이 비슷하지만 안전관리는 사전 예방의 관점이 강하기 때문에 좋은 아이디어나 회사에 적용 가능한 것들이 있다면 미리 검토하여 반영하는 것도 본인의 성과에 득이 되는 부분 중 하나입니다.

두 번째, 선·후임 간의 협업입니다. 선임이라는 직책은 사원과 책임 사이에 위치한 상태이기 때문에 본인의 업무 외에도 부가적인 업무들이 많습니다. 한 예로 총무의 업무는 사원이나 책임보다는 선임 직책에 맡은 사례들이 많습니다. 그렇기 때문에 계층별 협업이 잘 되도록 타 계층과는 다르게 많은 시간을 투자해야 합니다.

종합적으로 선임은 업무 수행에 있어서 중추적인 역할을 하는 직급입니다. 많은 시간과 노력을 투자하는 직급이기 때문에 본인의 역량과 성과에 따라 많은 보상을 받을 수 있다고 생각합니다.

3 책임(8년 이상~)

1. 하는 일

일반적으로 책임은 메인 업무를 맡아서 진행하나 일부 업무 중 후임들의 업무 관리를 해 주는 부분도 있습니다. 또한 책임 급에서 PL(Part Leader)[19]을 선정하여 팀장을 보좌하는 역할을 하고 있습니다. 앞에서 말했듯이 메인 업무도 있지만 후임들의 보고서 내용 혹은 방향성 등을 제시하는 업무도 있으며 팀장의 의견을 수렴하여 업무를 분담하기도 합니다. 그러다 보니 PL의 경우 팀장과 업무 스타일이 거의 비슷하다고 보면 될 것 같습니다. 일반적으로 PL은 조직에서 오랫동안 근무한 인원 중에서 선정이 되고 있으며, 타 조직에서 오는 경우도 있지만 극히 드문 경우입니다. 그러다 보니 업무 수행 시 팀장과 PL의 업무 진척도는 상당히 빠르며 팀장이 부득이하게 업무 지시를 못 할 때 PL이 대행하는 경우도 있습니다. PL이 아닌 책임 급에서의 업무는 제가 바라본 입장에서 선임급과 같이 메인 업무에 대한 진행을 하면서 Project 단위의 업무를 수행하는 것 같습니다. 즉 프로젝트의 리더로써 모든 사항을 챙겨 업무를 수행합니다. 이러한 기회들이 많아지다 보면 결국 팀장이라는 진급으로도 이뤄지는 사례를 본 적이 있습니다.

2. 커리어 관리 Point

책임으로서의 커리어는 결국 팀장, 더 나아가 임원/담당으로 나갈 수 있는 발판을 만드는 시작점인 것 같습니다. 사원일 때의 시작점과 비슷하면서도 다른 점은 경력에 대한 깊이인 것 같습니다. 책임으로서 가장 중요한 것은 Leader로서의 역량을 갖추는 것이라고 생각합니다. 현 회사에서도 일하는 문화 혹은 조직 문화에 대한 구성원(직원)들의 조사를 진행합니다. 이 조사를 통해 개인별 장·단점을 알 수 있는데, 책임일 때 가장 많은 개선 Point는 리더십인 것 같습니다. 구성원이나 주변 환경에 대한 변명보다는 본인의 리더십 개발을 통해 주변으로부터 인정을 받는다면 곧 성과로 이어지는 계기가 될 것입니다.

저는 이전 회사에서 책임으로 진급할 때 주변의 많은 인정을 받지 못했습니다. 결국 스스로 부족한 부분이 있는 건 아닌지 자존감이 떨어졌고 다른 방법으로 정확한 저의 위치를 알고 싶었습니다. 결국 타 회사로의 이직을 하면서 과거의 경험들을 인정받아 책임으로 이동하게 되었습니다. 저의 사례는 주변에서 보편적으로 드문 경우인 것 같습니다. 그렇기 때문에 회사 재직 중 이직보다는 어떻게 하면 본인이 인정받을 수 있을지를 고민하는 위치가 책임이라고 생각하며 앞서 말했듯이 가장 중요한 것은 리더십이라고 다시 한 번 강조하고 싶습니다.

19 [11. 현직자가 많이 쓰는 용어] 19번 참고

07 직무에 필요한 역량

1 직무 수행을 위해 필요한 인성 역량

1. 대외적으로 알려진 인성 역량

(1) 회사의 인재상

회사가 원하는 대표적인 인성 역량을 알 수 있는 방법은 각 회사의 인재상을 보는 것 입니다. 주요 대기업의 인재상에 대해 제가 안전관리자로 경험했던 사항을 반영하여 공유하니 자기소개서 작성 시 참고하면 좋을 것 같습니다.

① 현대중공업

안전을 가장 우선시 하여 강력한 안전관리를 수행한다.

- 고객과 사회의 요구에 부응하기 위해 항상 새로움을 추구
- 투철한 주인의식으로 매사에 능동적으로 도전
- 강인한 정신과 불굴의 의지로 목표를 달성

위 내용은 현대중공업 홈페이지에서 알 수 있는 인재상입니다. 소제목으로 언급했듯이 현대중공업은 중대사고 발생이 높은 사업장으로 위험한 요소들이 많아 경영진부터 현장에서 작업하는 분들까지 안전을 최우선으로 생각합니다. 인재상에 있는 능동적인 도전과 불굴의 의지로 목표 달성, 새로움의 추구 등 안전에서도 어떻게 하면 중대 사고를 예방할 수 있을까? 혹은 중대사고 zero화라는 목표를 가자고 효율적 관리를 위한 시스템 운영 및 현장 안전요원을 활용한 안전 강화 활동 등을 진행하고 있습니다.

현대중공업의 안전관리자를 생각한다면 위험한 현장에서 근로자의 생명을 보호하고 사업장의 지속적인 생산에 일조하는 보람을 느낄 수 있을 것입니다. 물론 근로자와의 소통에 힘든 점도 있고 막막한 부분도 있을 것입니다. 하지만 이런 어려움을 극복한다면 현대중공업의 안전은 어느 회사와 비교해도 높은 수준으로 운영되고 있어 많은 배움과 본인만의 노하우를 만들 수 있는 기회가 될 것이라고 생각합니다. 저 또한 현대중공업의 경험을 바탕으로 한화로 이직할 수 있었습니다.

② 한화(기계부문)

안전은 설치 현장에서부터 시작한다.

- 기존의 틀에 안주하지 않고 변화와 혁신을 통해 최고를 추구
- 회사, 고객, 동료와의 인연을 소중히 여기며 보다 큰 목표를 위해 혼신의 힘
- 자긍심을 바탕으로 원칙에 따라 바르고 공정하게 행동

현대중공업의 경험을 바탕으로 한화 기계부문(한화 기계라고 함)에 안전관리자로 입사했습니다. 한화에 근무하면서 많은 시간을 설치 현장의 안전관리자로 업무 수행을 했습니다. 물론 사업장에서의 안전관리를 할 수도 있지만, 기존에 고정된 인원이 있어 주요 업무는 설치 현장 안전관리였습니다. 실제 설치 현장에 나가 안전관리자 법적 선임을 하고 혼자서 안전관리를 수행하다 보니, 한화 인재상에서도 나왔듯이 현장 무사고 달성을 위해 안전관리자라는 자긍심을 갖고 원칙에 따라 업무 수행을 했으며 안전보건협의체 등을 통해 주변 동료, 고객, 업체들과 소통하여 중대사고 없이 설치 현장을 마무리할 수 있었습니다. 단순히 법적 사항만을 지키는 것이 아닌 안전 강조 행사, TBM 경진대회 등 여러 행사 등을 계획하여 운영하면서 최고의 설치 현장으로 만들기 위해 많은 노력을 했습니다. 향후 한화라는 회사를 떠나면서 앞서 이야기한 부분들이 인재상과 많이 비슷함을 느꼈고 왜 그런지 생각해 보았습니다. 저 스스로 내린 결론은 인재상에 대한 부분들이 한화를 다니는 사람들이 다 같이 추구하고 있는 사항이라 업무 계획과 실적이 자동으로 맞아 들어갔다고 생각합니다.

한화 기계에 입사하여 안전관리자로 업무를 수행한다면 저처럼 기준에서 벗어나지 않고 무사고 달성을 위해 다양한 활동을 시도해 보는 것을 추천합니다. 고정관념보다는 새로운 것을 추구하는 분이라면 입사하여 본인의 꿈을 펼치기에 좋은 회사입니다.

저는 현대중공업에서의 강한 안전관리 수행 경험과 한화에서의 새로운 안전 계획 경험 등을 융화하여 LG디스플레이로의 입사가 가능했다고 생각합니다.

③ LG Display

선진 안전 체계를 구축하고 실행한다.

- 모든 의사결정과 업무에서 고객가치를 최우선으로 생각하고 실행
- 전문성을 기반으로 현상과 환경 변화, 일의 본질을 꿰뚫어 보고 자사에 주는 의미를 정확히 파악하여 전략적 대안을 수립
- 변화를 기민하게 포착하여 대응 방안을 적기에 실행
- 최고의 결과를 만들기 위해 치밀하게 준비하고 철저하게 실행
- 더 좋은 수준의 목표를 달성하기 위해 내·외부의 경계 없이 협업

앞서 공유한 현대중공업과 한화도 안전관리 수행에 있어 좋은 회사이지만, LG Display의 경우 안전관리자로서 실무 업무를 배우고 안전 기획을 거쳐 진단 및 안전 Smart Factory 운영까지 다양한 관점으로 안전 업무 수행 경험을 쌓을 수 있습니다. 특히 선제적 대응을 한다는 점에서 다른 회사와 달리 앞서 나갈 수 있는 안전관리 방법이 무엇이 있는지를 많이 고민하고 안전환경센

터로 운영되기 때문에 많은 인원들이 안전에 대한 세분화된 업무를 수행하고 있습니다. 안전 업무가 세분화된 만큼 깊이 있는 법적 해석이 필요합니다.

예를 들어 교육이라는 법적 업무에 대해 단순히 기록 보관이 아닌 규모가 큰 디스플레이 조직이 교육 실적을 어떤 방식으로 관리하며 누락되지 않은 교육 사항이 있는지, 디스플레이와 접촉되는 교육 사항이 있는지 세부적으로 확인 및 관리해야 합니다.

다른 회사는 안전관리 시 전반적인 업무를 깊이보다는 큰 범위에서 수행한다면 디스플레이에서의 안전관리 업무는 한 개의 영역을 깊이 있게 수행한다는 관점에서 차이가 있다고 생각합니다.

2. 현직자가 중요하게 생각하는 인성 역량

디스플레이 회사에 재직하면서 과거 중공업과 기계설치 업종에 취직했던 경험을 되돌아보면 공통적으로 들어가는 인성이 있다고 개인적으로 생각합니다. 즉 취직할 때 대부분 한 개의 기업을 목표로 준비하는 것을 생각하지만, 그것보다는 공통인 부분을 생각하여 진행하면 좋을 것 같습니다.

예를 들어 성실성, 창의성, 적응성은 앞서 말한 현 회사 포함 3개 회사 모두에 해당하는 가치입니다. 다만 다른 점이 있다면 회사의 문화입니다. 중공업, 기계설치 업종의 경우 빠른 의사결정과 실행이 주요 포인트였다고 생각합니다. 한 예로 프로젝트에 대해 계약이 완료되면, 킥오프 미팅 등을 통해 해당 참여 인원 및 고객사를 대상으로 설명회 진행 후 계획을 세워 납기(기간)에 맞춰 진행하게 됩니다. 마감시한이 있다 보니 일정이 늘어지지 않고 빠른 의사결정을 통해 진행합니다. 관리감독자(팀장)의 의사결정에서도 담당자의 의견을 충분히 반영하여 진행합니다.

디스플레이의 경우에도 선택과 집중을 하여 프로젝트를 진행하지만 앞서 말한 회사와 비교한다면 약간의 다른 점이 있습니다. 첫 계획부터 수많은 논의가 이뤄지며 논의로 인해 일정이 지연되는 경우가 있었습니다. 또한 관리감독자의 보고 단계가 많아 중간에 보고 방향성이 변경되거나 내용이 추가되는 경우도 있으며, 최종 단계에서 다시 콘셉트를 수립하는 경우도 있습니다. 상당히 세밀한 부분까지 검토하기 때문에 담당자는 많은 고민을 해야 했습니다. 이 점이 중공업과 기계설치 업종에서의 차이점인 것 같습니다. 다시 핵심만 요약한다면 계획 수립 후 보완하면서 업무를 진행하는 관점인지, 아니면 계획 단계부터 세부적인 상황을 감안하여 최대한 여러 경우의 수를 검토하여 진행하는지 입니다. 디스플레이 업종에 입사한다면 위에서 말한 사항을 감안해 취업 준비를 한다면 많은 도움이 될 것 같습니다.

이번에는 앞서 말한 3가지(성실성, 창의성, 적응성) 인성에 대해 저의 경험을 토대로 구체적으로 설명하고자 합니다.

첫 번째, 성실성의 경우 디스플레이 업종에 재직하면서 느낀 점은 얼마나 많이 고민을 하고 준비했는지의 척도를 표현하는 것이라고 생각합니다. 일부 구성원(직원)들은 일찍 출근해서 늦게 퇴근해 과정에 대한 것들을 관리감독자들에게 어필합니다. 혹은 다른 구성원(직원)들은 빠른 피드백을 위해 파트 리더와 팀장을 수시로 찾아가 논의하는 경우도 있습니다. 둘 중 어느 것 하나 정답은 없습니다. 관리감독자의 성향에 따라 조금씩 다르기 때문입니다. 그러나 한 가지 확실한 건, 위와 같은 액션이 없다면 관리감독자들은 성실성이 상당히 낮다고 생각할 것입니다.

두 번째, 창의성의 경우 시스템 개발을 하거나 업무의 새로운 방향성을 제시하는 등 너무 앞서 내다보는 것보다 현 회사의 상황을 감안하여 조금씩 반영하는 것이 좋다고 생각합니다. 안전 사각지대를 없애겠다고 말도 안 되는 금액을 투자하여 개선하겠다가 아니라 기존 안전 업무를 하는 인원들의 업무 영역을 확대하여 사각지대를 없애거나 현업 인원을 요청하여 서로 간의 크로스 체크를 통해 사각지대 문제를 개선하겠다! 등 실제 많은 금액이나 투자 인원이 드는 것보다 조금씩 단계적으로 개선하는 방향성을 고민해야 합니다. 방금 말한 부분들이 창의성을 보는 부분이라고 생각합니다.

마지막으로 적응성입니다. 이 부분은 얼마나 적극적으로 참여하는지를 보는 부분이며 디스플레이 업종의 경우 조직 문화를 중요하게 생각합니다. 석식 행사 혹은 봉사활동 참여를 통한 많은 어필이 필요합니다. 모든 회사가 동일하겠지만 관리감독자들은 본인에게 많이 어필하는 사람을 선호합니다. 이 말은 즉 업무를 함에 있어 조직(팀) 내에서 튀라는 것이 아니라 주변 구성원들과 평범하게 업무 수행을 하면서 서서히 녹아들어 구성원들의 시기, 질투 없이 관리 감독자에게 인정받을 수 있는 자신만의 강점을 만들라는 것입니다. 예를 들면 구성원들이 하기 싫은 업무를 맡아서 개선하거나 관리 감독자에게 말하기 어려운 VOC를 취합하여 대신 내용을 전달하는 등의 행동은 주변 동료들과 관리감독자에게 인정받는 부분이 될 것입니다. 특별히 업무로 튀는 것보다 방금 말한 사항들을 참고해 업무를 수행한다면 적응성에 대한 부분은 충분히 강점이 될 것입니다.

자기소개서를 작성할 때는 언급한 사항들을 예시로 하여 대학생활 혹은 사회생활에서의 사례들에 적용하면 될 것입니다. 예를 들어 성실성은 스스로 안 된다고 했던 사항을 끝까지 하여 극복한 사례, 창의성은 남들과 다른 아이디어로 위기를 극복한 사례, 적응성은 취미 동아리나, 취업 동아리 등 조직 생활에서의 성과를 냈던 사례로 표현하면 좋을 것 같습니다. 다만 자기소개서를 작성할 때는 최대한 많은 양의 내용을 작성하여 본인의 경험을 다시 한 번 리마인드해 보고 회사별 글자 수에 따라 조정하여 준비하면 좋을 것 같습니다.

2 직무 수행을 위해 필요한 전공 역량

회사에서는 다양한 변화를 추구합니다. 과거에는 안전공학과를 졸업한 인원을 채용하여 안전관리자 업무를 주었다면 현재는 기계공학과, 전기공학과 출신들을 채용하여 안전관리자 직무를 수행하도록 하는 사례들이 있습니다. 그러다 보니 비전공 출신들도 안전관리 직무에 대한 관심이 높아지고 있습니다. 안전관리의 메리트는 앞서 말했듯이 채용 공고가 많이 있어 관심이 높아지고 있는 것이 아닐까 생각됩니다. 비전공 출신들의 경우 계속 언급했듯이 사람과의 소통에 대한 비중이 크기 때문에 본인이 사람을 만나는 것과 대화하는 것을 좋아한다면 안전 직무를 추천하고 싶습니다. 또한 기회가 되면 기술사로서의 본인의 가치를 높일 수 있습니다.

저는 자기소개서에서 보시다시피 안전공학과 졸업 후 안전관리자 직무를 수행하기 위해서 필요한 것들이 무엇일까 대학 시절부터 고민을 많이 했습니다. 그러다 보니 다양한 분야에 대해 여러 가지 경험을 쌓는 노력을 했습니다. 그 당시 TV 출연을 통한 봉사활동이나 국제 교류회 참석 등을 했지만 주변 시선들은 안전관리자로 취업하는 데 불필요한 사항들이며 뭐 하러 시간을 낭비하는지 모르겠다라는 반응이었습니다. 이렇게 한 번 더 고민해 보고 한 발자국 앞서 나간다는 관점으로 본인의 소신이 필요한 부분이 있습니다.

취업 준비를 하면서 주변의 부정적 시선에도 여러 경험을 통해 저 스스로 목표를 세웠습니다. 아무리 아니라고 해도 향후에 안전관리도 다른 분야와의 병행이 필요할 것이고 실제 기업 안전관리는 해 보지 않았지만 도움이 될 것이다 라는 생각을 갖고 있었습니다. 현재 과거를 되돌아보면 정답은 없지만, 제가 목표하고 가고자 하는 길이 맞다고 생각하고 가다 보니 지금의 위치에 있는 것 같습니다.

저의 직장 가치관은 나를 더욱 인정해 주는 기업이 있다면 이직도 나쁘지 않다는 것입니다. 부모님 세대에는 한 직장에 취직하여 오래 다니는 것이 정답이라고 생각했습니다. 하지만 현재는 나의 가치를 인정해 주는 기업이 있다면 이직하여 본인의 꿈을 펼치는 것이 좋다고 생각합니다. 본인의 직무 커리어 관리가 필요하며 궁극적으로 내가 이루고자 하는 모습을 그리는 것이 좋습니다. 저는 약 4군데의 기업 커리어를 관리하여 향후에는 강사로 활동할 생각을 하고 있습니다. 누군가에게 정보를 제공하기 위해서는 듣는이보다 말하는 이의 경험이 다양하고 많아야 된다고 생각하여 지금껏 커리어 관리를 했습니다. 앞서 말했듯이 과거와 달리 현재 직장에 대한 기준이 달라지고 있다고 생각합니다. 제가 생각하는 안전 직무에 필요한 역량에 대해 전공 인원, 비전공 인원 구분하여 공유하니 관심이 있는 분들은 아래 내용 참고 바랍니다.

1. 글쓴이 전공과 관련된 전공 역량의 경우

전공 인원의 경우 대학교에서 배운 지식에서 디스플레이 업종에 해당하는 업무가 무엇인지를 깊게 고민할 필요가 있습니다. 예를 들어 PSM 관련하여 업무를 좀 더 깊게 보거나 안전 검사, 교육(정기/특별/채용 시 교육 등), 도급 합동 점검, 협력사 관리 등은 집중적으로 봐야 하며 입사 시 안전이 아닌 보건 혹은 방재로도 배치될 가능성이 있기 때문에 여유가 된다면 원자력안전법[20], 고압가스법, 소방법 등 법 기준으로 공부를 하는 것을 추천합니다. 지금까지 이야기한 법들에 대해서 일부는 생소할 수 있겠지만 대부분 안전 공부를 하면서 직 · 간접적으로 경험해 봤을 사항들입니다. 몇 가지 대표적인 사례에 대한 설명을 참고해 평소 관심 있던 카테고리를 집중해서 보면 취업에 많은 도움이 될 것으로 생각합니다.

2. 글쓴이 전공이 아닌 타 전공인 경우

비전공 인원의 경우에는 전공 인원과 보는 관점이 다르기 때문에 필수 요소가 무엇인지를 고민하여 접근해야 할 것입니다. 예를 들어 안전공학이 주 전공이 아닌 인원들은 안전 분야에 대한 직무를 정확히 파악하기 어렵습니다. 그렇기에 가장 기본인 산업안전보건법, 시행령, 시행규칙에 있는 내용들을 읽으면서 회사에 필요한 부분이 무엇인지를 공부해야 합니다. 또한 산업안전기사 혹은 산업안전산업기사를 취득하여 안전 업무 채용 공고 발생 시 자격요건을 갖춰야 할 것입니다. 방금 말씀드린 사항들이 갖춰진다면 채용의 길이 많아질 것입니다.

한 예로 '21년에 제가 경험했던 부분을 공유할 테니 비전공자분들께서는 간접적으로나마 참고 바랍니다. 저는 자동차 계열사 중 IT업계에 안전관리자 채용이 있어 지원하게 되었습니다. 이직의 목적도 있었지만 면접을 통해 타 회사에 어필이 가능한지를 파악하기 위함도 있었습니다. 우선 자기소개서 작성의 경우 실제 경험했던 사항들 위주의 작성이었으며 면접 시 사전 PPT 자료 제출이 있었습니다. PPT 자료는 안전 보유 경력 및 주요 경력 소개였습니다. 1차 실무자 면접에서 알게 된 사실은 PPT의 구성이 다른 지원자와 다르다는 점이었습니다. 디스플레이 업종 재직 중 IT 분야를 안전 직무와 합쳐 진행한 경험이 있습니다. 그러다 보니 아래와 같이 스마트 팩토리 안전에 대한 저의 목표를 이미지화 했고 중장기 목표를 표현하여 PPT를 진행했습니다. 그 당시 면접관분들께서는 다른 면접자와 달리 새로운 방식의 표현을 흥미로워했습니다. 아래 예시 참고 바랍니다.

20 [11. 현직자가 많이 쓰는 용어] 20번 참고

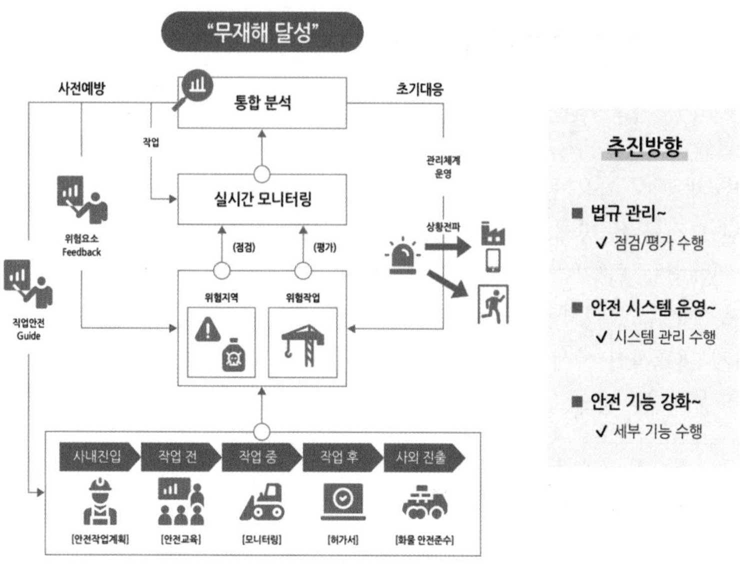

[그림 4-6] 이직 시, 면접 PPT 발표자료

3 필수는 아니지만 있으면 도움이 되는 역량

초반부에 빅블러에 대한 설명을 간략히 했습니다. 현 시대에는 고유 영역에 대한 경계선이 없어지고 있어 안전관리자에 대한 자격 요건이 맞춰지면 이후 새로운 지식 분야에 대한 접목을 진행해야 합니다. 지금까지 말한 사항은 저의 주관적인 경험치로 공유한 내용입니다. 대학교를 졸업하여 신입으로 입사하는 인원의 경우에는 모든 내용이 새롭다고 볼 수 있지만 경력으로 입사하는 인원에 대해서는 공감하지 못하는 부분들도 있을 거라고 생각합니다. 하지만 시대의 흐름에 맞춰 스스로가 발전하지 않으면 큰 메리트가 없다고 생각하기 때문에 저의 내용 중 필요한 부분들은 본인에게 반영하여 자신에게 맞는 스타일을 찾으면 좋겠습니다.
이번에 공유할 사항은 필수는 아니지만 안전관리를 수행하면서 본인 커리어에 도움이 되는 역량입니다. 제가 안전 직종에 근무하는 일반적인 사람들과 다른 한 가지는 아이디어가 있으면 생각만 하는 것이 아니라 실천했다는 점입니다. 저는 대학생 시절 특허에 관심이 많아 특허 동아리 활동을 했습니다. 특허의 메리트는 사회에서 자격증, 논문처럼 나를 대변해 줄 수 있는 아이템이라고 생각했습니다. 회사에 입사해서도 특허, 실용신안권, 디자인권, 상표권 등 여러 항목들 중 실용신안권에 참여하여 성과를 만들기도 했습니다.

독자분들도 아이디어가 있다면 생각이 아닌 실천해 보는 것을 추천합니다. 업무성과로도 발전될 수 있지만 더 나아가 스스로 벤처기업을 창업할 수 있다는 것도 알게 되었습니다. 꾸준한 자기계발을 통해 새로운 길을 개척하는 것 또한 중요한 부분인 점 참고 바랍니다.

MEMO

08 현직자가 말하는 자소서 팁

제가 회사를 3군데 다니면서 느낀점은 자기소개서에는 자신의 경험이 메인이 되지만 회사별 문화를 잘 녹여내야 된다고 생각합니다. 아래에 저의 자기소개서 내용을 예시로 공유하니 참고해서 자기소개서를 작성해 보면 좋을 것 같습니다. 추가적으로 자기소개서 작성 시 사소한 내용까지 본인의 경험을 풀어 쓴 다음 글자 수를 맞춰 가며 필요한 내용을 반영하는 것도 중요하다고 생각합니다.

독자 분들이 현재 가장 필요한 것은 회사의 문화와 분위기에 대한 정보라고 생각합니다. 취업 관련 앱을 통해 궁금증에 대한 내용을 읽어 보면 대부분 앞서 언급한 회사 문화와 분위기를 물어보는 사항들이 많습니다. 제가 재직하면서 느꼈던 기업별 회사 문화와 분위기를 공유하니 관련 내용을 읽어보신 후 해당 업종(중공업, 기계, 디스플레이, 자동차, IT)에 지원하실 때 참고 바랍니다. 개인적인 생각 및 안전에 대한 사항 위주로 작성했다는 점을 감안해서 보기를 바랍니다.

1 자기소개서 작성 시 안전에 대한 본인의 가치관 표현이 필요합니다

안전 관련 자기소개서 작성 시 본인이 생각하는 안전에 대한 가치관을 표현해 주는 것이 좋습니다. 신입의 경우 대학 시절 혹은 인턴 시절 안전에 대한 직·간접적인 경험이 있다면 자기소개서에 녹여 표현해 주는 것이 좋습니다.

제 자기소개서 내용 중 Risk Management는 전체적인 위험 요소를 관리한다는 개념이며 Risk Control은 위험 요소 중 가장 위험한 것들을 우선순위화 하여 관리하겠다라는 개념입니다. 요즘에는 위험 요소를 다 관리하겠다는 막연함보다는 체계적으로 순위를 정하여 대응하겠다는 부분들이 좋은 가점을 받는 포인트라고 생각합니다. 더불어 안전뿐만 아니라 요즘 이슈화되고 있는 코로나 대응에 대한 부분을 포함하였으며 코로나의 경우 실질적인 운영을 안 해도 평소 본인이 생각해본 관리 방법이 있다면 고민한 내용을 표현해 주는 것이 좋습니다. 핵심 포인트는 자기소개서 작성 기간 중 안전 및 보건과 관련하여 이슈가 되고 있는 부분을 표현해 주면 좋은 자기소개서 작성이 될 것입니다.

마지막으로 디스플레이의 경우 사후 조치 개념보다는 사전 예측 혹은 사전 예방을 중요하게 생각하니 관련 용어를 활용해 보는 것도 좋을 것 같습니다.

저는 자기소개서를 상세한 내용을 작성한 뒤 내용을 요약하여 한번 더 작성했습니다. 내용을 읽으면서 특이한 이력에 포커스 되는 것이 아닌 특별한 게 아니더라도 본인 경험을 상세하게 기술하는 것이 좋습니다.

참고 실제 현직자 자기소개서

Risk Management가 아닌 Risk Control의 안전업무를 수행하겠습니다.

안전에 대한 Risk Control을 하기 위해 가장 중요한 것 중 하나로 협력사 관리를 위한 Monitoring 체계 구축이었습니다. 첫 시작은 유관부서의 설득으로부터 시작되었습니다. 안전에 대한 부정적 시선들을 긍정적으로 변화시키기 위해 여러 번의 회의를 거치게 되었고, 올바른 안전에 대한 방향성을 제시하면서 시행착오는 있었지만 효과적인 운영관리를 할 수 있는 체계를 만들 수 있었습니다.

이후 코로나19에 대한 회사 내 방역 기준 및 운영 기준을 수립하였으며, 위기 대응 시 필요한 비상 훈련 등의 업무를 수행했습니다. 더 나아가 사외/사내 협력사에 대한 컨설팅을 통해 자사 기준에 맞는 방향성을 제시해 줬습니다. 한 번은 사외 협력사에 안전 이슈가 발생하여 내부적으로 방향성에 대한 고민이 있어 안전 조치 대응에 대한 방향성 제시를 요청한 적이 있었습니다. 사업장을 방문하여 현장, 인터뷰, 서류를 검토하여 단계적인 방향성을 제시하였고 빠른 시간 내에 조치할 수 있었습니다. 이런 경험을 토대로 입사하여 선진 안전 체계 구축 및 안전에 대한 사전 예방 활동을 통해 중대 사고를 예방할 수 있도록 하겠습니다.

2 안전이라는 업무 외 새로운 분야를 접목하여 표현한다면 가점이 있습니다

디스플레이에서는 안전 직무에 있어서 안전공학과 출신이 아닌 기계과, 화공과 등 새로운 학과에서 안전 관련 자격증을 취득한 인재들도 채용하고 있습니다. 그러다 보니 새로운 분야에 안전을 접목하여 업무 수행이 가능한 인재라면 가점이 될 것입니다. 물론 안전에 대한 직무는 잘 알고 있다는 전제하에 해당되는 사항입니다.

다음 내용은 제가 안전 직무에 새로운 분야를 접목했던 사례입니다. 제 사례와 유사하거나 혹은 안전 전공은 아니지만 안전을 접목한 경험이 있다면 자기소개서에 표현하는 것을 추천합니다.

참고 신입 지원 시, 실제 현직자 자기소개서

총무/복지 분야에 안전을 접목하여 임무를 수행하다.

안전정책 진담팀에 오기 전 안전보건관리팀에 있을 당시 안전 보건에 대한 구성원 의견 수렴 및 개선을 위해 안전 신문고를 개발하여 운영한 경험이 있습니다. 운영을 하면서 총무 분야의 고충이 접수되어 효율적인 관리를 위해 총무팀과 회의를 하게 되었고 업무에 있어 고충이 있다는 것을 알게 되었습니다. 특히 안전 및 보건에 대한 부분에 대해 기준이 명확하지 않아 제보자와 처리담당자 간의 의견 충돌이 많았습니다. 이 부분을 내부 논의를 거쳐 명확히 수립하여 구성원들에게 공유하여 긍정적인 효과를 만들 수 있었습니다. 또한 스마트폰을 활용하여 구성원들 전원이 실시간 문제점을 해당 처리담당자에게 보냄으로써 빠른 처리가 이뤄질 수 있도록 했습니다. 코로나19 사태로 구성원들의 불안감이 높아지다 보니 직장팀(복지 운영)과 협업하여 복지 차원의 마스크, 손 세정제 제공 및 사무실에 비치하여 운영한 경험이 있습니다. 또한 해외 나가 있는 자사 인원 가족을 위한 코로나19 패키지를 만들어 보내 구성원들에게 좋은 호응을 얻었습니다. 앞으로 입사한다면 현장 상황의 고려하여 과거 경험을 토대로 회사에 보탬이 될 수 있도록 하겠습니다.

참고 경력 지원 시, 실제 현직자 자기소개서

조선소(컨테이너선, 특수선) 및 기계설치(태양 광설치, Rack빌딩) 안전관리 실무를 시작으로 안전기획업무(시스템, 협력사, 기준)를 거쳐 안전 진단을 수행하면서 사람과의 소통 및 동료와의 협동심의 중요성을 알게 되었습니다.

조선소 및 기계설치 안전관리를 수행하면서 단순 법적사항에 대한 내용만을 챙기며 현장의 특성은 배제했습니다. 그러다 보니 사람들과의 의견 충돌이 많았습니다. 이후 A사에 입사하여 안전 기획 업무를 수행하면서 현업의 특성이 중요함을 깨닫게 되었고, 문제 발생 시 여러 번의 회의를 거쳐 본질적으로 필요한 안전관리 대책을 수립할 수 있었습니다. 이런 과정 속에서 안전관리시스템 개발, 협력사 전용 책자 발급 등의 결과물은 실행 부서와의 소통 이외에 동료 간의 협동심이 있어야 가능하다고 생각합니다. 무재해라는 동일한 목표를 향해 가는 단체 생활 속에 스스로 추구하는 목표를 업무에 잘 녹여 가치 있고 보람 있는 삶을 만드는 것이 직장 생활에 필요하고, 회사 문화를 연계하는 것도 이직 시 중요하다고 생각합니다.

B사의 회사 문화는 축구 동호회 소속의 한 분을 통해 업무와 문화에 대해 들었고, 평소 생각했던 가치관과 많은 부분이 맞는 것 같다는 생각을 하게 되어 주기적으로 현대자동차 채용 사이트를 접속하여 지원했었습니다.

MEMO

09 현직자가 말하는 면접 팁

우선 면접에서 좋은 점수를 얻기 위해서는 많은 정보 및 전략이 필요합니다. 개인적인 생각으로는 면접은 신입의 경우 회사의 특성을 파악하여 전공 지식 및 경험을 적용해 보는 것이 좋습니다. 다만 경력직의 경우에는 본인 업무 스타일 및 성과를 표현하는 것이 좋습니다. 최근까지 실무 면접, 최종 면접 등에서 경험한 사항을 예시로 공유하니 참고해서 면접 준비를 하면 될 것 같습니다.

1 공통

요즘은 코로나19로 인해 실무 면접(PPT 면접 포함), 임원 면접이 대부분 비대면으로 진행되고 있기 때문에, '21년 제가 실제 겪었던 사항을 토대로 면접 환경 구성부터 설명하고자 합니다. 각 회사별로 공통사항은 주변이 조용한 환경이며, 통신이 불안전하지 않은 곳이어야 합니다. 더불어 핸드폰으로도 면접을 진행할 수 있으나 가능하다면 노트북 혹은 데스크톱 컴퓨터로 진행하는 걸 권장합니다. 또한 너무 어두운 조명이 아닌 밝은 조명에서 진행이 될 수 있도록 해야 한다는 점도 참고 바랍니다.

개인적으로는 면접은 본인이 가장 편안함을 느낄 수 있는 장소에서 하는 것을 추천하며 면접 보기 1시간 전 큰소리로 자신이 예상하는 질문에 대한 답변을 직접 말하면서 긴장감을 풀어보는 것도 하나의 방법이라고 생각합니다.

비대면 면접의 tip을 전달하자면, 질문에 대한 요지를 명확히 파악하기 어려울 경우 통신이 잠깐 끊겼다고 하며 다시 한 번 질문을 요청하여 짧은 시간 동안 본인의 생각을 정리 후 답변하는 것 등이 있습니다. 물론 매번 질문에 대해 통신 사유를 이야기할 순 없지만 정말 답변이 어려운 질문일 경우 한 번 정도는 활용해 보면 좋을 것 같습니다. 그리고 긴장감 해소를 위해 필요하다면 물 한 잔 정도는 옆에 두고 면접을 진행하는 것도 좋을 것 같습니다. 저는 혹시나 비대면으로 인해 긴장하고 있는 상황이 전달되지 않을까 싶어 면접 시 양해를 구하고 긴장감 해소를 위해 물 한 모금 정도를 마시는 상황을 연출하기도 했습니다.

마지막으로 비대면 면접 시에도 정장 차림으로 상하의 전체를 입고 진행을 했습니다. 만약 하의나 상의 옷이 불편하다고 생각하면 캐주얼한 복장으로 진행해도 되지만, 개인적으로는 깔끔한 이미지가 정장이라 생각하여 정장을 추천합니다.

2 자기소개 할 때의 Tip

제가 경험했던 면접에 대해 총 3가지 관점으로 공유하고자 합니다.

첫 번째, 면접 시 항상 질문사항에 들어갔던 자기소개에 대한 구성 요소를 공유하니 참고 바랍니다. 경력 사항 관점으로 예시를 작성하였으나, 신입의 경우에는 대학 시절 혹은 경험담을 비슷한 형식으로 표현하면 좋을 것 같습니다.

참고 실제 현직자의 자기소개

중공업, 기계 등 다양한 업종에서 실무 안전 경력을 쌓았으며 현재는 디스플레이 업종에서 관리와 기획 업무를 거쳐 진단을 수행하고 있습니다. 진단이라는 업무는 실무 경험을 바탕으로 모니터링을 하는 업무로써 실무 업무가 법적 사항에 위반 혹은 누락되는 부분이 없는지를 검토하는 영역입니다. 앞으로 입사를 하게 된다면 지금까지의 경험들을 바탕으로 회사의 보완 및 개선 사항들을 도출하여 안전 보건 체계에 빠르게 구축될 수 있도록 하겠습니다.

두 번째 비대면 면접이라도 면접관의 말투와 행동을 중요하게 생각해야 합니다. 글쓴이가 앞에서 이야기한 부분 중 비대면으로 인해 긴장감이 전달되지 않을까 물을 마시는 행동을 한다고 언급했습니다. 비대면 면접의 경우 면접관의 행동과 표정이 잘 캐치되지 않는 상황이 발생할 수 있습니다. 그렇기 때문에 사전에 화상 카메라 혹은 면접관에게 집중하고 있다는 모습을 보여 줄 수 있도록 사전 테스트를 진행할 필요가 있습니다. 처음 비대면 면접을 할 경우 예상치 못한 경우의 수가 많기 때문에 사전 준비가 필요하다는 점 참고 바랍니다.

세 번째, 마지막으로 하고 싶은 말입니다. '21년 삼성, 현대, CJ 그룹에 면접을 볼 당시 공통적으로 마무리 단계에서 하고 싶은 말이 있는지를 물어봤습니다. 하고 싶은 말에 대한 부분은 회사에 입사하고자 하는 의지가 드러나도록 하는 것이 좋습니다. 즉 면접진행 동안 질문에 대한 답변은 다 했으나 마무리 단계에서 최종 확정을 한다는 의미로 어필을 해야 합니다. 다시 말해 초반에 자기소개에서 이야기를 했지만 잊혀질 수 있는 사항들이 있기 때문에 마무리 단계에서는 리마인드 차원에서 강조해 주는 것이 좋습니다.

3 실무 면접

공통사항에서 설명했듯이 비대면 면접으로 진행되기 때문에 실무 면접에서는 전문성을 물어보는 경향이 큽니다. 최초 면접부터 '21년까지 제가 면접을 봤던 기업에 대한 느낀 점을 아래와 같이 공유하니 관심 있는 기업 준비 시 참고 바랍니다.

1. 공통

신입의 경우 대학 시절에 배운 내용을 포장하지 않고 아는 수준으로 이야기해야 하며 너무 방대한 이야기를 하기보다는 물어보는 요점에 맞춰 한두 문장으로 답변하는 것을 추천합니다.

경력의 경우 과거 안전 직무 경험을 반영하여 준비해야 합니다. 그렇기 때문에 신입보다는 좀 더 전문적인 실무 경험을 대입하여 한두 문장으로 답변하는 것을 추천합니다.

공통적으로 신입/경력에 상세한 내용은 업종별로 구분지어 아래와 같이 공유하니 참고 바랍니다.

2. 디스플레이 업종

경력으로 디스플레이 업종에 입사할 당시 실무 면접은 다대다 면접이었습니다. 주요 질문 사항은 안전 관련 전 직장 업무 수행 능력 및 인성 면접이었습니다. 업무 수행 능력 관련 질문 사항과 인성 면접 사항에 대해 예시를 아래와 같이 공유하니 참고 바라며 최근에는 안전이 더욱 강화되어 중대재해처벌법과 연계된 질문이 많을 것으로 판단됩니다. 더불어 안전 진단이라는 영역이 있기 때문에 법규에 대한 공부도 참고 바랍니다. 예시를 보기에 앞서 부서별 특성 또한 공유하니 본인과 맞는지 사전 확인하는 계기가 되었으면 합니다.

우선 안전보건업무는 안전, 보건, 소방, 진단 업무가 있습니다. 안전/보건/소방 업무는 법적 준수 사항을 관리하는 조직이며 진단 업무는 안전/보건/소방 등의 법적 사항들이 제대로 이뤄지고 있는지 모니터링 하는 조직으로 보면 될 것 같습니다. 안전/보건/소방 업무는 소통의 스킬도 중요하지만 가장 중요한 건 전문 지식이라 볼 수 있으며 진단 업무의 경우 전문 지식 여부에 더해 진단 시 사람을 대상으로 진행하기 때문에 소통 스킬도 중요하다고 불 수 있습니다. 아래에 예시 질문을 공유하니 참고 바랍니다.

- 면접 질문 예시

① 공통

- 자기소개를 해 보시오(5분 이내)
  - 신입은 과한 표현보다는 현실성 있는 내용으로 구성
  - 경력은 전 직장에 대한 경험을 빗대어 구성
- 상사와 의견 충돌 시 어떻게 극복하겠는가?
- 본인은 워라밸을 중요하게 생각하는지?
- 회사를 볼 때 가장 중요하게 생각하는 것은?
  예 회사 연봉, 회사 문화 등
- (신입) 디스플레이 회사에서 본인 할 수 있는 역할은?
- (신입) 회사에 입사한다면 각오는?(이직 가능 여부 질의 포함)
- (경력) 전 직장 대비 디스플레이 회사에 입사하여 어느 부분에 조기 전력이 가능한지?
- (경력) 전 직장의 퇴사 사유는?

② 실무 면접

- 전 직장에서 안전(보건/소방도 해당) 분야의 업무 수행 경험 및 회사에 입사 시 하고 싶은 영역이 있는가?
- 중대재해처벌법에 대해서 알고 있는가?
- 디스플레이 업계에 적용될 수 있는 법적 사항이 무엇인가?(안전/보건/소방)
  예 PSM 내용, 안전 검사, 안전보건교육[21] 등
- 진단 업무 수행 시 본인이 즉시 참여 가능한 부분은?
- 디스플레이 업종의 중대사고 유형에 대해 알고 있는지? 알고 있다면 개선 방안 등을 생각해 본 게 있는지?

③ 임원면접

- 회사에 대해 알고 있는 사항을 말해 보시오(직무와 연계해서).
- 회사에 입사하면 어느 업무를 하고 싶은지?
- 입사를 하게 되면 이루고자 하는 목표가 있는지?

21 [11. 현직자가 많이 쓰는 용어] 21번 참고

3. 자동차 업종

최근 자동차 업종에 면접을 보면서 경험한 사항에 대해 공유하겠습니다. 자동차 면접의 경우 실무 면접 진행 시 PPT 면접도 병행해서 진행을 했습니다. 앞서 공유한 디스플레이와는 다른 PPT 면접에 대해서 추가로 설명할 것이니 참고 바라며 중대재해처벌법 시행으로 자동차 업종도 안전이 더욱 강화되었다는 점 참고 바랍니다.

● 면접 질문 예시

① 공통

- 자기소개를 해 보시오(5분 이내)
  - 신입은 과한 표현보다는 현실성 있는 내용으로 구성
  - 경력은 전 직장에 대한 경험을 빗대어 구성
- 상사와 의견 충돌 시 어떻게 극복하겠는가?
- 본인은 워라밸을 중요하게 생각하는지?
- 회사를 볼 때 가장 중요하게 생각하는 것은?
  예 회사 연봉, 회사 문화 등
- (신입) 자동차 회사에서 본인이 할 수 있는 역할은?
- (신입) 회사에 입사한다면 각오는?(이직 가능 여부 질의 포함)
- (경력) 전 직장 대비 자동차 회사에 입사하여 어느 부분에 조기 전력이 가능한지?
- (경력) 전 직장의 퇴사 사유는?

② 실무 면접(PPT 면접 포함)

- PPT 내용에 대해 설명하시오.
  ※ PPT 주요 내용은 안전 강화에 대한 본인 견해를 작성하는 사항
- 본인의 경력 이력사항에 대해 말해 보시오.
- 자동차 업종에 적용되는 법적 안전 사항이 무엇이 있는지 말해 보시오.
- 자동차 업종에서의 주요 중대사고 Case가 있다면 무엇이 있고, 개선 대책에 대해 설명 해 보시오.

③ 임원면접

- 회사에 대해 알고 있는 사항을 말해 보시오(직무와 연계해서)
- 회사에 입사하면 어느 업무를 하고 싶은지?
- 입사를 하게 되면 이루고자 하는 목표가 있는지?
- 마지막으로 하고 싶은 말이 있다면?

4. IT 업종

중대재해처벌법으로 인해 IT 업종에서는 안전환경 조직을 신설하여 운영하는 사항입니다. 그러다 보니 기존 제조업과는 달리 체계를 구축해야 하는 사항이 있습니다. 현대 계열사 IT업종에 지원하여 최종 임원 면접까지 진행한 경험을 토대로 아래와 같이 공유하니 참고 바랍니다.

● 면접 질문 예시

① 공통

- 자기소개를 해 보시오(5분 이내)
  - 신입은 과한 표현보다는 현실성 있는 내용으로 구성
  - 경력은 전 직장에 대한 경험을 빗대어 구성
- 상사와 의견 충돌 시 어떻게 극복하겠는가?
- 본인은 워라밸을 중요하게 생각하는지?
- 회사를 볼 때 가장 중요하게 생각하는 것은?

  예 회사 연봉, 회사 문화 등
- (신입) IT 회사에서 본인 할 수 있는 역할은?
- (신입) 회사에 입사한다면 각오는?(이직 가능 여부 질의 포함)
- (경력) 전 직장 대비 IT 회사에 입사하여 어느 부분에 조기 전력이 가능한지?
- (경력) 전 직장의 퇴사 사유는?

② 실무 면접(PPT 면접 포함)

- PPT 내용에 대해 설명하시오.

  ※ PPT 주요 내용은 안전 강화에 대한 본인 견해를 작성하는 사항
- 본인의 경력 이력사항에 대해 말해보시오.
- IT 업종에 필요한 법적 안전관리는 무엇이라 생각하는가?
- IT 업종에서 안전환경조직을 신설하여 운영하려고 한다면 가장 우선시해야 될 사항은 무엇인가?
- IT 업종에 대해 설명해 보시오.

③ 임원 면접

- 자기소개를 해 보시오(5분 이내).
- 과거 안전 경험을 IT 업종에 접목하여 설명해 보시오.
- 프로그래머 대상으로 법적 안전 준수 사항이 무엇이 있는지 말해 보시오.
- 기획/관리에 대한 보고서를 자주 써 봤는지?
- 안전보건교육 진행 시 어떻게 진행할 것인지?
- 마지막으로 하고 싶은 말이 있다면?

5. 기계 설치 업종

기계 설치 업종의 경우 설치 현장의 비중이 사업장 안전 관리보다 많기 때문에 장기 출장으로 인한 애로사항이 많을 수 있습니다. 또한 앞서 이야기한 타 업종과 같이 중대재해처벌법으로 인해 안전이 강조되고 있는 상황 속에서 안전관리자 수요가 더 많을 것으로 예상됩니다.

● 면접 질문 예시

① 공통

- 자기소개를 해 보시오(5분 이내).
  - 신입은 과한 표현보다는 현실성 있는 내용으로 구성
  - 경력은 전 직장에 대한 경험을 빗대어 구성
- 상사와 의견 충돌 시 어떻게 극복하겠는가?
- 본인은 워라밸을 중요하게 생각하는지?
- 회사를 볼 때 가장 중요하게 생각하는 것은?
  Ex) 회사 연봉, 회사 문화 등
- (신입) 기계 설치 업종 회사에서 본인 할 수 있는 역할은?
- (신입) 회사에 입사한다면 각오는?(이직 가능 여부 질의 포함)
- (경력) 전 직장 대비 기계 설치 업종 회사에 입사하여 어느 부분에 조기 전력이 가능한지?
- (경력) 전 직장의 퇴사 사유는?

② 실무 면접

- 본인의 경력 이력사항에 대해 말씀해보시오
- 자동차 업종에 적용되는 법적 안전사항이 무엇이 있는지 말해보시오
- 자동차 업종에서의 주요 중대사고 Case가 있다면 무엇이 있고 개선 대책에 대해 설명해보시오.

③ 임원 면접

- 회사에 대해 알고 있는 사항을 말해보시오(직무와 연계해서).
- 회사에 입사하면 어느 업무를 하고 싶은지?
- 입사를 하게 되면 이루고자 하는 목표가 있는지?
- IT 업종 관점에서 생각한 안전 관련 중장기 계획이 있는지?
- 마지막으로 하고 싶은 말이 있다면?

지금까지 공유한 사항들 중 여러 경우의 수가 많지만 제가 이야기한 사항들은 기본으로 참고해 면접을 준비한다면 더 나은 결과를 얻을 수 있을 거라고 생각합니다.

MEMO

10 미리 알아두면 좋은 정보

1 취업 준비가 처음인데, 어떤 것부터 준비하면 좋을까?

저의 경우 대학교 졸업 예정인 시기에 처음 취업 준비를 하면서 막막했던 기억이 있습니다. 취업 시 필수 요소 3가지에 대해서 공유하고자 합니다.

첫 번째, 학점입니다. 대학교 1학년 때부터 학점에 대한 관리를 졸업할 때까지 하게 된다면 면접 시 기본적으로 직무 분야에 대해 좋은 이미지를 갖고 시작할 것입니다. 물론 성적 하나로 면접 합격이 되지 않습니다. 그렇지만 다양한 스펙을 갖고 있는 경쟁자들 사이에서 분명 본인의 강점으로 나타날 것입니다. 만약 학점이 낮다면 제 개인적으로는 낮은 사유를 명확히 해주면 좋을 것 같습니다. 예를 들어 학점은 낮으나 안전에 관련된 경험(공단 안전서포터즈, 인턴 등)을 통해 성적도 중요하지만 현장에서 직접적으로 나 자신에게 맞는 업무인지를 판단했었다고 하는 등 다른 방향성을 가지고 직무 경험 스토리를 만들면 좋을 것 같습니다.

두 번째, 첫 번째에서 이야기한 경험에 대해 좀 더 구체적으로 계획을 수립하는 것입니다. 전공에 대한 활동 외에도 전공에 도움이 될 수 있는 부분에서의 활동입니다. 예를 들어 사람과의 관계 형성을 위한 봉사활동 혹은 다양한 아이디어를 만들어 실천에 옮길 수 있는 특허동아리 등 취업 시 전공뿐만 아니라 새로운 분야를 접목하여 고민해 보고 실행하여 남들과 다른 본인만의 스토리를 만드는 것을 추천합니다. 만약 본인이 조금 더 욕심이 있다면 한 단계 더 들어가서 봉사활동을 하더라도 해외 봉사를 하면 좋을 것 같습니다. 저의 경우에도 대학 시절 해외 봉사활동을 시작으로 다양한 문화와 사람들을 만날 수 있는 일본방문단, 특허 동아리 활동 등을 통해 특허 출원을 하여 남들과 다른 취업 스토리를 만들었습니다. 위 내용은 대학교 1~2학년에 있는 분들이라면 도전할 것을 권하며, 3학년~4학년부터는 선택과 집중을 해야 할 것 같습니다. 즉 여러 활동을 할 수도 있지만 취업을 위해서는 본인이 가고자 하는 회사의 특성을 파악하여 맞춤형으로 준비를 하는 것이 좋습니다. 예를 들어 과거 SK그룹에 경우 서류 면제를 시켜주는 공모전을 진행한 적이 있습니다. 저도 포트폴리오에 대해 정보를 알아가며 만들기 시작했고 면접관들에게 발표를 통해 서류를 면제받는 경험이 있습니다. 방금 말한 대로 기업의 공모전 등이 있는지 가고자 하는 회사에 꾸준히 관심을 갖고 확인해야 합니다. 추가적으로 회사 특성을 알기 위해 기업 멘토링 혹은 학교에서 진행하는 취업 컨설팅 등에 참여를 하여 최대한 많은 정보를 수집하면서 준비했습니다.

다시 한 번 요약을 하자면 1~2학년 시기에는 다양한 경험을 하는 것을 중점적으로 하며 3~4학년 시기에는 가고자 하는 회사를 목표로 사전 정보 조사 및 관련 경험(공모전 등)을 하는 것을 추천합니다.

지금까지 말씀드린 사항에 대해서 해당이 되지 않는 분들도 있을 겁니다. 즉 1~2학년 때 다양한 경험을 못 하거나 3~4학년이 되어서 취업에 대한 준비를 하지 못할 수 있는 다양한 경우의 수가 존재합니다. 다만, 한 가지 중요한 건 앞서 언급한 사항은 취업을 위한 저의 주관적인 기본 절차입니다. 이 책을 읽고 있는 분들은 책 내용을 통해 본인의 스타일에 맞춰 준비를 하거나, 제 경험과 비슷한 경험을 표현하면 됩니다. 그렇기 때문에 1~2학년 때 다양한 경험을 못했다고 해서 걱정하지 말고 3~4학년 때 좀 더 시간을 투자해서 전공 혹은 비전공 경험 및 가고자 하는 회사를 알아보면 됩니다. 이때 이 책에서 공유한 내용들을 참고해 고민 없이 빠른 선택을 하여 준비하는 것을 추천합니다.

마지막 세 번째로는 인프라 활용입니다. 두 번째에서 짧게 말씀드렸듯이 회사에서 진행하는 멘토링이나 대학교에서 진행하는 취업 컨설팅 외에도 이미 취업한 선배들을 통해 실제 회사가 어떤지 파악하는 것입니다. 만약 취업한 선배들과의 관계가 많이 없다면 꼭 온라인 카페를 활용하는 것을 권장합니다. 그 이유는 온라인 카페의 경우에는 짧은 시간을 투자해서 정보를 수집하고 다양한 정보를 얻을 수 있습니다. 특히 다양한 취업 앱에서 실속있는 기업부터 대기업까지 모든 정보를 매주 정리하여 공유하는 등 한눈에 가고자 하는 기업을 확인 할 수도 있으니 참고 바랍니다.

개인적으로는 위에서 공유한 사항들도 중요하지만 신입으로 취직하는 수많은 경쟁자들 속에서 가장 중요한 것은 정말 그 회사에 대해 명확히 알고 이직이나 퇴사를 하지 않고 평생을 가겠다는 의지를 보여 주는 것이 중요한 것 같습니다. 요즘 회사 입장에서는 안전 직무에서 많은 이직 혹은 퇴사가 이뤄지고 있어 인재 확보에 많은 고심을 하고 있습니다. 그러다 보니 방금 말한 사항들에 대한 비중이 점점 커지고 있습니다. 이런 점을 참고해 본인의 취업 스토리를 만든다면 좋은 결과가 있을 것 같습니다.

2 현직자가 참고하는 사이트와 업무 팁

1. 법제처

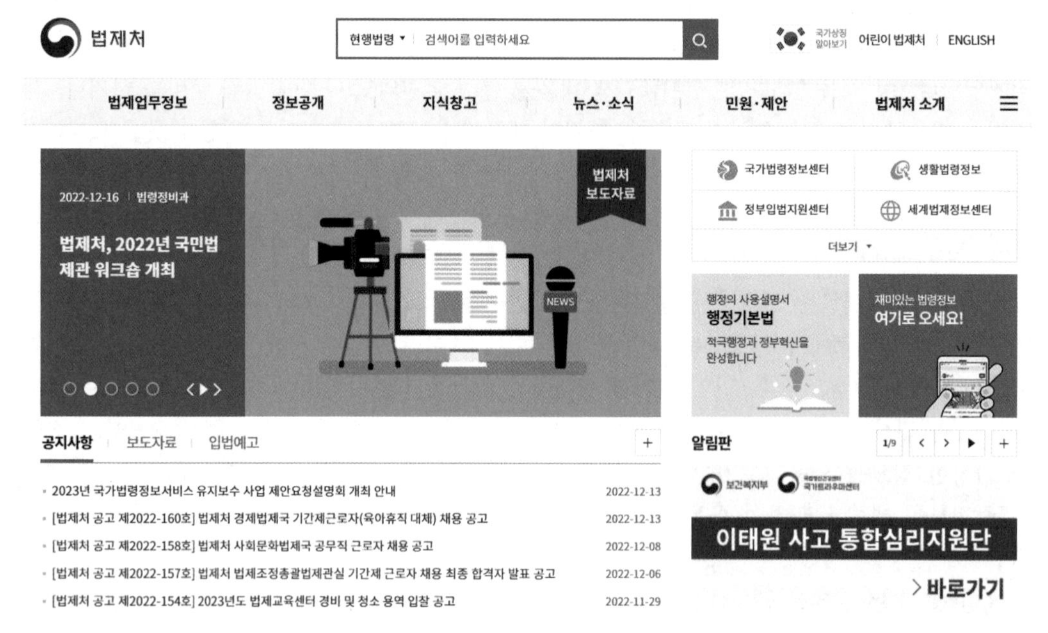

[그림 4-7] 법제처 홈페이지

안전관리자의 경우 법에 대한 부분을 수시로 체크하고 확인해야 하는 부분입니다. 특히 '22년 이슈가 되고 있는 중대재해처벌법의 경우 모든 회사에서 관심을 갖고 대응하는 부분이기 때문에 안전관리자로 취업을 준비하는 분들은 모든 내용에 대해 한 번씩 읽어보거나 요약집을 참고해 확인 바랍니다. 그리고 안전관리자의 가장 기본이 되는 산업안전보건법의 경우에는 시행령, 시행규칙, 기준에 관한 규칙 등이 있기 때문에 전체적인 내용을 한 번 정도 읽어 보는 것을 추천하고 개인적으로는 과태료나 벌금 등에 해당하는 법규 위주로 중요도를 정하여 보는 것을 추천합니다.

위에서 언급한 법규 외에도 시간이 된다면 고압가스안전법[22], 소방법, 원자력법, 연구실안전법 등 회사의 특성 맞춰 해당하는 법이 있는지를 검토하여 보는 것을 추천합니다.

22 [11. 현직자가 많이 쓰는 용어] 22번 참고

2. 한국산업안전보건공단

[그림 4-8] 한국산업안전보건공단 홈페이지

안전관리자로 활동하면서 안전보건교육에 대한 자료에 고민을 하는 경우 참고할 수 있는 사이트입니다. 예를 들어 위험기계기구 인증 및 검사, 유해위험방지계획서 등에 대한 정보를 알 수 있으며 통합 자료실을 통해서는 재해사례, 안전보건 자료 및 규정 등에 대한 국외정보도 확인 가능하오니 참고 바랍니다. 참고로 화학물질을 취급, 관리하는 사업장의 경우 어플 중 MSDS를 참고한다면 많은 도움이 될 것입니다.

3 현직자가 전해주고 싶은 개인적인 조언

이 책을 읽고 있는 분들에게 가장 해 주고 싶은 말은 '늦었다고 생각할 때가 가장 빠르다'는 것, '특별한 것보다 평범함 속에서 특별함을 인정받는 사람이 되어야 한다'는 것, 마지막으로 '한 단계 도약을 위해서는 타이밍과 목표 설정이 필요하다'는 것입니다. 제가 취업부터 시작하여 3개 이상의 기업에 다니며 개인적인 생각입니다. 위 3가지 문구에 대해 좀 더 설명을 할 테니 읽으면서 공감되는 부분이 있다면 본인의 스토리에 반영하는 것도 좋을 것 같습니다.

첫 번째, '늦었다고 생각할 때가 가장 빠르다.'입니다. 제가 디스플레이 업종에 다니고 있던 시기 건설업에 안전관리자로 종사하고 있는 지인이 제조업으로의 이직을 고민하고 있었습니다. 그 당시 5년 이상 건설업에 종사하고 있었기 때문에 제조업에서의 근무는 과거 건설업의 경력을 인정받지 못할 수도 있고 적응을 못할 수도 있기 때문에 많은 걱정을 했습니다. 그러던 중 저에게 연락이 왔고 제조업에 대한 의지가 확고한 지부터 확인 후 필요한 부분에 대해 설명을 해 줬습니다. 그리고 가장 중요한 부분이 전문 지식이기에 제조업에서 해야 하는 법적 사항들을 설명해 주고 지속적인 가상 면접을 진행했습니다. 그 결과 원하는 기업으로 이직이 가능했으며 과거 건설업의 경력도 인정받았습니다. 건설업에서 5년 이상 경력이 있기 때문에 제조업의 이직은 늦었다라는 고정관념을 깰 수 있었던 계기였습니다. 늦었다는 생각을 하면서도 스스로의 마음에 대한 이직할 수 있다는 다짐을 하는 순간 좋은 성과를 얻을 수 있었습니다. 이 책을 읽고 있는 분들도 현재 취업 준비가 늦었다고 생각하지 말고 원하는 기업에 취업할 수 있다는 다짐부터 우선 하고 준비하기를 바랍니다. 다짐하는 순간 앞서 언급한 예시처럼 50% 이상 성공했다고 생각합니다.

두 번째 '특별한 것보다 평범함 속에서 특별함을 인정받는 사람이 되어야 한다.'입니다. 저의 경우 평범한 업무를 시작으로 열정을 갖고 본인의 스타일을 만들어 나갔습니다. 그 결과 안전 업무를 시작한 지 3년 뒤에는 안전관리 업무를 했으며, 2년 뒤 기획 업무를 수행하면서 협력사 관리를 했습니다. 마지막으로 법 관련된 실무 모니터링을 업무를 하게 되었습니다. 매 순간 상사로부터 인정받으며 새로운 업무를 수행하게 되었고 현재는 남들과 다른 복합적인 업무를 수행할 수 있게 되었습니다. 특별함을 갖고 있으면 좋겠지만 없더라도 기존의 업무를 끈기 있게 책임감을 갖고 하다 보면 인정을 받으며 어느 순간 다른 사람과는 다른 본인의 강점이 될 수 있습니다. 취업을 준비하는 분들도 특별한 것을 찾기보다는 본인이 잘하는 것을 부각시켜 준비를 한다면 좋은 결과를 얻을 수 있을 겁니다.

마지막 세 번째, '취업을 위해서는 타이밍과 목표 설정이 필요하다.'는 것입니다. 타이밍을 잡기 위해서는 원하는 기업 목표에 대한 선택 후 사전 준비를 해야 한다는 것입니다. 그냥 취업만 하면 된다는 것보다는 원하는 목표가 있어야 안 됐을 시 그 다음 목표로 설정하여 빠른 진행을 할 수 있습니다. 또한 준비 과정 중 갑자기 본인에게 기회가 올 수 있습니다. 예상치 못한 기회를 잡는 타이밍도 중요하기 때문에 타이밍과 목표 설정은 취업 준비에 있어서 첫 시작이 될 수 있다는 점 참고 바랍니다.

MEMO

11 현직자가 많이 쓰는 용어

안전관리 직무 수행 시 필요한 용어는 법에 나와 있는 용어를 토대로 운영이 되므로 법적 용어가 중요합니다. 이 책을 보는 분들이 산업안전보건법, 중대재해처벌법에 나와 있는 모든 조항의 용어를 알기에는 무리이기 때문에 디스플레이에서 법적 사항으로 다루고 있는 것들 위주로 용어를 정리하였으니 필히 숙지한다면 면접 볼 때 많은 도움이 될 거라고 생각합니다. 물론 자기소개서에 녹여 넣는 것도 추천합니다.

1 익혀두면 좋은 용어

1. 안전관리자 주석 1

안전에 대한 전반적인(예 도급합동점검, 안전일지 등) 사항들을 지도/조언하는 업무를 수행하는 사람을 말합니다.

2. 중대재해처벌법 주석 2

중대재해처벌법이란 사업 또는 사업장에서 일하는 모든 사람의 안전 및 보건을 확보하도록 경영책임자에게 의무를 부과한 법입니다. 경영책임자가 안전 및 보건 확보의무를 다하지 않아 중대산업재해가 발생하면 처벌 받을 수 있습니다.

3. 위험성평가 주석 3

작업 전 위험성 평가를 통해 위험 요소 발굴 및 개선 방안을 마련하여 안전한 작업 환경을 만들기 위해 진행하는 것을 말합니다.

4. PSM 주석 4

산업안전보건법 제44조 규정에 따라 석유화학공장 등 중대산업사고를 일으킬 가능성이 높은 유해 · 위험 설비를 보유한 사업장으로 하여금 공정안전자료, 공정위험성평가, 안전운전계획 및 비상조치계획 수립 등에 관한 사항을 기록하는 것을 말합니다.

5. 산업안전보건법 주석 5

산업안전보건법은 산업안전보건에 관한 기준을 확립하고 그 책임의 소재를 명확하게 하여 산업재해를 예방하고 쾌적한 작업환경을 조성함으로써 근로자의 안전과 보건을 유지 · 증진함을 목적으로 제정되어 운영되는 법입니다.

6. 소방법 주석 6

화재를 예방 · 경계 또는 진압하여 생명 · 신체 및 재산을 보호함으로써 사회의 복리 증진에 기여함을 목적으로 제정되어 운영되고 있는 법입니다.

7. ESG 주석 7

ESG는 환경(Environmental), 사회(Social), 지배구조(Governance)의 약자입니다. '환경'은 말 그대로 기업이 경영 과정에서 환경에 미치는 영향을 말합니다.

8. 안전보건관리책임자 주석 8

안전보건관리책임자는 사업장에 근무하는 인원(자사 직원만 해당)에 대한 안전/보건을 관리하는 책임자를 말합니다.

9. 관리감독자 주석 9

회사에서 지정한 사람으로 팀장, 반장 등이 있습니다.

10. 산업안전보건위원회 주석 10

사측과 노측 간의 안전/보건 관련 협의사항을 논의하는 자리를 말합니다.

11. 안전인증 주석 11

산업안전보건법 제84조 내용으로써 유해 · 위험기계등 근로자의 안전 및 보건에 영향을 미칠 수 있다고 인정되어 대통령령으로 정하는 것(이하 "안전인증대상기계등"이라 한다)을 제조하거나 수입하는 자는 안전인증대상기계등이 안전인증기준에 맞는지에 대하여 고용노동부장관이 실시하는 안전인증을 받아야 합니다.

12. 현업부서 주석 12

생산, 품질 관리 등을 하는 인원을 통칭하여 부르는 단어입니다.

13. 보건관리자 주석 13

보건에 대한 전반적인(예 건강검진, 작업환경측정 등) 사항들에 대한 업무를 수행하는 사람을 말합니다.

14. 물질안전보건자료 주석 14

산업안전보건법 제111조의 내용으로써 물질안전보건자료대상물질을 양도하거나 제공하는 자는 이를 양도받거나 제공받는 자에게 물질안전보건자료를 제공해야 합니다.

15. 국소배기 주석 15

C/R 혹은 연구실 Fab에서 화학물질을 취급하는 공간의 경우 화학물질의 노출을 막기 위해 국소배기를 설치하여 근로자의 안전/보건을 확보하는 것을 말합니다.

16. 테크니션 주석 16

장비를 관리(수리/개조 등)하는 인원을 말합니다.

17. 오퍼레이터 주석 17

제품 생산 시 투입되는 인원을 말합니다.

18. Task/TDR 주석 18

특정 프로젝트를 수행하기 위해 만들어지는 조직으로 보면 됩니다.

19. PL(Part Leader) 주석 19

팀장의 업무를 대행하는 직책을 말합니다.

20. 원자력안전법 주석 20

원자력안전법은 원자력의 연구 · 개발 · 생산 · 이용 등에 따른 안전 관리에 관한 사항을 규정하여 방사선에 의한 재해의 방지와 공공의 안전을 도모함을 목적으로 제정되어 운영되고 있는 법입니다.

21. 안전보건교육 주석 21

채용 시, 정기, 특별, 작업 내용 변경 시 등 법적으로 지켜야 하는 교육들을 말합니다.

22. 고압가스안전법 주석 22

고압가스의 제조 · 저장 · 판매 · 운반 · 사용과 고압가스의 용기 · 냉동기 · 특정설비 등의 제조와 검사 등에 관한 사항 및 가스안전에 관한 기본적인 사항을 정함으로써 고압가스 등으로 인한 위험을 방지하고 공공의 안전을 확보함을 목적으로 제정되어 운영되고 있는 법입니다.

23. 안전보건부서

안전 보건 분야에 대해 외부 대관업무를 중점으로 수행하는 인원들을 통칭하여 부르는 단어입니다.

24. 안전보건시스템

안전/보건에 대한 기준, 작업허가서, 화학물질 취급 등 전반적인 사항들이 반영되어 있는 시스템을 말합니다.

25. 안전담당자

안전에 대한 실적을 챙기는 업무를 말합니다.

26. C/R

Clean Room을 말하며 제품을 생산하는 영역으로 항온, 항습이 유지되는 구역입니다.

27. 작업환경 측정

산업안전보건법 제125조(작업환경측정)에 의거하여 진행되는 사항으로 작업환경 실태를 파악하기 위하여 해당 근로자 또는 작업장에 대하여 사업주가 유해인자에 대한 측정계획을 수립한 후 시료를 채취하고 분석 · 평가하는 것을 말합니다.

28. 건강검진

채용 시 검진, 특수 검진, 일반검진 등 다양한 형태의 검진이 있으며 작업환경 등을 고려하여 운영되고 있습니다.

29. 진단

안전/보건 등의 법적 사항에 누락된 사항은 없는지를 내부적인 자체 진단을 통해 운영 중에 있습니다.

30. 안전보건 총괄 책임자

안전보건총괄책임자는 사업장에 근무하는 인원(자사 직원 및 협력사 포함)에 대한 안전/보건을 총괄하는 인원을 말합니다.

31. 공장별 안전환경 담당

대외적인 대관업무 외에 공장별 안전환경을 담당하는 조직을 말합니다.

32. 유해한 작업의 도급금지

산업안전보건법 58조의 내용으로써 사업주는 근로자의 안전 및 보건에 유해하거나 위험한 작업의 경우 자신의 사업장에서 수급인의 근로자가 그 작업을 하도록 해서는 안 됩니다.

33. 자율안전확인의 신고

산업안전보건법 89조의 내용으로써 안전인증대상기계등이 아닌 유해 · 위험기계등으로서 대통령령으로 정하는 것(이하 “자율안전확인대상기계등”이라 한다)을 제조하거나 수입하는 자는 자율안전확인대상기계 등의 안전에 관한 성능이 고용노동부장관이 정하여 고시하는 안전기준(이하 “자율안전기준”이라 한다)에 맞는지 확인하여 고용노동부장관에게 신고해야 합니다.

34. 시설물안전법

시설물의 안전점검과 적정한 유지관리를 통하여 재해와 재난을 예방하고 시설물의 효용을 증진시킴을 목적으로 제정되어 운영되고 있는 법입니다.

35. 위험물안전관리법

위험물안전관리법의 내용으로써 위험물의 저장 · 취급 및 운반과 이에 따른 안전관리에 관한 사항을 규정함으로써 위험물로 인한 위해를 방지하여 안전을 확보함을 목적으로 제정되어 운영되고 있는 법을 말합니다.

36. 식품위생법

식품위생법의 내용으로써 식품에 대한 영양을 향상시키기 위해 제정되어 운영되고 있는 법을 말합니다.

37. 재난 및 안전관리기본법

각종 재난으로부터 생명 · 신체 및 재산을 보호하기 위하여 재난 및 안전관리체제를 확립하고, 재난의 예방 · 대비 · 대응 · 복구와 안전문화활동, 그 밖에 재난 및 안전관리에 필요한 사항을 규정함을 목적으로 제정되어 운영되고 있는 법을 말합니다.

38. 안전보건센터

자사에 있는 모든 안전보건 조직을 통틀어 관리하는 상위 개념의 조직입니다.

39. RE100

Renewable Energy 100(재생에너지 100)의 약자로 기업에서 사용하는 전력의 100%를 재생에너지로 대체하자는 의미입니다.

12 현직자가 말하는 경험담

1 저자의 개인적인 경험

안전관리자 업무를 하면서 대학 시절 배운 내용과 법에서의 내용 등이 실무에서는 약간 차이가 있거나 다른 관점으로써의 접근이 필요하다는 것을 경험했습니다. 몇 가지 예로 차이점이라고 함은 대학 시절 교육을 받은 내용을 그대로 적용하여 운영하면 되는 것으로 생각했으나 실제는 회사의 운영 사항을 감안하여야 한다는 점입니다. 즉 대학 시절에 배운 내용 및 법 내용을 보면 교육이력을 보관하게끔 되어 있습니다. 기업 입장에서는 수많은 인원에 대한 방대한 자료를 종이로 관리함이 비효율적이라 전산화하여 관리하는 등 법에서의 사항을 회사 나름의 방식대로 변환하여 운영하기 때문에 실제 배운 내용과 현실에 적용하는 측면이 차이가 있다는 생각을 했습니다. 또한 대학교 및 법에서 작성된 내용은 준수해야 하는 사항이며 방법에 대한 부분은 표현되어 있지 않습니다. 그러다 보니 입사 후 상사가 진행하는 방법을 보면서 배우게 됩니다. 이에 대한 몇 가지 사례에 대해서 공유하고자 합니다.

첫 번째, 위원회, 협의체 등을 운영할 때는 소통이 중요하다는 것입니다. 법에서는 산업안전보건위원회를 진행할 때 포함되어야 하는 내용 혹은 조직 구성 등이 있습니다. 그러다 보니 내용은 어떤 사항을 심의 의결로 올려야 하는지 혹은 조직 구성은 어느 인원으로 해야 하는지 사전 소통을 통해 안건을 정해야 하는 부분들이 있습니다. 또한 협의체의 경우 협력사 대상으로 진행 시 공유해야 하는 내용, 참여해야 하는 업체 등을 사전 검토하여 공식 요청을 하는 등의 방법들이 필요로 합니다. 방금 말한 사항은 법에서는 표현되어 있지 않은 부분이다 보니 단순히 법의 내용만을 이해하고 접근 시에는 많은 애로사항이 있을 수 있어 공유합니다.

두 번째, 점검의 대한 내용입니다. 안전관리자가 도급점검 등을 진행 시 중점적으로 확인해야 하는 부분들에 있어서 회사의 특성을 알아야 점검의 대한 내용을 구성하게 됩니다. 예를 들어 고소 작업이 없이 화기 작업을 하는 경우 화기 작업은 점검은 필수로 포함시키고 고소작업은 제외해야 합니다. 화기 작업 시 법에서 요구하는 것들이 있으나 현장에서는 더욱 강화된 안전 기준을 수립하여 운영하는 경우가 대부분입니다. 이런 부분들에 대해서는 법적으로 알고 있는 내용과 현실에서의 차이점이라고 생각합니다.

세 번째, 안전관리자 직무 외에 기타 직무들이 많다는 부분입니다. 산업안전기사 자격증을 취득하면서 안전관리자의 직무를 배웠습니다. 실제 입사를 하게 되면 부가적인 직무들을 수행합니다. 몇 차례 공유 드렸던 총무, FB 활동, 자산 담당, 교육 담당 등이 있습니다. 물론 업무 비중을 따져 보면 대부분 안전 업무와 비안전 업무가 9:1 정도입니다. 그래도 방금 말한 사항들이 있다는 점은 참고하면 될 것 같습니다.

지금까지 설명한 사항은 대표적인 사례를 토대로 말했으며 제가 안전관리 업무를 하면서 경험 사례를 사업장 근무, 출장 근무로 구분하여 아래와 같이 공유합니다.

1. 사업장 근무 시 직무 수행

사업장 근무 시 안전관리자 업무 수행에 대한 사이클을 공유하니 참고 바라며 일부 공유한 내용이 실제 입사 시 조금씩 다를 수 있습니다. 우선 안전, 보건, 방재에 따라 근무 형태는 다르나 공통사항은 외부에서 점검 등을 들어왔을 때 대응하는 대관업무가 있습니다. 분야별로 나눠 설명하면 안전의 경우 안전관리로 인한 공장에 각 조직과 소통을 해야 하는 경우가 많습니다. 소방의 경우에는 소방시설관리, 비상훈련 등에 관한 관리 업무 비중이 크며 마지막 보건의 경우 코로나19, 건강관리 등의 업무 비중이 큽니다.

안전, 방재, 보건 모두 대학교에서 배운 전공 지식을 기초로 타인을 이해시켜야 하는 업무이며 특별한 이슈가 없는 한 위에서 말한 사항을 기본적으로 진행하게 된다는 점 참고 바랍니다.

2. 출장 시 직무 수행

사업장 근무와는 달리 출장의 경우 특별한 이슈가 있어서 진행하는 경우가 있습니다. 그러다 보니 기존에 알고 있는 전문 지식 외 현장 파악이 중합니다. 예를 들어 사고로 인한 조사를 할 경우 직접 원인 및 간접 원인을 파악하여 직무를 수행해야 합니다. 이슈가 있는 상황이라면 가장 중요한 부분이 근거입니다. 그렇기 때문에 대학교 시절 배운 내용이나 법적 사항이 가장 중요합니다. 하지만 발생 상황에 대한 이해력과 판단을 해야 하는 부분이 있기 때문에 다양한 사례에 대해 많은 경험을 직 · 간접적으로 쌓는 것이 중요합니다.

2 지인들의 경험

Q1 중대재해처벌법 때문에 안전관리자가 어느 회사든 수요가 많은 것 같은데 지금부터라도 안전 쪽으로 공부를 해야 하나 고민되네. 어떻게 생각하니?

타부서 책임님
(L사 개발부서)

국내 모든 회사가 중대재해처벌법 시행으로 안전이 강화되면서 안전관리자의 수요가 굉장히 커진 건 맞지만 지금 많이 채용한다고 해서 옮기는 것보다는 업무의 내용이 본인의 적성에 맞는지 한 번 확인해 봐야 합니다.

Q2 1년에 6개월 이상 설치 현장을 다니면서 디스플레이로 이직한 걸 보면 나도 제조업으로 이직을 고려하는데 이미 6년 이상 돼서 가능할지 모르겠다. 네 생각은 어때?

설치현장
안전관리자
동기
(H사 안전환경)

이직을 생각한다면 정말 갈 의향이 있는지 확실한 각오가 필요하고 6년 이상 됐다고 해서 못 갈 것 같다는 고정관념을 버려야 합니다. 더불어 요즘 시기에는 안전관리자의 채용이 많다 보니 타이밍이 좋은 시기인 것 같아 도전해 보는 것도 좋은 것 같습니다.

Q3 지금 있는 회사는 너무 지방이다 보니 경기도권이면서 안전의 수준이 높은 디스플레이에 관심이 많이 가는데 때마침 디스플레이 공고가 있어서 아는 정보 좀 알려 줘.

제조업
안전관리자
선배
(H사 안전부)

삼성, 엘지 등 디스플레이 업종이 많지만 엘지의 경우에는 파주, 구미, 마곡에 있습니다. 확실히 디스플레이 업종은 안전에 대한 관리 수준이 높으며 안전 업무 수행을 하는 많은 인원들이 분포되어 전문성이 높습니다.

Q4 지금은 안전 업무만을 하는데 어느 영역으로 확대를 해서 가면 좋을까요?

제조업
안전관리자
후배
(H사 안전부)

안전 업무에도 PSM, 유해위험방지계획서 등 다양한 업무가 많습니다. 이 모든 업무를 경험해 봤다면 소방, 보건 쪽으로 본인의 커리어를 확대해 보는 것도 좋을 것 같습니다.

13 취업 고민 해결소(FAQ)

Topic 1. 안전관리 직무에 대해 궁금해요!

Q1 안전관리자 직무 수행 시 필요 역량은 무엇인가요?

A 안전관리자로서 법적 사항을 이행하기 위해 필요한 역량은 사람 간의 소통 Skill인 것 같습니다. 예를 들어 정기안전보건교육을 시작으로 합동 점검, 위원회 진행 등 대부분의 업무가 사람을 상대해야 하는 업무이기 때문에 평상시 사람과 대화하는 것을 좋아하는 분이라면 직무 수행에 있어서 크게 어렵지 않다고 생각합니다.

Q2 안전공학을 전공하지 않은 비전공 인원들도 안전관리자로 입사 가능할까요?

A 제가 입사할 당시에는 안전공학 출신들을 회사에서 뽑는 경우가 많았습니다. 시간이 흐르면서 현재는 전공에 대한 구분이 없으며 필수 자격요건만 충족되면 채용되는 경우도 있습니다. 즉 안전공학과 출신은 아니지만 산업안전기사 자격증을 갖고 있는 경우에는 지원이 되기 때문에 자기소개서와 면접을 잘 본다면 입사가 가능합니다. 그렇기 때문에 안전관리자에 관심 있는 분들은 체계적으로 준비하여 지원 한다면 합격하여 활동 가능하다는 점 참고 바랍니다.

Q3 대학교 1학년부터 4학년까지 취업을 목표로 무엇을 준비해야 할까요?

A 개인적인 생각으로는 대학교 1~2학년 때에는 전공에 대학 공부를 중점적으로 하되 다양한 경험을 하는 것을 추천합니다. 예를 들어 전공 관련 활동으로는 서포터즈 활동 있으며 비전공 활동으로는 봉사활동 등을 추천합니다. 다음 대학교 3~4학년 시기에는 본격적으로 가고자 하는 회사를 선정하여 원하는 인재상에 맞혀 본인의 취업 스토리를 만들어 보는 것입니다. 또한 취업 컨설팅 및 온라인 카페 등을 활용하여 실시간으로 변하는 회사의 상황을 파악하는 것이 좋습니다.

Q4 신입/경력으로 취업을 준비하는 것은 다른가요?

A 신입으로 취업 준비를 할 때는 대학 시절의 활동을 가장 많이 보게 됩니다. 특히 업무와 관련 있는 전공에 대한 부분은 성적으로 판단할 것입니다. 물론 면접을 통해 전공과 관련된 답변을 명확히 한다면 직무에 대한 전공 지식 부분에 대해서 높은 평가를 받을 순 있지만 면접 전 서류에서 판단을 할 경우에는 성적이 큰 요소로 작용될 것입니다. 그렇다고 걱정할 필요는 없습니다. 자기소개서에 본인이 성적 대비 다른 부분을 강조하여 표현한다면 성적으로 부족한 부분을 보완할 수 있습니다. 그렇기 때문에 자기소개서는 작성 시 가장 많은 시간을 투자해야 합니다. 물론 대부분 신입일 경우 서류를 통과하면 인적성 그다음 면접 순으로 진행됩니다. 인적성에 대한 부분도 대학교 3~4학년 때 준비하여야 합니다. 일부 회사 중 한화의 경우에는 인적성을 보지 않는다는 점 참고 바랍니다.

경력으로 입사하는 경우에는 신입과 절차가 조금 다릅니다. 우선 인적성 중 인성에 대한 부분을 많이 보며 적성은 대부분 보지 않습니다. 물론 공기업의 경우에는 보는 곳도 있습니다. 또한 본인의 경력 기술서를 작성하는 경우가 있습니다. 경력 기술서의 경우 그동안 관련 직무에 대해 성과로 달성한 이력, 프로젝트 이력 등에 대해 작성하는 부분입니다. 신입과는 다르게 직무에 대한 전문성을 확인하는 단계라고 보시면 됩니다.

위 내용으로 신입/경력 서류 단계에 대한 부분을 설명했습니다. 다음으로 인적성 관련하여 공유하자면 신입의 경우 인적성 공부 시 책으로 출판되어 있는 자료를 활용하는 것을 추천합니다. 경력의 경우 인성 진행 시 일관성 있는 체크를 진행해야 특이사항 없이 통과할 수 있습니다.

다음은 면접 단계입니다. 면접의 경우 공통적으로 자기소개서 및 경력 이력을 기반으로 물어보는 부분이 많습니다. 다만 물어보는 수준의 경우 신입의 경우에는 알고 있는지를 물어본다면 경력의 경우 전문 지식에 대해 회사에 적용 가능한 부분이 무엇이며 입사 시 바로 대응이 가능한 부분이 무엇인지를 파악하는 부분이 많습니다. 또한 자기소개에 대한 부분도 신입/경력 모두 해당됩니다. 저의 경우에도 '21년 삼성, 현대, CJ 등을 보면서 자기소개는 항상 처음 진행했습니다. 그렇기 때문에 자기소개에 대한 부분을 신경 써서 준비해야 합니다. 막연한 내용보다는 수행 가능한 부분을 표현하는 것이 좋다는 점 참고 바랍니다. 위와 같은 모든 사항이 끝나면 신입은 합격 여부를 기다리면 되지만, 경력의 경우 회사마다 다르기 때문에 주변 지인(전 직장 동료 등)을 통해 평판 조회를 진행하는 경우도 있다는 점 참고 바랍니다.

Topic 2. 어디에서도 듣지 못하는 현직자 솔직 대답!

Q5 2023년 안전관리자 직업에 대한 전망은 어떤가요?

A 2022년 1월 27일 중대재해처벌법이 시행됨에 따라 안전관리 강화 차원의 안전관리자를 필요로 하는 기업은 더욱 증가할 것입니다. '21년부터 사전 대응을 위해 준비하는 기업도 있지만 아직 준비가 부족한 기업이 많기 때문에 평소 안전에 관심 있는 분들은 회사별 안전관리자의 세부 직무를 파악하여 대응하면 좋은 결과를 만들 수 있을 것입니다.

Q6 안전관리자의 향후 진로는 어떻게 되나요?

A 안전관리자로 일하다 보면 기사 자격증보다 높은 기술사 자격증을 취득할 수 있습니다. 기술사 취득을 통해 좀 더 전문성을 강화시켜 안전관리자로 활동이 가능하며 남들과 차별화된 강점이 될 수 있습니다. 기술사 자격요건 및 종류가 다양하니 향후 안전관리자로 활동하면서 5년 이상 경력이 되었을 때 찾아보면 좋을 것 같습니다. 기술사 취득 후 개인 사업을 하는 경우도 있다는 점 참고 바랍니다.

Q7 회사별 안전관리의 수준은 어떤가요?

A 안전관리자로 입사한 인원 중 안전관리자의 입지가 작다는 것을 알고 회의감을 느끼는 경우도 있습니다. 한 예로 산업안전보건법 시행령 제16조(안전관리자의 선임 등)의 내용을 보면 법 제17조제3항에서 "대통령령으로 정하는 사업의 종류 및 사업장의 상시근로자 수에 해당하는 사업장"이란 제1항에 따른 사업 중 상시근로자 300명 이상을 사용하는 사업장인 경우 안전관리자 선임을 해야 된다고 되어 있습니다. 회사 측에서는 법적 사항이므로 안전관리자를 선임했으나 현실은 품질이나 생산에 밀려 안전이 제대로 적용되지 않는 회사도 있습니다. 그러다 보니 안전 체계가 잡혀 있는 회사에서 안전관리 업무를 하고 싶어 하는 안전관리자들도 있습니다. 개인적인 생각은 대기업의 경우 조금의 차이는 있지만 안전관리에 대한 투자와 실행이 잘 되고 있으며 중대재해처벌법 등으로 중견기업, 중소기업들도 점차 안전관리 수준을 높이고 있다고 생각합니다.

Q8 디스플레이 안전관리 직무는 다른 산업 쪽이랑 하는 일이 비슷한가요? 산업별로 안전관리자의 업무가 다른지 궁금합니다.

A 안전관리업무는 법을 기반으로 운영하기 때문에 기본적인 업무는 동일합니다. 다만 법적 사항 외에 업종의 특성으로 인한 안전관리의 수준 차이는 있습니다. 예를 들어 화학물질을 취급하는 디스플레이의 경우 안전 분야에 세분화하여 구성원별 인지 여부까지 검토하는 단계로 운영됩니다. 기계설치 업종인 경우에는 법적 서류 준수 및 중대사고 발생이 되지 않는 수준으로 관리가 되며 자동차 업종의 경우 노조가 강하기 때문에 안전관리를 계획하고 실시하는 데 세분화하여 대응하기 어려운 부분들이 있습니다.

앞서 언급한 대로 다른 산업과 비교 시 수행하는 업무는 동일합니다. 그렇기 때문에 안전관리자 업무에 관심이 많은 분들께서는 우선적으로 회사 문화를 참고해 결정하는 것이 중요한 팁이 될 것입니다. 원하던 안전관리자로서 취직을 했지만 회사 문화가 안 맞아 퇴사를 생각하거나 이직을 고려하는 경우도 있다는 점 참고 바랍니다.

PART 03
현직자 인터뷰

· Chapter 01 공정장비(검사)

Chapter

01

공정장비(검사)

저자 소개

전자전기공학부 학사 졸업
現 디스플레이 L사 공정장비

Topic 1. 자기소개

Q1 간단하게 자기소개 부탁드릴게요!

A 안녕하세요, 저는 전자전기공학부를 전공하였고 현재는 대기업 디스플레이 산업에서 공정장비 직무에 재직 중인 H라고 합니다. 세부 직무로는 자동화 검사 업무를 수행하고 있습니다. 자동화 검사는 Smart Factory 시대에 맞추어 기존에 검사원이 진행하던 검사를 자동화 검사 장비로 대체하게 되면서, 해당 장비를 관리하거나 검사 알고리즘을 개선하여 불량률 및 수율을 개선하는 업무입니다.

Q2 다양한 이공계 산업과 직무 중 현재 재직 중이신 산업과 직무에 관심을 가지신 이유가 있으실까요?

A 최근 폴더블 디스플레이와 롤러블 디스플레이를 활용한 스마트폰과 TV들이 나오면서 디스플레이의 기술이 많이 발전하였고 계속해서 발전해 가고 있습니다. 이처럼 발전하고 있고 세계를 리드하고 있는 산업에 종사를 하고 싶었기에, 디스플레이 산업에 관심을 가지게 되었습니다.

현재 재직 중인 공정장비 직무에 지원을 하게 된 계기는 해당 직무 역량 중에서 '데이터분석 및 Digital Transformation 관련 지식이 있으면 더 좋습니다.'라는 항목 때문입니다. 학부 시절에 데이터를 다루고 분석하는 업무에 대해 관심이 많았습니다. 그래서 해당 직무에 지원을 하게 된다면 그러한 점을 살릴 수 있을 것이라 생각을 하였습니다.

그리고 기술이 발전하면서 모든 공정에 자동화 기술이 도입되기 시작하였고, 앞으로도 계속해서 늘어날 예정이기 때문에 공정에서 다루는 데이터의 양도 계속해서 늘어날 것입니다. 그렇기에 공정장비 직무에서 근무를 하게 된다면 앞으로 더 많은 데이터를 다룰 수 있을 것이고, 이러한 경험이 미래의 커리어 측면에서도 이득이 될 것이라 생각하여 지원을 하게 되었습니다.

Q3 취업 준비를 하셨을 때 회사를 고르는 기준이나 현재 재직 중이신 회사에 지원하게 된 계기가 있으실까요?

A 해당 산업을 리드하고 있는 기업을 1순위로 고려를 하였습니다. 그런 점에서 현재 재직 중인 회사가 선보인 롤러블 디스플레이, 폴더블 디스플레이, 그리고 투명 OLED 기술이 매력적으로 느껴졌습니다. 이러한 미래를 대비한 기술이 있는 회사에서 근무를 하면 좋겠다는 생각이 들어 지원을 하게 되었습니다.

Topic 2. 직무&업무 소개

Q4 재직 중이신 부서 내에서 직무가 다양하게 나누어져 있는데 현재 재직 중이신 직무에 대해 좀 더 자세하게 설명 부탁드리겠습니다!

A 우선, 공정개발 직무는 고객이 요청하는 신규 모델 생산 또는 차세대 디스플레이 생산을 위한 신규 공정 개발 및 개발 초기에 발생하는 공정의 문제점들을 분석하고 이를 개선하여 최적화된 공정을 개발하는 업무를 수행합니다. 예를 들어 어느 원료를 사용할지를 테스트하고 커팅을 얼마나 하는지, 도포를 얼마나 할지, 증착 시간은 얼마나 하고 농도는 어느 정도로 하는지와 같은 공정 Process와 조건을 수립하는 업무를 하는 직무입니다.

종합공정 직무는 양산의 공정들을 담당하여서 양산 중에 발생하는 문제점을 여러 유관 부서와 소통하여 대응하고 효율적인 양산을 위해 일정 수립 및 관리를 하는 직무입니다. 공정개발 직무는 양산 이전에 개발 단계에서 공정을 담당하는 직무인 반면 개발이 완료되고 실제 제품이 생산되는 양산 단계에서 공정을 담당하는 직무가 종합공정 직무입니다. 양산 과정에서 발생하는 공정의 문제점에 대응 및 조치를 하고 고객이 요구하는 일정에 맞추어 제품을 납품하기 위하여 양산 공정 일정을 수립 및 관리를 담당하는 직무이기도 합니다.

마지막으로 공정장비 직무는 공정 과정에서 사용되는 장비들의 사양을 정하고 해당 사양을 만족하는 장비가 제작이 될 수 있도록 장비 Concept을 개발합니다. 또한 실제 Line의 설비 Set-up을 담당하고 이후에 발생하는 장비의 문제를 해결하는 업무를 수행합니다. 예를 들어, 공정개발에서 새로운 공정을 개발하고 해당 공정을 실제 현장에 적용하기 위한 장비의 Concept을 생각하고 어떠한 사양으로 장비를 제작할지 고민하며, 협력사와 소통하여 사양에 만족하는 장비를 제작하는 업무를 수행하는 직무입니다.

그리고 제가 재직 중인 검사 직무는 공정장비 직무 안에 포함되어 있는 직무입니다. 검사 직무는 검사를 위한 검사 장비를 담당하고 있습니다. 이에 검사 장비를 관리하고 장비가 동작하는 동안 발생하는 장비의 문제점을 해결하고, 검사 불량률을 모니터링하면서 장비의 이상 유무를 판단합니다. 또한 알고리즘 개선을 통하여 불량률을 저감하거나, 판정의 정합성을 향상시키는 업무를 수행합니다. 그리고 고객 또는 유관 부서의 요청에 의해서 신규 검사 장비의 Concept을 개발하며, 협력사와의 협업을 통하여 고객 또는 유관 부서에서 제시한 조건에 충족하는 장비를 제작하는 업무를 수행합니다. 그렇게 제작된 장비를 공장 Layout을 고려하여 장비를 실제 Line에 Set-up하고 담당하는 기술 엔지니어분들과 가동 중 발생하는 장비의 문제점을 해결하는 업무를 담당하고 있습니다.

Q5 취업을 준비할 때 가장 먼저 접하게 되는 공식 정보는 채용공고입니다. 그런데 정작 채용공고가 간단하게 나와 있어서 궁금하거나 이해가 되지 않는 내용이 생기는 경우가 많은데, 현직자 입장에서 직접 같이 보면서 설명해주실 수 있으실까요?

A LG디스플레이 2022년 상반기 채용 기준, 직무소개서 PDF를 배포하여 직무마다 정말 자세하게 설명을 하고 있습니다. 그럼에도 불구하고 현직자 입장에서 같이 보면서 좀 더 상세하게 설명드리고자 합니다.

채용공고 공정장비

자격 요건

- 이공계 전공자 (신소재, 산업공학, 전자/전기공학, 재료공학, 정보통신공학, 기계, 화학공학, 디스플레이 공학 등)
- 영어 구사 역량 보유자 (Business)

우대 사항

- 영어/일본어/중국어 구사 역량 보유자 (Business)
- 전기기사/전자기사/합공기사 등 관련 자격 보유자
- FEM(구조해석) 및 구조해석 상용 SW 유경험자 (Abaqus, Ansys, NASTRAN, COMSOL, MIDAS 등)
- Data Tool 역량 우수자

주요 업무

- **자사 제품에 대한 이해를 기반으로, 품질과 생산량 목표달성을 위한 제조 솔루션을 제공합니다.**
  - LG Display 및 제품을 생산하는 설비를 관리하며, 고객이 요구하는 품질을 맞추기 위한 Business를 지원합니다.
  - 각 공정에서 요하는 핵심 요소들을 만족하는 동시에 생산 능력 최적화 작업을 진행하여 자사의 차별화된 제품 및 수량을 생산할 수 있는 System을 구축합니다.
  - 다변화된 모델에 대응하기 위한 다양한 Line/설비를 검토하며, 수율 향상을 위해 신기술, 장비 개발, 검증을 진행합니다.
  - 생산 설비 문제나 이물/정전기 불량 Issue 등의 원인을 파악 및 개선하여 불량을 방지하고, 생산성을 극대화합니다.
  - AMC(Airborne Molecular Contaminants), TVOC(Total Volatile Organic Compounds)등 기상의 오염물질 농도를 관리 기준에 맞춰 유지될 수 있도록 Clean Room을 관리하고 설비 내 기류를 설정하고, 습도를 조절하여 생산 환경을 관리합니다.
- **LG Display의 글로벌 시장 선도를 위한 해외 Site Infra 를 구축/지원합니다.**
  - 해외 Site 의 신규 Line 및 설비 Set-up 과 고질 불량 해결을 위하여 ISE 현지 Engineer 들과 원격지원 및 화상회의 등 다양한 방법으로 소통합니다.
- **협력업체와의 소통을 통하여 서로가 시너지를 내며 상생할 수 있도록 소통합니다.**
  - LG Display 에서 요하는 Spec 과 다년간의 공정 관리 능력을 통하여 협력업체의 기술력을 향상시키며 하도급법 등 관계 법령 준수를 통해 서로간 건강한 관계가 유지될 수 있도록 기반을 조성합니다.

[그림 1-1] LG디스플레이 공정장비 채용 공고 ①

채용공고 공정장비

■ 공정장비 직무에서는 이런 역량이 필요합니다

- **디스플레이 생산 공정의 이해가 필요합니다.**
  - 공정/장비 직무는 Sputter, Photo Lithography, Etch 등 모든 생산공정과 밀접하며, 각각의 공정마다 매커니즘과 사용하는 재료가 다릅니다. 따라서 재료의 특성, 모든 공정의 원리와 설비, Clean Room 의 구조를 폭넓게 알아야 합니다.
- **논리적이고 통찰력 있는 Communication 방식이 필요합니다.**
  - 공정/장비 업무 특성상 지정된 목표 달성을 위한 핵심 요소를 파악할 줄 알아야 하고 고객, 회사의 여러 유관부서, 해외 Site, 협력업체 등 다양한 상대와 소통을 하기 때문에 자신의 의사를 명확히 전달하고, 상대의 의사를 명확히 받을 수 있는 통찰력이 필요합니다.
  - 다양한 상대와 소통하기에 서로간의 이해관계를 원만하게 조율할 수 있는 논리력이 필요합니다.
- **현상을 치밀하게 분석하고, 빠르게 대응할 수 있는 '민첩함'과 '끈기'가 있어야합니다.**
  - 예상치 못한 현상이 나타났을 때 정확하게 분석하여 원인에 대한 대책을 수립할 수 있어야 합니다. LG Display 는 끊임 없이 생산을 지속하고 있습니다. Issue 에 대한 빠른 대응을 할 수 있어야 합니다.
  - 디스플레이 생산 공정 기술이 발전함에 따라 다양한 Issue 가 발생할 수 있습니다. 원인을 찾아낼 때까지 고민을 통해 가설을 세우고 검증하는 끈질김이 필요합니다.

■ 이런 역량이 있으면 더 좋습니다

- **데이터분석 및 Digital Transformation 관련 지식이 있으면 더 좋습니다.**
  - 공정에서 다루는 데이터의 양도 점점 많아지고, 세분화되어 가고 있습니다. 관련하여 수집되는 데이터의 양을 늘리고, 가공하여 의미 있는 결과를 도출해 낼 수 있는 분석능력, Digital Transformation관련 경험이 있으면 더 좋습니다.
- **다방면의 지식과 다양한 업무를 관리할 수 있는 Multi-tasking 능력이 필요합니다.**
  - 설비 Design부터 Set-up, 유지/관리에 수반되는 투자, 설계, 평가, 건설, 구매, 운송, 통관, 관리, 안전 등 정말 다양한 일을 하기 때문에, 공학의 전공 지식과 더불어 여러 업무를 동시에 해낼 수 있는 Multi-tasking 능력이 필요합니다.

■ LG 디스플레이에서 이런 전문가로 성장할 수 있습니다

- **공장 생산 관리 전문가 / 각 공정 전문가**
- **공정 관리 전략 및 목표를 총괄하는 CPO (Chief Process Officer)**

[그림 1–2] LG디스플레이 공정장비 채용 공고 ②

1. 필수사항과 우대사항

필수사항에 적혀 있듯이 공정 장비 직무는 이공계 전공자는 누구나 지원할 수 있으며, 실제 업무를 수행함에 있어서 전공에 관계없이 누구나 무리 없이 수행이 가능합니다. 일부 직무의 경우, 현지 엔지니어와 소통이 필요하기 때문에 기본적인 수준의 영어를 구사할 수 있는 것이 좋습니다. 물론, 현지 통역가도 있기 때문에 영어를 잘하지 못하더라도 소통에는 문제가 되지 않습니다.

우대사항에 적힌 내용이 없다고 불이익을 받지는 않습니다. 대다수의 신입 사원이 우대사항을 보유하고 있는 경우가 없습니다. 만약에 우대사항 중에 꼭 준비를 한다면 개인적으로 Data Tool 역량을 추천하고 싶습니다. 그 이유는 공정이 고도화 되고 공정이 진행되면서 쌓이는 데이터의 양이 기하급수적으로 늘어나고 있기 때문입니다. 그렇기에 해당 역량을 보유하고 있다면 면접 시, 타 지원자와 비교해 내세울 수 있는 확실한 강점이 되는 것뿐만 아니라, 현업에서 데이터 분석 업무를 수행함에 있어서 보다 더 수월하게 수행할 수 있습니다.

2. 주요업무

(1) 자사 제품에 대한 이해를 기반으로, 품질과 생산량 목표 달성을 위한 제조 솔루션을 제공합니다.

공정장비의 주목표인 최상의 품질과 목표 생산량을 달성하기 위한 설비를 관리하고 개선하는 업무를 수행하는 것에 대한 내용으로 공정장비 직무 내에 있는 여러 직무들의 업무 목표가 이미지 내에 작성되어 있으니 자세한 내용은 이미지를 참고하시면 될 것 같습니다.

(2) LG Display의 글로벌 시장 선도를 위한 해외 Site Infra를 구축/지원합니다.

일부 Line의 경우, 해외 Site에 위치하고 있기 때문에 해외에 위치하는 장비를 담당하는 업무를 수행 시에 해외 출장 근무가 있으며, 현지 법인 엔지니어와 소통하여 업무를 주로 수행하게 됩니다.

(3) 협력업체와의 소통을 통하여 서로가 시너지를 내며 상생할 수 있도록 소통합니다.

장비 제작 업무를 주로 협력업체에 요청을 하기 때문에 장비 제작부터 유지 및 개조, 보수까지 협력업체와의 소통하는 업무가 많습니다.

3. 역량

(1) 디스플레이 생산 공정의 이해가 필요합니다.

특정 공정을 담당하여서 업무를 수행하기 때문에 생산 공정에 대한 이해가 있으면 좋습니다. 하지만 여러 생산 공정 중에 어느 업무를 담당할 수 있을지 모르기 때문에 전반적인 생산 Process에 대해서만 알기만 하여도 좋습니다.

(2) 논리적이고 통찰력 있는 Communication 방식이 필요합니다.

업무의 특성상, 타 부서 및 협력업체 그리고 현지 엔지니어와의 소통을 해야 하는 업무가 많기에 Communication 역량에 대해서 강조를 한 부분입니다.

(3) 현상을 치밀하게 분석하고, 빠르게 대응할 수 있는 '민첩함'과 '끈기'가 있어야 합니다.

공정에서 발생하는 문제점은 바로 품질과 생산량에 악영향을 미치게 됩니다. 그렇기에 현상 해결을 위한 분석 능력과 빠르게 대응할 수 있는 역량이 중요합니다.

(4) 데이터분석 및 Digital Transformation 관련 지식이 있으면 좋습니다.

앞서 언급했듯이 공정이 고도화가 되고 세분화가 됨에 따라서 데이터의 양이 이전보다 훨씬 많아지고 있습니다. 그렇기에 많은 데이터들 중에서 유의미한 데이터를 도출할 수 있는 데이터 분석 능력과 이를 활용하여 현업에 적용할 수 있는 Digital Transformation 역량이 있으면 좋습니다.

(5) 다방면의 지식과 다양한 업무를 관리할 수 있는 Multi-tasking 능력이 필요합니다.

장비를 담당하게 되면 해당 장비의 Design부터 Line Set-up까지의 업무를 담당하게 됩니다. 그렇기에 동시에 여러 업무를 수행하는 경우도 있어 이를 위한 Multi-tasking 능력이 있으면 좋습니다.

Q6 회사에서 주로 하루를 어떻게 보내시나요?

A

출근 직전 (~08:30)	오전 업무 (08:30~12:00)	점심 (12:00~13:00)	오후 업무 (13:00~17:30)
• 출근 및 업무 준비	• 전날 불량률 Data 및 특이사항 확인 • Mail 확인 및 발송	• 점심 식사 및 휴식	• 알고리즘 개선 업무 • 장비 관리 업무 • 다음날 업무 정리

대부분 08시 30분까지 출근을 하고 오전 업무가 시작됩니다. 오전에는 우선, 전날에 퇴근 후 검사한 제품들에 대한 불량률 Data를 확인하고 특이사항이 없는지를 확인합니다. 이때 Data에서 특이사항이 발생하면 해당 특이사항에 대해서 분석을 하고 조치가 필요한지 아닌지를 판단하여 이후 업무 방향을 정합니다. 그 후, 퇴근 후에 온 Mail들을 확인하고 업무와 관련이 있는 Mail에 회신을 하고 업무에 필요한 요청사항을 작성하여서 발송합니다. 매일 수행하는 두 업무를 마친 뒤에는 이전에 수행하던 업무를 하면서 오전 시간을 보냅니다.

오후에는 오전에 발생한 조치가 필요로 하는 특이사항에 대해서 현지 엔지니어와 공유를 하고 소통을 통하여 어떻게 조치를 할 것인지에 대해서 이야기하며 개선 계획 수립 및 업무를 수행합니다. 이때 조치 사항이 알고리즘 혹은 장비 H/W에 대한 사항인가에 따라서 업무의 방향이 달라집니다. 이처럼 오후에는 주로 장비의 개선 및 불량률 저감에 대한 업무를 수행합니다. 퇴근 전에는 제품 투입 계획을 체크하고 다음 날에 확인해야 하는 업무에 대해서 정리를 하며 오후 업무를 마무리합니다.

Q7 연차가 쌓였을 때 연차별/직급별로 추후 어떤 일을 할 수 있나요?

A

신입 사원 초반에는 주로 기본적인 Data 모니터링 업무 수행과 업무를 수행하면서 필요로 하는 잔업(협력사에 물품 전달, 서류 작성 등)을 하고 선배들의 업무 수행을 지원합니다. 또한, Data 분석에 대한 역량을 확보한 이후에는 Data에서 발생한 특이사항에 대한 조치 업무를 직접 수행합니다.

선임(3년차 이후)부터는 불량률 저감의 목적으로 알고리즘 개선 Idea를 도출하고 이를 바탕으로 업무를 수행하면서 불량률 저감에 기여하는 업무를 수행합니다. 그리고 장비를 온전히 담당하게 되면서 협력사와의 소통을 통하여 장비 Concept에 대해 정하고 제작 일정을 관리하며 Set-up까지의 일정을 관리합니다.

책임(8~9년차 이후)에는 유관 부서와의 소통을 통하여 향후 신규 모델을 대비한 검사 장비에 대한 계획을 세우고 검사 자동화 일정에 대해서 관리를 합니다. 그리고 선임과 사원들이 수행한 알고리즘 개선 업무 혹은 장비 개선 업무에 대해서 공유를 받아 놓칠 수 있고 발생할 수 있는 문제점에 대해서 조언을 하면서 업무에 대한 피드백을 주고 전체 장비에 대한 전반적인 Supervisor 역할을 합니다.

Topic 3. 취업 준비 꿀팁

Q8 해당 직무를 수행하기 위해 필요한 인성 역량은 무엇이라고 생각하시나요?

A 커뮤니케이션 역량이 공정장비 직무에서 가장 필요한 역량이라고 생각합니다. 그 이유는 공정장비에 관련된 유관 부서들이 많기 때문에 모든 업무가 타 부서와의 협업으로 이루어진다고 해도 과언이 아닙니다. 그래서 꾸준히 타 부서들과 소통을 해야 하고 회사 내부적으로 뿐만 아니라, 외부적으로 협력사와의 소통도 많이 있기 때문에 커뮤니케이션의 역량을 강조하고 싶습니다.

이러한 협업이 많은 업무 환경으로 인하여 자연스럽게 서로 간의 입장 차이로 인한 갈등 상황도 종종 발생하곤 합니다. 그렇기에 면접 전형에서 본인의 커뮤니케이션 역량과 갈등을 겪고 극복을 했던 경험들을 어필한다면 인성적인 평가에서 큰 도움이 될 것이라 생각합니다.

Q9 해당 직무를 수행하기 위해 필요한 전공 역량은 무엇이라고 생각하시나요?

A 전공 역량으로는 우선, 디스플레이 공정에 대한 지식이 필요하다고 생각합니다. 현업에 들어가게 되면 여러 공정 중에서 한 공정에 전문성을 가지고 일을 수행하게 되지만, 공정은 하나의 공정만 정상적으로 동작한다고 해결이 되는 것이 아니기 때문에 기본적인 전체 공정에 대한 지식을 필요로 합니다. 그렇기 때문에 디스플레이 공정에 대한 기본적인 지식을 배울 수 있는 디스플레이 전공 수업을 학부 때 듣는 것을 추천합니다. 만약 자신의 전공에 해당 수업이 없을 경우에는 '나노기술연구협의회'에서 진행하는 OLED 수업을 따로 수강하는 것을 추천합니다.

다음 역량은 데이터 분석 역량입니다. 공정 과정이 고도화 되고 자동화의 비율이 계속해서 늘어나고 있습니다. 이에 따라 공정에서 발생하는 데이터의 양 또한 빠르게 증가하고 있습니다. 그렇기에 공정장비 직무에서는 해당 데이터를 분석하는 업무 또한 늘어나고 있습니다. 늘어나는 데이터를 분석하고 방대한 데이터 속에서 유의미한 결과를 도출해내는 것이 미래의 공정장비 엔지니어의 주 업무가 될 것입니다. 전공과목 중에서 데이터 분석 수업이나 통계 수업을 수강함으로써 데이터를 효율적으로 분석할 수 있는 방법에 대해서 학습을 하고 데이터를 분석하는 Tool(Minitab, Python 등)을 실제로 사용해보는 경험을 미리 쌓는다면, 현업의 방대한 데이터 중에서도 유의미한 결과를 쉽게 도출할 수 있으리라 생각합니다.

Q10 위에서 말씀해주신 인성/전공 역량 외에, 해당 직무 취업을 준비할 때 남들과는 다르게 준비하셨던 특별한 역량이 있으실까요?

A 사기업에서는 잘 준비하지 않는 자격증인 컴퓨터활용능력 1급 자격증을 취득하였습니다. 이 자격증이 현업에서 근무를 할 때 상당한 도움을 주었다고 생각합니다. 데이터 분석 업무를 수행하면서 많이 쓰는 프로그램 중 하나가 바로 엑셀입니다. 장비에서 모든 데이터들을 엑셀로 추출하고 기본적인 데이터 분석도 엑셀로 하기 때문에, 해당 자격증을 취득하면서 배운 엑셀 함수나 단축키에 대한 지식들이 현업에서 업무를 수행할 때 큰 도움이 되었습니다. 그렇기에 해당 자격증에 대한 준비를 꼭 하시는 것을 추천합니다.

Q11 해당 직무에 지원할 때 자기소개서 작성 팁이 있을까요?

A 채용공고에는 해당 직무에서 하는 업무, 그리고 도움이 되는 역량들에 대한 내용이 전부 들어있습니다. 그렇기 때문에 채용공고에 대한 분석을 제대로 하고 분석한 내용을 바탕으로 자기소개서와 면접을 준비하는 것이 가장 좋다고 생각합니다. 물론 저도 취업준비생일 때도 그랬지만, 취업준비생 스스로 채용공고 내용을 분석하는 것은 쉬운 일이 아닙니다. 따로 더 찾아보면 좋은 정보는 해당 직무와 관련된 경력사원 공고입니다. 일반적으로 경력 사원 공고는 신입 사원들처럼 직무 단위로 뽑지 않고 보다 디테일한 직무로 공고가 올라옵니다. 신입 사원 채용 공고에서는 포괄적으로 설명을 해 준다면 경력사원 공고에서는 더 자세한 내용으로 직무에 대해서 소개를 해 주고 기업에서 원하는 인재와 역량을 소개해줍니다. 이러한 방법이나 자신만의 방법으로 채용공고에 대해서 분석을 하고 한두 문항에는 분석한 내용을 녹여서 자기소개서를 작성하는 것이 하나의 팁이라고 생각합니다.

그리고 면접을 준비할 때에는 내가 이 기업에 대해서 얼마나 관심이 있는지를 보여 줄 수 있는 내용을 준비하는 것이 중요하다고 생각합니다. 현직자로서 신입 사원에게는 현업에 대한 내용을 알고 있기를 바라지는 않습니다. 어차피 입사를 하게 된다면 기존에 있던 현직자들이 신입 사원들을 교육하기 때문입니다. 그렇기에 가장 중요한 것은 기업, 직무 등에 대한 관심도라고 생각합니다. 그래서 저는 면접을 준비할 당시에 기업의 공장 위치와 명칭, 공장에서 생산되는 제품 등에 대한 사소한 내용들에 대해서 찾곤 하였습니다. 그리고 찾은 내용과 조금이라도 관련된 질문이 나온다면 내가 찾은 내용을 살짝 덧붙여서 답변을 하면서 '나는 이만큼 이 기업에 관심이 있다.'를 적극적으로 어필하였습니다.

Q12 해당 직무에 지원할 때 면접 팁이 있을까요? 면접에서 가장 기억에 남는 질문은 무엇이었나요?

A 전공 면접에서 면접관들은 취업 준비생들이 생각하는 것처럼 심도 있는 질문은 잘 하지 않습니다. 심도가 있는 질문을 하는 경우도 있지만, 그러한 질문을 답을 못한다고 면접에 큰 영향을 미친다거나 하지는 않을 것이라고 생각합니다. 물론 해당 질문에 답을 한다면 면접관들에게 깊은 인상을 새길 수는 있겠지만, 면접관들도 취업 준비생들이 현업에 대해서 100% 알 것이라고 생각하지 않기 때문에 전공 면접에 대해서 너무 어렵게 생각하지 않는 게 전공 면접을 준비하는 가장 좋은 방법인 것 같습니다. 가장 기본적인 디스플레이의 구조, 공정 Process 등과 같은 가장 기본적인 내용을 완벽하게 이해를 하는 정도로 준비를 하는 것을 추천합니다.

인성 면접에서는 자기소개 등으로 자신이 이끌어 가고 싶은 방향으로 질문을 유도하는 것이 중요하다고 생각합니다. 저 같은 경우에는 대학생 때 봉사활동을 많이 했다는 것이 저만의 강점이었고 이 점을 반영하여서 1분 자기소개를 준비하였습니다. 그 결과, 자기소개 이후에 들어온 질문이 봉사활동에 관련된 질문이었고 그 덕에 초반 페이스를 잡을 수 있어 준비한 대로 면접을 진행할 수 있었던 것 같습니다.

인성 면접에서 가장 기억이 남는 질문은 "MZ세대들의 특징과 자신은 어떤 것 같은가?"라는 질문이었습니다. 해당 질문은 예상을 못 했던 질문이라 질문을 받았을 때 꽤 당황하였던 기억이 납니다. 이에 대한 답으로는 MZ세대의 특징을 한 가지 이야기하고 어느 정도 저도 그런 특징을 가지고 있지만, 이러한 점에서 조금은 다르다고 생각한다와 같은 방식으로 답변을 하였습니다.

그리고 저는 지원한 회사에 내가 이만큼 관심이 있다는 것을 보여주기 위해, 해당 회사에는 어떤 공장이 있고, 어떤 라인에서 어떤 제품을 생산을 하고, 해외에는 어디에 공장이 있는지와 같은 내용을 준비하였는데 실제 면접 때 유사한 질문을 받아서 준비했던 내용을 자연스럽게 녹여서 답변을 하였습니다. 이런 식으로 인성 면접에서는 내가 얼마나 해당 회사에 관심이 있는지를 보여주는 것도 좋은 면접 기술이라고 생각합니다.

어느 공정을 맡는가에 따라서 다르겠지만, 공정의 절반 정도는 생산 라인이 외국에 있습니다. 그렇기 때문에 해외 출장 업무가 다소 있는 편입니다. 그래서 저는 면접 마지막에 면접관분들이 하고 싶은 말이 있는지를 물어보셨을 때 사용한 필살기로, "~~~한 이유로 해외 출장에 관심이 많아 해외 출장에 꼭 가고 싶습니다."라고 말을 하였습니다. 실제로 면접 당시에 면접관분들에게 반응이 좋았었던 기억이 납니다. 확실한 임팩트를 남기고 싶다면 이러한 필살기를 사용하는 것도 좋다고 생각합니다.

Q13 앞에서 직무에 대한 많은 이야기를 해주셨는데, 머지않아 실제 업무를 수행하게 될 취업준비생들이 적어도 이 정도는 꼭 미리 알고 왔으면 좋겠다! 하는 용어나 지식을 몇 가지 소개해주시겠어요?

A

1. 아래 3가지 용어는 검사에서 많이 사용되는 용어입니다. 불량률이라는 용어는 많이들 친숙하실 수 있겠지만, 위의 용어들은 학부 시절에서는 듣기 어려운 용어이기 때문에 선정을 하게 되었습니다.

① 과검: 정상인 제품을 불량으로 판정한 경우
② 미검: 불량인 제품을 정상으로 판정한 경우
③ 누출: 불량 제품을 잡아내지 못하고 후공정(또는 고객)에게 넘어간 경우

2. 다음 용어들은 공정들을 나누어서 설명할 때 사용하는 용어들입니다. ④~⑥번 용어들은 디스플레이 공정에 대한 기본적인 공부를 한다면 쉽게 접할 수 있는 용어입니다. 그리고 공정장비 직무에서 공정을 구분하기 위해 많이 사용하는 용어이기에 선정하였습니다.
⑦번의 경우, 근무를 하기 전에는 몰랐지만 현업에서 많이 사용하는 용어입니다.

④ TFT: Thin Film Transistor, 디스플레이를 구성하는 RGB 픽셀의 빛의 밝기를 조절하는 전기적 스위치 역할을 하는 트랜지스터
⑤ Cell: TFT와 컬러 필터를 합치고 원하는 크기로 절단된 패널의 상태

⑥ Module: 절단이 된 Cell 상태의 패널에 전면 Glass, 구동칩, PCB 등의 부품들을 조립한 패널 (최종단계)

⑦ 전/후 공정: (특정 공정 기준으로) 앞의 공정 또는 뒤의 공정, (공정 전체적으로) TFT를 제작하는 공정(전공정) 또는 Cell과 Module을 제작하는 공정(후공정)

3. 아래 해당 용어 또한 검사 직무에서 많이 사용하는 용어로 디스플레이 점등 불량에서 발생하는 대표적인 불량입니다. 검색을 통해서도 찾기 어려운 용어이지만, 현업에서는 무수히 많이 쓰이는 용어이기에 선정하게 되었습니다.

⑧ 광학(점등) 검사: Cell이나 Module 단계의 패널에 전기적 신호를 가하여 점등을 한 다음, 특정 패턴(RGB 등)에서 픽셀이 정상적으로 동작하는지를 확인하는 검사

⑨ 외관 검사: 패널 외관(제품 외부)에 발생한 손상을 확인하는 검사

4. 디스플레이 검사는 두 가지로 나눠지는데 해당 내용이 위의 내용입니다. 일반적으로 광학(점등) 검사에 대한 내용은 많이 알고 있으나, 외관 검사에 대한 내용을 아는 경우가 잘 없어 해당 용어들을 선정하게 되었습니다.

⑩ 암점/암선: 주변 픽셀 대비 밝기가 어두운 픽셀 또는 선

⑪ 휘점/휘선: 주변 픽셀 대비 밝기가 밝은 픽셀 또는 선

Topic 4. 현업 미리보기

Q14 회사 분위기는 어떤가요? 다니고 계신 회사를 자랑해주세요!

A 회사의 가장 좋은 점은 쉬는 날이 많습니다. 기본적으로 나오는 연차 15일을 제외하고 창립기념일, 노조창립기념일, 설, 추석 연휴 하루씩, 그리고 여름휴가 4일까지 있어 타 회사들보다 최대 8일은 더 쉴 수 있습니다.

그리고 빠르게 업무를 배울 수 있습니다. 공정/장비 직무의 특성상 현장에서 업무를 하는 경우가 잦기 때문에 현장에서 근무를 하면서 업무의 메커니즘과 업무 역량을 빠르게 배울 수 있었습니다. 다른 팀의 동기들과 비교를 하였을 때에도 이러한 습득의 차이가 많이 느껴졌습니다. 그 덕에 다른 동기들에 비해서 커리어를 빠르게 쌓을 수 있었습니다.

마지막으로 직원들에 대한 복지가 늘어나고 있는 추세입니다. 기숙사가 상대적으로 잘 되어있어 대부분의 신입 사원들은 기숙사에 들어갈 수가 있고 각방마다 냉장고를 넣어주고, 기존의 침구류 및 가구를 전부 교체를 해 주는 등 환경 개선이 많이 되었습니다. 또한 회사 내부에도 직원들을 위한 편의시설이 계속해서 생겨나면서 복지가 개선되고 있습니다.

Q15 해당 직무를 수행하면서 생각했던 것과 달랐던 점이나 힘들었던 일이 있으신가요?

A 취준생일 당시에 생각했던 공정장비 직무는 내가 담당하는 공정장비에 대한 업무만을 잘 수행해내면 될 것이라는 생각을 많이 했던 것 같습니다. 하지만 실제로 현업에서 일을 해 보니 단순히 나의 업무만을 잘하면 되는 것이 아니었고, 장비와 연관이 있는 부서와 얽힌 이해관계가 많았기에 내가 이게 맞다고 생각하여도 장비의 설정을 함부로 바꿀 수 없었습니다. 이러한 점이 첫 업무를 수행할 때 많이 힘들었던 점이며 이 경험으로 인해 제가 인성 역량으로 커뮤니케이션 역량을 강조한 것 같습니다.

또 다른 점은 생각보다 데이터를 분석하는 업무는 시간을 많이 잡아먹고 번거로운 업무라는 점이었습니다. 장비에서 데이터를 뽑게 되면 어느 정도 정리가 된 RAW 데이터를 받을 수 있습니다. 하지만 RAW 데이터를 그대로 사용할 수는 없고 RAW 데이터를 가공하는 작업을 거쳐야 합니다. 해당 작업은 필수이지만 단순 반복의 업무 성향이 있어 시간이 다소 오래 걸리는 작업입니다. 이로 인하여 해당 업무를 처음 수행하였을 때 업무에 대한 회의감을 느끼기도 하였습니다. 하지만 일을 반복하고 분석 역량이 향상되면서 이에 대한 회의감은 많이 사라지게 되었습니다.

처음 업무를 수행할 때는 내가 생각했던 것과 다른 점들로 인하여 힘이 많이 들고 많은 고민을 하게 될 수도 있습니다. 그럴 때마다 '내가 문제가 있나?'라고 생각을 하지 말고 모두 자신과 같은 고민을 하고 있다는 것을 알았으면 좋겠습니다.

Q16 해당 직무에 지원하게 된다면 미리 알아두면 좋은 정보가 있을까요?

A 공정장비 직무에 지원을 하게 된다면 해당 기업의 공정에서 어떠한 장비를 사용하는지에 대해서 한 번 찾아보는 것이 좋다고 생각합니다. 학생 시절에 배우는 내용이 100% 현업에서 그대로 사용되는 경우는 드뭅니다. 현업에서는 더욱더 최적화된 방법으로 공정이 변하기 때문입니다. 하지만 공정에 실제로 사용되는 장비를 찾게 되면 '현업에서 공정이 이렇게 진행이 되고 있겠구나.'라고 생각할 수 있습니다. 그렇기 때문에 공정 장비에 대해서 찾아보는 것을 추천합니다.

물론 이 내용은 기업의 홈페이지에 직접적으로 '어느 공정에서는 어떤 장비를 쓴다.'와 같은 내용이 적혀 있지 않습니다. 그래서 저는 공정 Process에 대해서 조사를 하고 '00 공정 장비'라는 검색어로 구글에 검색합니다. 그러면 여러 장비사들의 장비 소개 사이트를 찾을 수 있는데 해당 장비사들의 사이트를 전부 들어가서 모든 게시판을 들어가다 보면 연혁, 신문 스크랩 등에서 어떤 기업에 자신들의 장비를 납품하고 계약을 하였는지에 대한 내용이 적혀 있습니다. 이러한 방법을 통해서 저는 해당 기업의 공정에서 사용하는 장비를 역으로 유추하곤 하였습니다.

Q17 이제 막 취업한 신입사원들이나 취업을 준비하고 있는 학생들이 오해하고 있는, 해당 직무의 숨겨진 이야기가 있을까요?

A 장비/공정 직무가 다소 올드(Old)한 직무라고 생각하는 분들이 있을 수도 있는데, 현장에 가장 근접한 직무이다 보니 오히려 새로운 기술들이 더욱 빠르게 적용이 되는 신선한 직무라고 소개하고 싶습니다. 최근 많이 이야기가 나오는 Smart Factory와 자동화 설비와 같은 최신 기술들은 이미 현장에 적용이 되었고 장비/공정 직무에서 해당 업무를 수행하고 있습니다. 이러한 변화에 따라서 단순히 장비만을 다루는 것이 아니라, 최근에는 데이터와 장비 내부의 자동화 알고리즘을 다루는 등의 IT 관련 기술들도 접할 수 있는 직무가 장비/공정 직무입니다.

Q18 해당 직무의 매력 Point 3가지는?

A 먼저, 디스플레이 공정의 전반적인 Process에 대해서 알 수 있습니다. 내가 맡은 공정을 개선 또는 문제를 해결하기 위해서는 다른 유관 부서와 협업이 필요한 경우가 많습니다. 그렇기 때문에 내가 담당하는 공정에 대한 지식뿐만 아니라, 다른 공정의 지식이 있어야 유관 부서와의 소통 시에 보다 수월하게 소통이 가능하니 공정의 전반적인 Process를 알 수가 있습니다.

두번째로 해외 출장 경험을 할 수 있습니다. 디스플레이 모듈 공정 라인은 해외에 있기 때문에 해외 출장을 나가게 됩니다. 그렇기 때문에 해외 생활을 겪으면서 색다른 경험을 할 수 있습니다. 해외 출장에 대해 관심이 있는 분이라면 잘 맞을 것이라고 생각합니다.

마지막으로 산업에 실제로 적용 중인 자동화, Smart Factory에 대해서 경험할 수 있습니다. 공정이 계속해서 고도화가 되고 제품의 경쟁력 확보를 위해 공정 과정에 자동화 Process와 Smart Factory 기술을 많이 도입하고 있습니다. 최근에 가장 뜨고 있는 자동화와 Smart Factory에 대한 지식과 기술을 많이 접할 수가 있습니다.

Topic 5. 마지막 한마디

Q19 마지막으로 해당 직무를 준비하는 취업준비생에게 하고 싶은 말씀 있으시다면 말씀해주세요!

A 최근 장비/공정 직무에서는 빅데이터 분석 기술이 적용되기도 하고 자동화 알고리즘 개선 업무를 위해 IT 능력을 요구하기도 하고 머신러닝 기술을 결합하는 등 빠르게 변화하고 있습니다. 자신이 종사하는 직무에서의 빠른 변화는 많은 업무량을 요구하기도 하지만, 그만큼 자신의 커리어 향상을 경험할 수 있으리라 생각합니다.

더 이상 인터넷 속 '카더라'에 속지 마세요

산업별 현직자와 1:1 상담으로 직무·취업고민 해결!

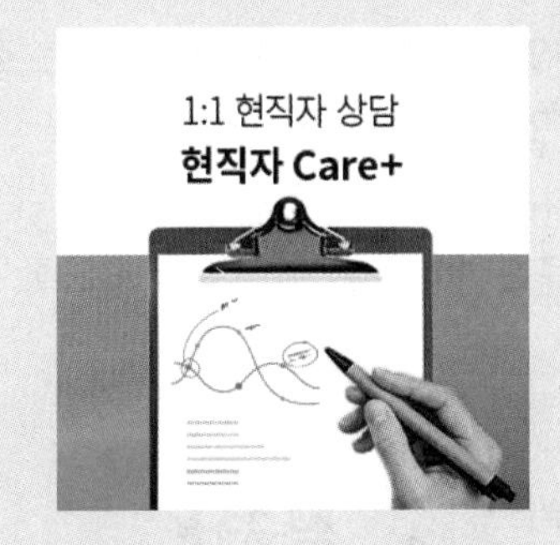

반도체/2차전지/디스플레이/제약바이오/자동차 등
5대 산업 **현직 엔지니어만이 알려줄 수 있는 정보**로
취업 준비방법부터 직무 선정까지 모두 알려드려요!

답답했던 이공계 직무·취업 고민,
검증된 현직자와 1:1 상담을 통해
단, 1시간으로 해결하세요!

혼자 찾기 어려운 이공계 취업정보,
매일 정오 12시에 카카오톡으로 알려드려요!

TALK
이공계
채용알리미
오픈채팅방

이공계 취준생만을 위한 엄선된 **채용정보**부터!
합격까지 쉽고 빠르게 갈 수 있는
고퀄리티 취업자료 & 정보 무제한 제공!

30,429명의 합격자를 배출한
10년간의 이공계생
합격노하우가 궁금하다면?

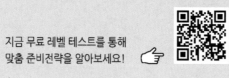